AF694201

**Wenn Du Wasser trinkst,
vergiss die Quelle nicht !**

Chinesisches Sprichwort

CO_2-Ausgleich

Für jede verkaufte Druckausgabe des Buches
wird vom Autor ein CO_2-Ausgleich
durch Förderung von Projekten von Baumpflanzungen
sowie zur Verringerung von CO_2-Emissionen geschaffen

FSC
www.fsc.org
MIX
Papier aus verantwortungsvollen Quellen
Paper from responsible sources
FSC® C105338

Christian Becke

Kohlendioxid

CO_2

als

Treibhausgas in der Luft

und als

Kohlensäure-System im Wasser

Bibliografische Information der Deutschen Nationalbibliothek: Die Deutsche Nationalbibliothek verzeichnet diese Publikation in der Deutschen Nationalbibliografie; detaillierte bibliografische Daten sind im Internet über dnb.dnb.de abrufbar.

Das Werk, einschließlich seiner Teile, ist urheberrechtlich geschützt. Jede Verwertung ist ohne Zustimmung des Autors unzulässig.

Die automatisierte Analyse des Werkes, um daraus Informationen insbesondere über Muster, Trends und Korrelationen gemäß §44b UrhG („Text und Data Mining") zu gewinnen, ist untersagt.

Alle Inhalte in diesem Buch wurden mit größter Sorgfalt erstellt. Durch die Komplexität des Themas und die vielen zu berücksichtigen Daten können dennoch Fehler nicht völlig ausgeschlossen werden. Für die Richtigkeit, Vollständigkeit und Aktualität der Inhalte kann keine Haftung übernommen werden.

© 2023 Prof. Dr. Christian Becke

Neuauflage Juli 2026 - mit nur geringen Änderungen

Verlag: BoD · Books on Demand GmbH, Überseering 33, 22297 Hamburg, bod@bod.de
Druck: Libri Plureos GmbH, Friedensallee 273, 22763 Hamburg

ISBN: 978-3-6963-7247-7

Vorwort

Kohlendioxid (CO_2) ist für die Erde und das Leben auf der Erde eine wichtige chemische Verbindung. Da CO_2 in den beiden Sphären Luft und Wasser eine große Rolle spielt und diese CO_2-Vorkommen im Austausch miteinander stehen, können diese Sphären nicht separat betrachtet werden.

Die Vorgängerversion dieses Buches „Die Kohlensäure im Wasser" war noch primär auf das CO_2 und die Kohlensäure in der wässrigen Phase zugeschnitten. Die Inhalte dieses Buches wurden neu überarbeitet und ein weiterer Schwerpunkt auf CO_2 als Treibhausgas in der Atmosphäre gelegt, was auch Ausdruck im neuen Titel findet.

Da der Themenbereich sehr umfangreich ist, können nicht alle Facetten berücksichtigt werden. Es werden hier die Grundlagen der Systeme behandelt und Berechnungsmöglichkeiten im wässrigen System dargestellt, die über Berechnungsbeispiele vertieft werden.

Die Beispielberechnungen werden in diesem Buch in der Regel für 420 ppmv CO_2 in der Gasphase durchgeführt, ein Wert, der im April 2022 in der Atmosphäre erreicht wurde. Durch den ansteigenden Wert in der Atmosphäre müssen die Berechnungen jedoch immer aktualisiert werden.

Die Berechnungen im Kohlensäuresystem sind bei hoher geforderter Genauigkeit sehr komplex. Jeder Anwender muss für sich entscheiden, welche Genauigkeit und welchen Umfang er benötigt.

In diesem Buch zitierte Normen und Grenzwerte beziehen sich immer auf den Zeitpunkt der Erstellung des Textes und sollten immer aktuell überprüft und verifiziert werden.

Radolfzell am Bodensee, Juli 2026

Christian Becke

Inhalt

1 Eigenschaften des Kohlendioxids

Gleichwertige Bezeichnungen:

Kohlenstoffdioxid	Kohlendioxid	Kohlenstoff(IV)-Oxid
Dioxomethane	carbon dioxide	carbonic acid gas

= Anhydrid der Kohlensäure

Anhydrid der Kohlensäure bedeutet:

CO_2 entsteht bei Abspaltung eines Wassermoleküls aus der Kohlensäure:

$$H_2CO_3 \rightarrow CO_2 + H_2O$$

Andersherum bildet CO_2 mit Wasser Kohlensäure:

$$CO_2 + H_2O \rightarrow H_2CO_3$$

1.1 Allgemeine Daten

Kohlendioxid ist eine chemische Verbindung aus einem Kohlenstoffatom und zwei Sauerstoffatomen. CO_2 gehört zu den anorganischen Verbindungen.

Der Kohlenstoff im CO_2 hat die Oxidationszahl +IV. CO_2 ist damit die am stärksten oxidierte Form des Kohlenstoffs C. Die organische Verbindung Methan CH_4 (–IV) ist am stärksten reduziert.

Oxidationszahl des Kohlenstoffs C -IV bis +IV

Kohlendioxid ist ein farbloses, geruchloses und nicht brennbares Gas, das in der Atmosphäre und gelöst im Wasser vorkommt. In gebundener mineralischer Form findet man es als Carbonatgestein (z.B. Kalk) in der Lithosphäre (Erdkruste und oberer Erdmantel).

Die Verbindung des CO_2 ist sehr beständig und zerfällt unter Atmosphärendruck erst bei sehr hohen Temperaturen zu Kohlenmonoxid und Sauerstoff (zu 51,7 % bei 2.606 °C) und bei noch höheren Temperaturen zu Kohlenstoff und Sauerstoff [1].

$$CO_2 + 67.635\ \text{kcal} \leftrightarrows CO + \tfrac{1}{2}O_2 \qquad [1]$$

$$CO_2 + 94.051\ \text{kcal} \leftrightarrows C + O_2 \qquad [1]$$

Am Zustandsdiagramm für CO_2 (Abbildung 1.1-1) kann man erkennen, dass unter den Druck- und Temperaturbedingungen auf der Erde Kohlendioxid natürlicherweise weder flüssig noch fest vorliegen kann sondern nur als Gas. Auf Grund der Temperaturbedingungen auf dem Mars liegt dort zum Beispiel an den Polkappen festes CO_2 vor.

Kohlendioxid kann jedoch technisch verflüssigt werden oder in feste Form überführt werden („Trockeneis"). Festes CO_2 hat bei Normaldruck keinen Schmelzpunkt, wird bei Temperaturanstieg also nicht flüssig, sondern sublimiert bei -78,48 °C und geht direkt in die Gasphase über. Flüssiges CO_2 kann bei Temperaturen unter 31 °C (kritische Temperatur) unter Druck erzeugt werden und in Gasflaschen abgefüllt werden. Der benötigte Druck beträgt im Temperaturbereich von -56,6 bis 31,0 °C mindestens 5,19 bar (zum Beispiel 34,3 bar bei 0 °C oder 19,3 bar bei -20 °C) [1].

Der kritische Punkt von CO_2 ist bei 73,83 bar und 31,0 °C erreicht. Im überkritischen Bereich sind die Gasphase und die Flüssigphase nicht unterscheidbar.

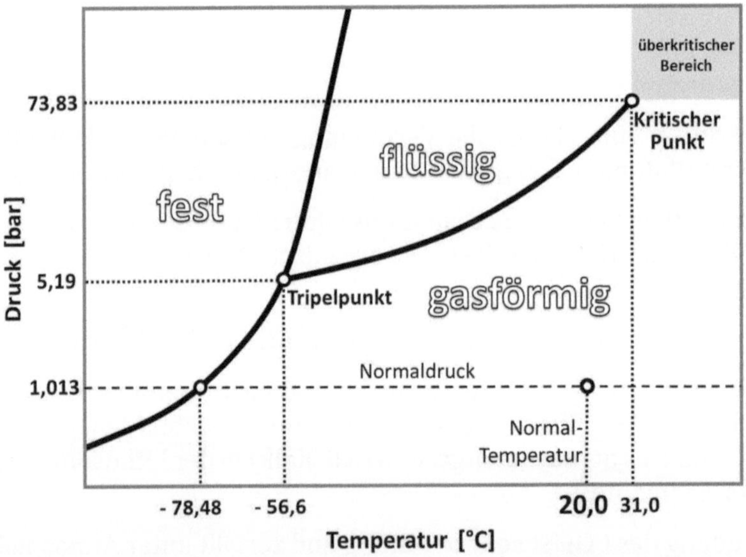

Abbildung 1.1-1: Zustandsdiagramm (Phasendiagramm) für CO_2 (schematisch, Kurvenverlauf qualitativ, Ordinate logarithmisch) (1 bar = 100 kPa)

Für Gehaltsangaben des Gases in der Gasphase wird entweder die Einheit ppmv (parts per million by volume) oder Vol.-% verwendet:

1 ppmv (mL/m^3) = 0,0001 Vol.-% bzw. 1 Vol.-% = 10.000 ppmv

Tabelle 1.1-1: Daten zu Kohlendoxid – Übersicht

CAS-Nummer	124-38-9		[3]
EG-Nummer	204-696-9		[3]
Lebensmittelzusatzstoff	E290		[4]
Summenformel	CO_2		[1]
Bestandteile	Kohlenstoff C Sauerstoff O		[1]
Oxidationszahl	+IV		[1]
ΔH	-393,5	kJ/mol	[1]
Molare Masse	44,0098	g/mol	[1]
Dichte	1,9768	kg/m^3 0 °C, 1013 hPa	[1]
Dichte von Luft	1,2920	kg/m^3 0 °C, 1013 hPa	[3]
Dichteverhältnis zu Luft	1,53		[3]
Dichte bei -79 °C (fest)	1,56	kg/L -79 °C, 1013 hPa	[5]
Aggregatzustand	gasförmig		[1]
Tripelpunkt	-56,6 5,19	°C bar	[3]
Sublimationspunkt	– 78,48	°C	[1]
kritische Temperatur	31,00	°C	[1]
kritischer Druck	73,83	bar	[3]
kritische Dichte	0,468	g/cm^3	[3]
HENRY-Konstante Süßwasser	38,674	$mol/(m^3 \cdot bar)$, 20 °C	[6]
HENRY-Konstante Salzwasser	32,571	$mol/(m^3 \cdot bar)$, 20 °C	[6]
AGW (Arbeitsplatz)	0,5	Vol.-%	[7]
AGW (Arbeitsplatz)	9100	mg/m^3	[7]
Treibhauspotenzial	1		[3]
Ozonabbaupotenzial	0		[3]

In der Atmosphäre ist das CO_2 gleich verteilt neben Stickstoff und Sauerstoff und den anderen Spurengasen. Tritt es irgendwo konzentriert auf, z.B. aus Bodenspalten (Vulkanismus), in Grotten (z.B. Hundsgrotte bei Neapel), in Brunnenschächten oder auch in Gärkellern, so reichert es sich am Boden an, da es deutlich spezifisch schwerer ist als Luft (Faktor 1,53). Daher besteht ein großes Gefahrenpotential beim Betreten solcher Orte, selbst bei normaler Sauerstoffkonzentration (21%).

Ab einem Anteil von 5 % Kohlendioxid in der eingeatmeten Luft treten Kopfschmerzen und Schwindel auf, bei höheren Konzentrationen kommt es zu Atemnot und Bewusstlosigkeit. Kohlendioxid-Konzentrationen von 8 % führen innerhalb kurzer Zeit zum Tode. [2]

Der Arbeitsplatzgrenzwert (AGW, früher MAK-Wert) für CO_2 beträgt 5.000 ppmv = 0,5 Vol.-%. Der Arbeitsplatzgrenzwert gibt nach der Arbeitsplatzschutz-verordnung an, bis zu welcher Konzentration eines Stoffes akute oder chronische schädliche Auswirkungen auf die Gesundheit am Arbeitsplatz im Allgemeinen nicht zu erwarten sind [8]. Man geht dabei von in der Regel 8-stündiger Exposition und einer durchschnittlichen Wochenarbeitszeit von 40 Stunden aus.

Das Ozonabbaupotenzial (ODP - Ozon Depletion Potential) von Kohlendioxid ist 0, das heißt, der CO_2-Gehalt der Atmosphäre hat keinen Einfluss auf den Abbau der Ozonschicht [9].

Das Treibhauspotential wird unter 2.2 besprochen.

1.2 Molekülaufbau

<u>Kohlendioxid</u>

Das CO_2-Molekül ist linear aufgebaut.

Summenformel: CO_2

Strukturformel: O=C=O

Elektronenformel:
(mit Mesomerieformen)

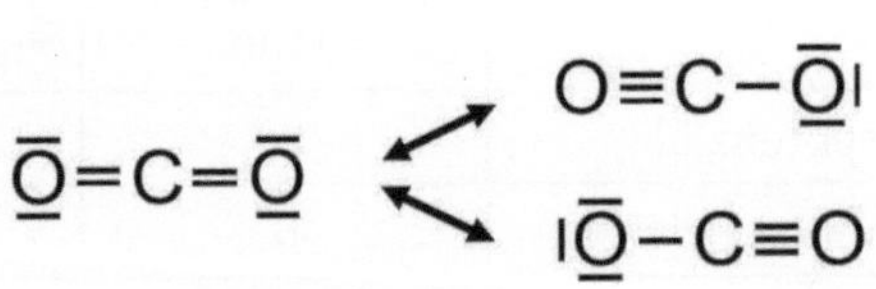

Durch die höhere Elektronegativität des Sauerstoffs von 3,5 im Vergleich zum Kohlenstoff mit 2,5 (Werte nach [10]) bilden sich im CO_2-Molekül Partialladungen. Durch den linearen und symmetrischen Aufbau ist das Molekül trotz der polaren Bindung nach außen neutral und ist kein permanenter Dipol.

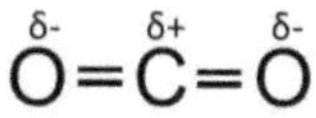

Durch die Schwingungen der Elektronen innerhalb des Moleküls kommt es jedoch zeitweise zu einer ungleichmäßigen Ladungsverteilung, so dass dann ein Dipolcharakter existiert (fluktuierender Dipol). So können Wechselwirkungen zu anderen Molekülen entstehen.

Kohlensäure = Kohlenstoffsäure

Summenformel: H_2CO_3

Zweiprotonige Säure → 2 Dissoziationsstufen (Kapitel 4.3)

→ 2 pK-Werte (Kapitel 4.3)

Kohlensäure ist in reiner Form nicht darstellbar. Ihre Salze sind isolierbar und liegen zum Teil als Feststoffe vor:

Hydrogencarbonate und Carbonate = Salze der Kohlensäure

Das Carbonat-Ion ist eben gebaut mit OCO-Winkeln von 120° [1].

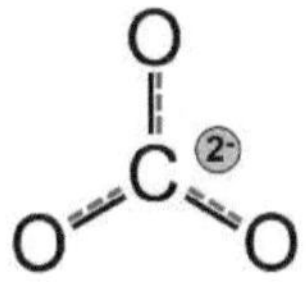

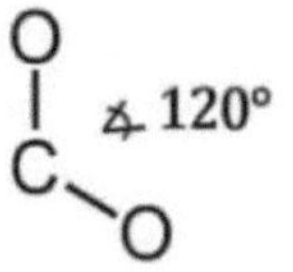

Mesomerieformen des Carbonat-Ions:

Strukturformel:

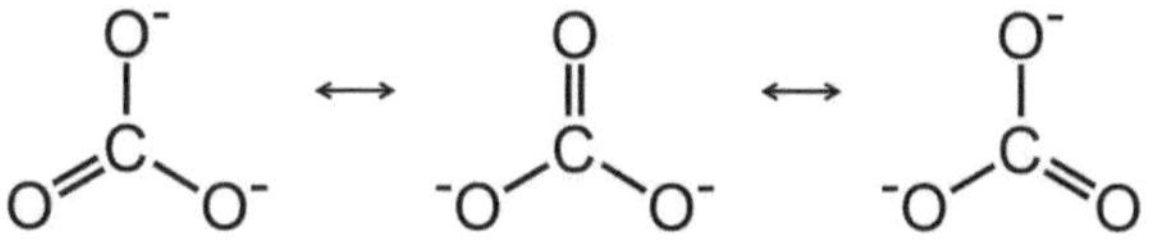

Elektronenformel:

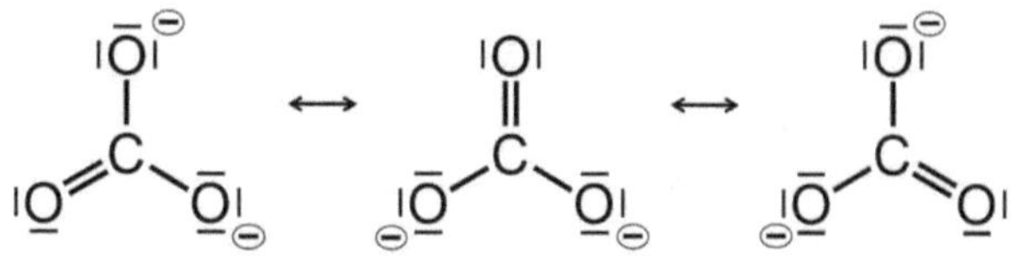

1.3 Strahlungs-Absorption

Durch elektromagnetische Strahlung kann es im Bereich der Infrarotstrahlung (IR) durch Molekülschwingungen und durch Rotationsschwingungen gasförmiger Moleküle zu Wechselwirkungen mit Molekülen kommen.

Der Infrarotbereich umfasst Strahlung der Wellenlänge von 780 nm bis 1000 µm und wird nach unten hin (kurwelliger) begrenzt durch den sichtbaren Bereich der Strahlung und nach oben hin (langwelliger) durch den Bereich der Mikrowellen (Tabelle 1.3-1).

Tabelle 1.3-1: Einteilung der Wellenlängenbereiche [µm] der Infrarotstrahlung nach DIN 5031-7 [11]

<table>
<tr><td></td><td>Sichtbares Licht</td><td></td><td></td><td></td><td></td></tr>
<tr><td>0,78 µm</td><td rowspan="4">Infrarotstrahlung</td><td>0,78-1,4</td><td>IR-A</td><td rowspan="2">Nahes Infrarot</td><td rowspan="2">NIR</td></tr>
<tr><td rowspan="2"></td><td>1,4-3,0</td><td>IR-B</td></tr>
<tr><td>3,0-50</td><td rowspan="2">IR-C</td><td>Mittleres Infrarot</td><td>MIR</td></tr>
<tr><td>1000 µm</td><td>50-1000</td><td>Fernes Infrarot</td><td>FIR</td></tr>
<tr><td></td><td>Mikrowellen</td><td></td><td></td><td></td><td></td></tr>
</table>

Bei der Anregung von Schwingungen im Bereich von Molekülbindungen wird Strahlung absorbiert, in Schwingungsenergie umgewandelt und wieder ungerichtet abgestrahlt. Die abgestrahlte Frequenz liegt dabei niedriger oder auch höher als die absorbierte.

Die Schwingungsfrequenz der Moleküle ist spezifisch für funktionelle Gruppen der Moleküle und ist abhängig von der Bindungsstärke der chemischen Bindung und von den schwingenden Massen. [1]

Das CO_2-Molekül ist linear gebaut und 3-atomig. Daher hat es 3 Freiheitsgrade und es können 3N-5 Schwingungen auftreten. Mit der Anzahl der Atome N=3 ergeben sich (3x3)-5=4 Schwingungen [12]. Es sind eine symmetrische und eine asymmetrische Valenzschwingung sowie zwei Deformationsschwingungen möglich (Tabelle 1.3-2).
Für ein Molekül ist eine Wechselwirkung mit elektromagnetischer Strahlung (IR-aktiv) nur dann möglich, wenn ein Dipolmoment oder ein induzierbares Dipolmoment vorhanden ist.

$$\overset{\delta-}{O}=\overset{\delta+}{C}=\overset{\delta-}{O}$$

Das CO_2-Molekül weist im Grundzustand kein Dipolmoment auf, aber ein induziertes Dipolmoment ist bei asymmetrischer Verlagerung der Teilladungen durch die Schwingungen möglich (siehe auch Kapitel 1.2). Wenn die Schwingungen symmetrisch zum Symmetriezentrum auftreten (b in Tabelle 1.3-2), wird kein Dipolmoment erzeugt, das heißt, es wird keine IR-Strahlung absorbiert (IR-inaktiv). [13] [14]

Tabelle 1.3-2: Mögliche Schwingungen des CO_2-Moleküls [13] [14]

a	b	c	d
δ- δ+ δ- O=C=O ←← →←	δ- δ+ δ- O=C=O ←← →→	δ- δ+ δ- O=C=O ↓ ↑ ↓	δ- δ+ δ- O=C=O + - +
asymmetrisch	symmetrisch	in der Bildebene	senkrecht zur Bildebene
Valenzschwingung		Deformationsschwingung	
IR-aktiv	--	IR-aktiv	IR-aktiv
$\tilde{\nu}$ = 2349 cm^{-1}	$\tilde{\nu}$ = 1338 cm^{-1}	$\tilde{\nu}$ = 667 cm^{-1}	$\tilde{\nu}$ = 667 cm^{-1}
λ = 4,26 µm	λ = 7,47 µm	λ = 14,99 µm	λ = 14,99 µm

Gekennzeichnet werden die Schwingungen durch die Wellenlänge λ oder die Wellenzahl $\tilde{\nu}$ der Strahlung. Die Wellenzahl gibt die Anzahl der Schwingungen pro Längeneinheit an.

Zusammenhang zwischen Wellenzahl und Wellenlänge:

$$\tilde{\nu} = 1/\lambda \qquad (\text{in cm}^{-1})$$

$\tilde{\nu}$ Wellenzahl
λ Wellenlänge

Die beiden Deformationsschwingungen (c und d in Tabelle 1.3-2), die sich nur in der Ebene unterscheiden, haben die gleiche Wellenzahl.
Die Maxima der Absorption von IR-Strahlung durch das CO_2-Molekül liegen also bei λ = 4,26 µm und λ = 14,99 µm beziehungsweise bei den Wellenzahlen $\tilde{\nu}$ = 2349 cm^{-1} und $\tilde{\nu}$ = 667 cm^{-1}. Durch Wechselwirkungen mit der Rotation der gasförmigen Moleküle entstehen im IR-Spektrum Schwingungsbanden, die aus einer größeren Anzahl von dicht nebeneinander liegenden Absorptionslinien bestehen (Abbildung 1.3-1).

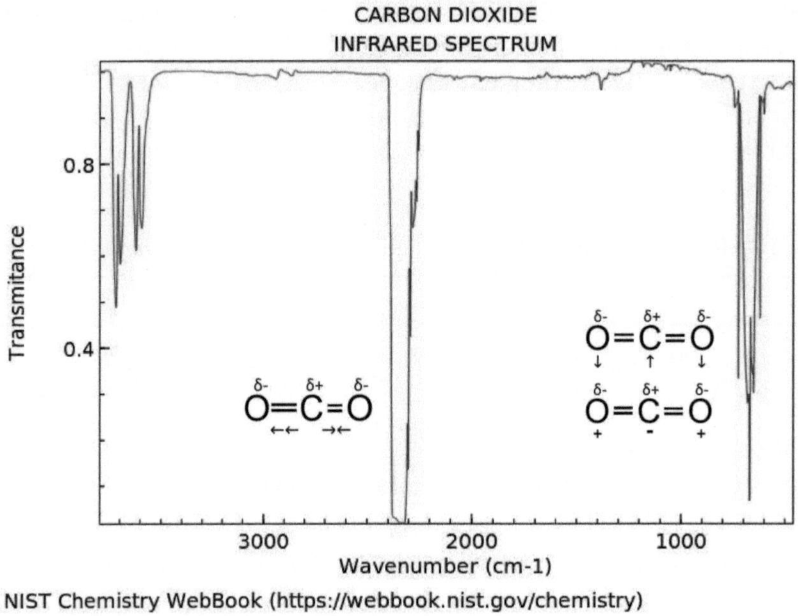

Abbildung 1.3-1: IR-Spektrum von CO_2 (Grafik: NIST [15], ergänzt)

2 Die Bedeutung des Kohlendioxids

Kohlendioxid CO_2

- ist Baustein für das Leben durch Umwandlung in organische Materie
- ist der Hauptnährstoff für Pflanzen, auf Land wie auch im Wasser
- ist Teil des Kohlenstoffkreislaufs
- beeinflusst als Treibhausgas das Klima
- ist in Form der Carbonate als Mineralbildner an der Erdkruste beteiligt
- fördert als Wasserinhaltsstoff die Verwitterung
- beeinflusst maßgeblich die Eigenschaften eines Wassers
- ist oft ein Problem für die Trinkwasserbeschaffenheit
- macht häufig eine Wasseraufbereitung notwendig
- ist der Motor für Kaltwasser-Geysire
- kann bei hohen Konzentrationen in der Luft zum Tode führen

2.1 Kohlendioxid als Grundlage des Lebens

Das anorganische CO_2-Molekül ist die Basis für den Aufbau organischer Substanz (Assimilation) und damit das Bindeglied zwischen organischer und anorganischer Materie (Abbildung 2.1-1).

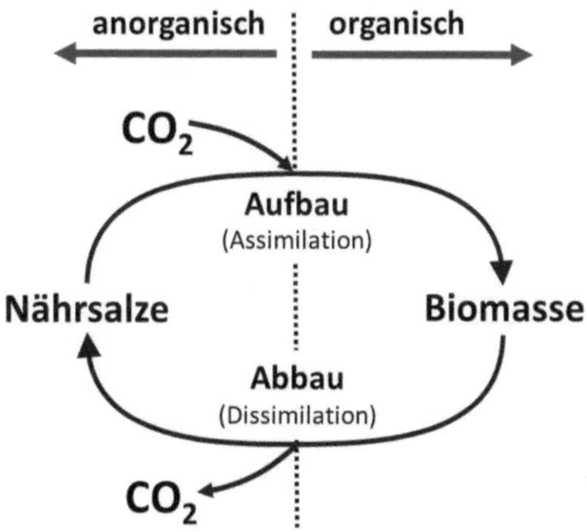

Abbildung 2.1-1: Kohlendioxid als Bindeglied zwischen anorganischer und organischer Materie

Organische Verbindungen, also die Baustoffe des Lebens, basieren auf reduzierten Kohlenstoff-Verbindungen (Oxidationszahl < IV) (Organische Chemie = Chemie des Kohlenstoffs).

Das CO_2-Molekül ist die am stärksten oxidierte Form des Kohlenstoffs (Oxidationszahl +IV) und wird bei der Assimilation durch autotrophe Organismen unter Energieverbrauch zum Kohlenwasserstoff (organisch) reduziert.

*Autotroph: Autotrophe Organismen können Energie durch Photosynthese oder Chemosynthese selbst gewinnen.

*Heterotroph: Heterotrophe Organismen sind auf die Zufuhr organischer Substanz angewiesen, durch deren Abbau sie Energie gewinnen.

Die ersten Organismen auf der Erde machten dies chemoautotroph (Chemosynthese). Das heißt, sie nutzten die bei chemischen Oxidations-Reaktionen frei werdende Energie (chemische Energie). Durch die Entwicklung der Photosynthese wurde es anderen Organismen möglich, hierfür die Lichtenergie zu verwenden (photoautotroph). Durch die Photosynthese wurde die Atmosphäre mit Sauerstoff angereichert (Abbildung 2.1-3).

Die für die Reduktion erforderlichen Elektronen stammen bei der Chemosynthese aus der Oxidation reduzierter Verbindungen (z.B. $Fe^{2+} \rightarrow Fe^{3+}$) (lithotroph) und bei der Photosynthese aus der Oxidation des Sauerstoffs im Wassermolekül zu O_2 (phototroph).

CO_2 + Elektronen (e^-) + Energie →	**organische Verbindung**
oxidiert	**reduziert**
energiearm	**energiereich**

Abbildung 2.1-2: Umwandlung von CO_2 in organische Substanz (Assimilation)

Pflanzliches Wachstum und die Produktion pflanzlicher Biomasse – die sogenannte Primärproduktion – ist daher neben dem Bedarf an mineralischen Nährstoffen vor allem an das Vorhandensein von CO_2 als Kohlenstoffquelle zum Aufbau der organischen Substanz gebunden (CO_2 als Nährstoff).

Landpflanzen nutzen das Kohlendioxid der Luft, während Wasserpflanzen je nach Anpassung (siehe 5.6) das im Wasser gelöste CO_2 oder Hydrogencarbonat-Ionen verwenden.

Die Pflanzen gewinnen bei den Primärprozessen der Photosynthese aus der Sonnenstrahlung Energie, die sie dazu benutzen, in den Sekundärprozessen CO_2 zu reduzieren und in organische Substanz zu überführen – zu assimilieren.

$$6\,CO_2 + 12\,H_2\mathbf{O} \xrightarrow[\text{Sonnenenergie}]{} \underset{\text{Glucose}}{C_6H_{12}O_6} + 6\,H_2O + 6\,\mathbf{O}_2$$

Abbildung 2.1-3: Summenformel der Photosynthese

Die unterschiedliche Markierung der Sauerstoffatome in Abbildung 2.1-3 verdeutlicht, dass der bei der Photosynthese frei werdende Sauerstoff aus dem Wasser abgespalten wird, während der Sauerstoff aus dem CO_2 in der Glucose und im frei werdenden Wasser enthalten ist.

In der Regel wird das CO_2 im sogenannten CALVIN-Zyklus gebunden und es entsteht ein C-3-Körper mit 3 Kohlenstoffatomen (3-Phosphoglycerinsäure). Pflanzen, die CO_2 nach diesem Mechanismus assimilieren, bezeichnet man als sogenannte C-3-Pflanzen.

Bei anderen Pflanzen wird das CO_2 primär jedoch an einen C-3-Körper (Phosphoenolpyruvat) gebunden, wodurch ein C-4-Körper entsteht, und dann erst in den CALVIN-Zyklus übertragen. Pflanzen, bei denen nach diesem Mechanismus ein C-4-Körper die erste Substanz ist, in der das gebundene CO_2 enthalten ist, bezeichnet man als C-4-Pflanzen.

Die C-4-Pflanzen betreiben eine effektivere Photosynthese und sind mit einer höheren Wachstumsrate den C-3-Pflanzen überlegen. Bei der Verwendung zur Erzeugung von Bio-Energie werden solche Pflanzen bevorzugt (z.B. Mais). Auch zum Beispiel Schilfgras wäre geeignet [16].

Alle organischen Verbindungen sind also gegenüber dem CO_2 reduzierte und damit energiereiche Verbindungen. Daher kann man aus ihnen Energie gewinnen. Viele Lebewesen tun dies, indem sie organische Verbindungen aufnehmen und zu CO_2 oxidieren. Sie nutzen die Energie für den eigenen Stoffwechsel und zum Aufbau eigener Biomasse (heterotrophe Lebensweise). Hierzu gehört auch der Mensch, der das Abbauprodukt CO_2 über seine Lungen wieder abgibt. Die biochemische CO_2-Abspaltung findet überwiegend im sogenannten Citronensäurezyklus statt. Der letztendliche Energiegewinn erfolgt dann in der Atmungskette.

organische Verbindung → CO_2 + Elektronen (e^-) + **Energie**

reduziert	**oxidiert**
energiereich	**energiearm**

Abbildung 2.1-4: Energiegewinn durch Abbau organischer Substanz

In Abbildung 2.1-5 ist die Verknüpfung autotropher und heterotropher Lebensweise zusammengefasst dargestellt. CO_2 ist dabei das Ausgangsprodukt und das Endprodukt.

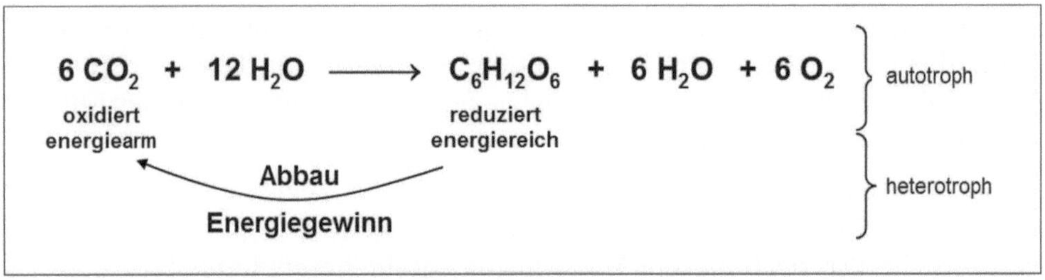

Abbildung 2.1-5: Verknüpfung autotropher und heterotropher Lebensweise

Der Mensch verwendet darüber hinaus fossile organische Energieträger (Erdöl, Kohle, Erdgas (Methan)) zur industriellen Energiegewinnung oder als Treibstoff und verbrennt (oxidiert) sie mit dem Endprodukt CO_2.

2.2 CO_2 als Treibhausgas

Treibhausgase in der Atmosphäre absorbieren bestimmte Anteile der von der Erde abgestrahlten Wärmestrahlung (Infrarotstrahlung) und geben Wärmestrahlung in alle Richtungen wieder ab. Dadurch kommt es zu einem anteiligen Rückstrahlungseffekt in Richtung Erde, was zu einer Erhöhung der Temperatur auf der Erde führt.

Über diesen sogenannten Treibhauseffekt wird das Klima auf der Erde beeinflusst. Die Gase wirken wie ein Treibhaus, das einen Teil der eingestrahlten Wärme nicht entweichen lässt.

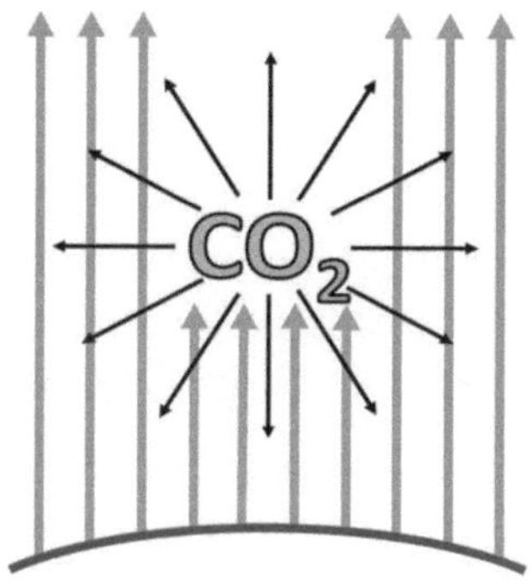

Abbildung 2.2-1: Schematische Darstellung der Absorption und ungerichteten Abstrahlung von Wärmestrahlung durch CO_2 in der Atmosphäre der Erde

Die Gasmoleküle müssen einen Dipoleffekt oder einen induzierbaren Dipoleffekt aufweisen (Kapitel 1.3), um Infrarotstrahlung absorbieren zu können.

Das stärkste natürliche Treibhausgas in der Atmosphäre ist der Wasserdampf (gasförmiges Wasser). Der Einfluss des Menschen auf den Wassergehalt der Atmosphäre ist aber gering. Daher stehen im Focus der Klimaveränderung Gase, die durch den Menschen in ihrer Konzentration stark beeinflusst werden.

Tabelle 2.2-1: Treibhausgase gemäß Kyoto-Protokoll (UN 2005)

Natürliche Gase		Fluorierte Treibhausgase (F-Gase)
Kohlendioxid	CO_2	wasserstoffhaltige Fluorkohlenwasserstoffe (HFKW)
Methan	CH_4	perfluorierte Kohlenwasserstoffe (FKW)
Lachgas	N_2O	Schwefelhexafluorid SF_6
		Stickstofftrifluorid NF_3 (ab 2015 zusätzlich)

Das Kyoto-Protokoll (UN 2005) nennt sechs Treibhausgase, deren Emissionen reglementiert werden müssen, mit einer Ergänzung ab 2015 [17] (Tabelle 2.2-1).

Das Treibhauspotenzial der Gase ist sehr unterschiedlich. Um Vergleiche möglich zu machen, legt man das Treibhauspotenzial (Global Warming Potential GWP) von CO_2 als Bezugspunkt mit einem Wert von 1 per Definition fest.

Alle anderen klimawirksamen Gase werden relativ zum Treibhauspotenzial von CO_2 bewertet. Sie geben daher an, wie hoch der Einfluss des betreffenden Gases auf den Treibhauseffekt ist im Vergleich zu CO_2. Grundlage des Vergleichs ist die Masse der freigesetzten Gase in t.

Durch diese sogenannten CO_2-Äquivalente (CO_2eq, auch CO_2e) kann man dann die Wirkung unterschiedlicher Gase auf die Klimaveränderung miteinander vergleichen.

Die Gase haben eine unterschiedliche Verweildauer in der Atmosphäre. Einmal emittiertes CO_2 wird dort nicht abgebaut und verbleibt lange in der Atmosphäre. Die Konzentration des Kohlendioxids in der Atmosphäre wird über den sehr trägen Kohlenstoff-Kreislauf reguliert (Kap. 2.4 und 3.1.2).

Im Gegensatz dazu wird Methan (CH_4) in der Atmosphäre mit der Zeit zu Kohlendioxid und Wasserdampf abgebaut. Die Lebenszeit von Methan in der Atmosphäre beträgt rund 12,4 Jahre [18]. Die ursprünglich hohe Treibhauswirkung des Methans wird dann durch die schwächere Wirkung des bei der Zersetzung entstandenen Kohlendioxids ersetzt.

$$CH_4 + 2\,O_2 \rightarrow CO_2 + 2\,H_2O \qquad \text{(Gl. 2.2-1)}$$

Aufgrund der unterschiedlichen Verweildauer der Gase in der Atmosphäre ergeben sich daher verschiedene Werte für das Treibhauspotenzial je nach betrachtetem Betrachtungszeitraum von 20 oder100 Jahren (Tabelle 2.2-2).

Für die Verweildauer in der Atmosphäre und für die Treibhauspotenziale GWP findet man variierende Werte, je nach verwendeter Quelle. Die in Tabelle 2.2-2 dargestellten Werte entstammen der Veröffentlichung der Working Group I für den IPCC Fifth Assessment Report von 2013 [19]. Dort finden sich auch Werte für die hier nicht angeführten Treibhausgase.

Aus den Werten in Tabelle 2.2-2 ist abzuleiten, dass bei einer Betrachtung über 100 Jahre eine Tonne freigesetztes Methan 28 mal so stark zum Treibhauseffekt beiträgt wie eine Tonne CO_2. Bei Distickstoffmonoxid (N_2O, Lachgas) ist der Effekt 265 mal so stark.

Tabelle 2.2-2: Treibhauspotenziale (IPCC Fifth Assessment Report 2013) [19]

Gas	Verweildauer Jahre	Treibhauspotenzial GWP über	
		20 Jahre	100 Jahre
CO_2	~	1	1
CH_4	12,4	84	28
N_2O	121	264	265

Da Methan in der Atmosphäre abgebaut wird und nur eine mittlere Verweildauer von 12,4 Jahren hat, ist die anfängliche Wirkung auf das Klima direkt nach der Emission sehr viel höher und nimmt mit der Zeit ab. Für kurzfristige Zeiträume sind daher die Auswirkungen der Methan-Emissionen für das Klima sehr viel größer, als die Werte für 20 oder 100 Jahre widerspiegeln.

Neben dem Global Warming Potential GWP gibt es noch das Global Temperature Potential GTP, das die Auswirkungen der Emissionen auf die Entwicklung der Temperatur bewertet, jeweils wieder relativ zur Wirkung des CO_2 [20] [19].

Tabelle 2.2-3: Temperaturpotenziale (IPCC Fifth Assessment Report 2013) [19]

Gas	Verweildauer Jahre	Temperaturpotenzial GTP über		
		20 Jahre	50 Jahre	100 Jahre
CO_2	~	1	1	1
CH_4	12,4	67	14	4
N_2O	121	277	282	234

Tabelle 2.2-4: Anteile freigesetzter Treibhausgase (CO_2eq) in Deutschland (2021) [21]

Treibhausgas	CO_2eq - %
Kohlendioxid	88,61
Methan	6,28
Lachgas	3,65
F-Gase	1,46

In Deutschland entfallen gemäß Umweltbundesamt (Zahlen für 2021 [21]) 88,61 Prozent der Freisetzung von Treibhausgasen (CO_2-Äquivalente CO_2eq) auf Kohlendioxid, 6,28 Prozent auf Methan, 3,65 Prozent auf Lachgas und 1,46 Prozent auf die F-Gase (Tabelle 2.2-4).

Kohlendioxid hat mit 88,6 % damit den größten Anteil an den emittierten Treibhausgasen in Deutschland.

Betrachtet man die Emissionen nach Kategorien in Deutschland, so entfallen mit 84,2 % die größten Mengen an Kohlendioxid-Äquivalenten (CO_2eq) auf den Energiebereich (Tabelle 2.2-5).

Tabelle 2.2-5: Anteile der CO_2eq-Emissionen nach Kategorien in Deutschland (2021) [21]

Kategorie	CO_2eq - %
Energiebedingte Emissionen	84,2
Industrieprozesse	7,5
Landwirtschaft	7,2
Abfallwirtschaft	1,1

2.3 Der CO_2-Fußabdruck

Das Ausmaß der CO_2-Freisetzung durch das Wirken des Menschen wird häufig als CO_2-Fußabdruck dargestellt.

Abbildung 2.3-1: Grafische Darstellung des CO_2-Fußabdrucks

Der CO_2-Fußabdruck ist ein Maß dafür, wieviel CO_2 von einem Menschen aufgrund seiner Lebensweise oder für die Erzeugung eines von ihm genutzten Produkts freigesetzt wird. In Abbildung 2.3-2 finden sich Werte des Umweltbundesamtes für den deutschen Durchschnitt pro Person und Jahr. Enthalten sind hier auch die erzeugten Methan- und Lachgasmengen als CO_2-Äquivalente (CO_2eq).

Öffentliche Emissionen	0,86 t	7,7 %	
Ernährung	1,69 t	15,1 %	
Mobilität	2,09 t	18,7 %	
Wohnen und Strom	2,74 t	24,5 %	**11,17 t**
Sonstiger Konsum	3,79 t	33,9 %	

Abbildung 2.3-2: CO_2-Fußabruck, deutscher Durchschnitt, pro Person und Jahr (CO_2eq). Zahlen: Umweltbundesamt 2020 [22]

Der ökologische CO_2-Fußabdruck beträgt im deutschen Durchschnitt 11,17 t CO_2eq pro Jahr (Abbildung 2.3-2, Zahlen Umweltbundesamt 2020 [22]), wovon

18,7 % auf die Mobilität und 24,5 % auf Wohnen und Strom entfallen. Ein Drittel des CO_2-Fußabdrucks wird durch sonstigen Konsum verursacht.

Wer seinen persönlichen CO_2-Fußabdruck berechnen möchte, findet im Internet entsprechende Fußabdruck-Rechner (z.B. Umweltbundesamt [22])

Auch technischen Produkten kann ein CO_2-Fußabdruck zugewiesen werden, der Product Carbon Footprint (PCF). Dieser Kohlendioxid-Produkt-Fußabdruck stellt die Emissionen eines Produkts oder einer Dienstleistung bezüglich der relevanten Klimagase als CO_2-Äquivalente (CO_2eq) über seinen Lebensweg dar. Dabei werden sämtliche Prozessstufen eines Produktes, beginnend mit der Gewinnung und dem Transport von Rohstoffen, der Entwicklung, Herstellung und Nutzung des Produkts erfasst. Einen wesentlichen Anteil an der CO_2-Belastung hat die jeweils verwendete Energie, solange sie aus fossilen Energieträgern gewonnen wurde.

Tabelle 2.3-1: CO_2-Fußabdrücke (CO_2eq) ausgewählter Lebensmittel [23]

Lebensmittel	kg CO_2eq pro kg Lebensmittel
Rindfleisch (Durchschnitt)	13,6
Butter	9,0
Käse (Durchschnitt)	5,7
Hähnchen (Durchschnitt)	5,5
Fisch, Aquakultur	5,1
Schweinefleisch (Durchschnitt)	4,6
Olivenöl, Glaseinwegflasche	3,2
Ei	3,0
Palmfett	2,9
Milch, ESL, Vollmilch, Verbundkarton	1,4
Bier, 0,5 L-Weißblechdose	1,0
Salatgurke	0,4
Milch-Ersatz, Haferdrink	0,3

Basis für die Bestimmung des CO_2-Fußabdrucks ist die Richtlinie DIN EN ISO 14067: Treibhausgase - Carbon Footprint von Produkten - Anforderungen an und Leitlinien für Quantifizierung [24].

Neben der Vermeidung und Reduktion von Treibhausgas-Emissionen bei der Herstellung von Produkten ist ein Ausgleich durch andere Maßnahmen, die den Treibhausgasausstoß an anderer Stelle vermindern, möglich.

Bezüglich der Auswirkungen von Produkten und Maßnahmen auf das Klima werden die folgenden Begriffe unterschieden.

Klimaneutralität
Das Klima wird durch Vorgänge, Produktionen, Handlungen nicht beeinflusst. Dies kann zum Beispiel durch alleinige Verwendung erneuerbarer Energie oder durch Ausgleichsmaßnahmen erreicht werden.

Klima positiv
Maßnahmen, die sich positiv auf das Klima auswirken und der globalen Erwärmung entgegenwirken, z.B. CO_2-Reduktion.

Treibhaus(gas)neutralität
Es werden keine Treibhausgase emittiert. Trotzdem können Einflüsse auf das Klima erfolgen. Zum Beispiel die Versiegelung von Böden und damit Eingriff in das Abflussverhalten von Niederschlägen und die Verdunstung, oder zum Beispiel Veränderung der Rückstrahlung von Wärmestrahlung von Oberflächen (Albedo-Effekt).

CO_2-Neutralität
Es wird im engen Sinn kein CO_2 emittiert oder die CO_2-Emission wird vollständig kompensiert. Andere Treibhausgase oder andere Wirkungen auf das Klima bleiben unberücksichtigt.

2.4 Die Kohlenstoff-Bilanz der Erde

Bei den Vorkommen des Kohlenstoffs auf der Erde werden exogene und endogene Vorkommen unterschieden. Die exogenen Vorkommen verteilen sich auf die Atmosphäre, die Hydrosphäre und die Biosphäre, die endogenen auf die Lithosphäre und den Erdmantel. Zwischen diesen Vorkommen in den verschiedenen Sphären kommt es zu einem Austausch durch Umwandlungsprozesse und es entstehen Kreisläufe. Man unterscheidet den geologischen (anorganischen) Kohlenstoffkreislauf (Abbildung 3.1-3), der seit der Entstehung der Erde existiert, und den organischen Kreislauf (Abbildung 3.1-4), der mit der Entstehung von Leben auf der Erde begann.

Die Erneuerungszeit des Kohlenstoffs in den Kreisläufen beträgt im exogenen Bereich etwa bis zu 10.000 Jahre, während man beim endogenen Kreislauf von Millionen von Jahren ausgeht [25]. Für die eher kurzfristig anthropogen verursachte Klimaproblematik wirken sich vor allem aber die kürzeren Kreisläufe im exogenen Bereich aus und stehen für diese Betrachtungen daher im Vordergrund.

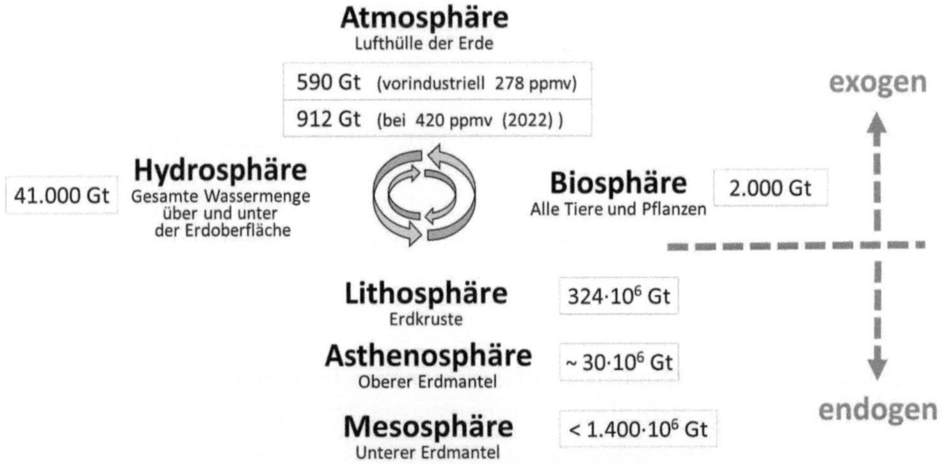

Abbildung 2.4-1: Kohlenstoff in den Sphären der Erde
Zahlen nach DCO [25] und [26]

Im Jahr 2009 wurde das wissenschaftliche Großprojekt Deep Carbon Observatory (DCO) [27] mit dem Ziel gegründet, die Kohlenstoffvorkommen sowie die Austauschprozesse auf der Erde intensiv zu erforschen. Das DCO ist ein Zusammenschluss von mehr als 1000 Wissenschaftlern. Zum 10-jährigen

Jubiläum 2019 wurde eine Vielzahl an Veröffentlichungen zur Kohlenstoffbilanz herausgegeben und der Stand der Forschung veröffentlicht [28].

Nach den Ergebnissen des DCO-Projekts umfasst das Vorkommen von Kohlenstoff auf der Erde 1,85 Mrd. Gt C. Davon sind mehr als 99,99 % unter der Erdoberfläche (endogen) gespeichert. Exogen befinden sich gerade noch 43.500 Gt (Abbildung 2.4-1) [25]. Die Werte des DCO sind für die vorindustrielle Zeit angegeben mit einem Atmosphärenwert von 278 ppmv, was 590 Gt in der Atmosphäre entspricht. In der heutigen Atmosphäre befinden sich etwa 912 Gt C bei 420 ppmv (Frühjahr 2022 [29]).

(Beispielhafte Umrechnung von ppmv auf Gt über das Gedankenmodell "homogene Atmosphäre" [26] siehe Kap. 10.1, Berechnungsbeispiel 1)

Die Vorkommen von elementarem Kohlenstoff (Graphit, Diamanten, Fullerene sowie die seltenen Modifikationen Lonsdaleit und Chaoit) spielen im exogenen Kreislauf in der Kohlenstoff-Bilanz der Erde eine untergeordnete Rolle. Die bekannten Graphitreserven der Erde betragen etwa 325 Mio. t (2021) [30], die anderen Modifikationen des Kohlenstoffs liegen in sehr viel geringeren Mengen vor. Der Kohlenstoff besteht daher im exogenen Kreislauf im Wesentlichen aus CO_2 und daraus entstandenen Verbindungen. Man könnte dort auch von einem CO_2-Kreislauf sprechen.

Es gibt für die Einteilung der Kohlenstoffverbindungen unterschiedliche Klassifizierungen:

- Chemisch
  - Anorganisch
    - elementar: Graphit, Diamanten, Fullerene, Lonsdaleit und Chaoit
    - gasförmig: Kohlendioxid CO_2, Kohlenmonoxid CO
    - gebunden: Kohlensäure, Hydrogencarbonat, Carbonat
  - Organisch
    - gasförmig: Methan CH_4 (z.B. Erdgas), weitere organische Gase
    - gebunden: belebte Natur, Kohle, Erdöl, Torf, Braunkohle
- Nach Zustand
  - gasförmig: Kohlendioxid CO_2, Kohlenmonoxid CO; Methan CH_4, andere organische Spurengase
  - gebunden/fest: Kohlensäure, Hydrogencarbonat, Carbonat, organische Biomasse, fossile Lagerstätten

3 Kohlendioxidgehalt der Luft

3.1 Kohlendioxid in der Atmosphäre

Trockene Luft besteht auf Meereshöhe zu 99,95 % aus Stickstoff (N_2), Sauerstoff (O_2) und dem Edelgas Argon (Ar). Kohlendioxid ist mit einem Anteil von 0,0418 Vol.-% (418,56 ppmv, Mittelwert 2022 [31]) enthalten. Weitere Spurengase findet man in der Summe mit einem Anteil von 0,0028 Vol.-%. Dazu gehören unter anderem Methan (CH_4) und Distickstoffoxid (Lachgas N_2O) sowie die weiteren Edelgase Helium, Neon, Krypton und Xenon (Tabelle 3.1-1).

Tabelle 3.1-1: Bestandteile trockener Luft in Vol.-% [32] [29]

78,08	Vol.-%	Stickstoff	(N_2)	[32]
20,94	Vol.-%	Sauerstoff	(O_2)	[32]
0,934	Vol.-%	Argon	(Ar)	[32]
0,0418	Vol.-%	Kohlendioxid	(CO_2)	[29]
0,0028	Vol.-%	weitere Spurengase		

1 ppmv (mL/m^3) = 0,0001 Vol.-% bzw. 1 Vol.-% = 10.000 ppmv

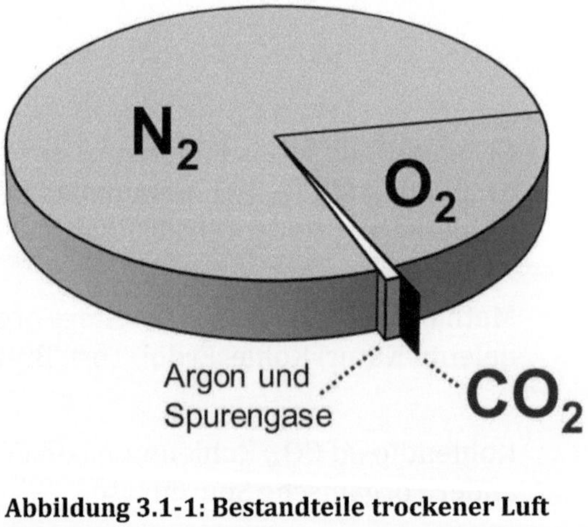

Abbildung 3.1-1: Bestandteile trockener Luft

In der natürlichen Luft kommt Wasserdampf (gasförmiges Wasser*) hinzu mit einem durchschnittlichen Anteil von 0,4 Vol.-% [32].

(*der Begriff Wasserdampf bezeichnet gasförmiges Wasser, nicht kondensiertes Wasser, das umgangssprachlich als Dampf bezeichnet wird)

Während der Gehalt an Stickstoff und Sauerstoff in der Atmosphäre trotz der Beteiligung an Stoffkreisläufen nahezu gleichbleibend ist, schwanken besonders die direkt oder indirekt durch den Menschen beeinflussten Gase, vor allem CO_2, Methan (CH_4, 1,895 ppmv 2021 [33]), Stickstoffdioxid (NO_2, 0,334 ppmv 2021 [33]) und Schwefeldioxid (SO_2) in ihren Anteilen an der Luft zum Teil stark. Die Konzentration an CO_2 steigt seit Beginn der Industrialisierung kontinuierlich an und weist zusätzlich jahreszeitliche Schwankungen auf (Kap. 3.1.5).

Kohlendioxid zählt neben Methan, Distickstoffoxid und Wasserdampf zu den wichtigsten Treibhausgasen. Methan ist dabei mit dem CO_2 über den organischen Kohlenstoffkreislauf verknüpft (Kap. 3.1.2).

Die grafische Darstellung der Zusammensetzung der Luft (Abbildung 3.1-1) verdeutlicht den geringen Anteil von CO_2 in der Atmosphäre.

Trotz dieses geringen Anteils in der Luft hat das Kohlendioxid große Bedeutung in der Atmosphäre und im Wasser.

3.1.1 Historische Entwicklung des CO_2-Gehaltes der Atmosphäre

Die Erde ist nach heutiger Kenntnis etwa 4,5 Milliarden Jahre alt [34]. Die erste Gashülle ging vermutlich durch die noch geringe Schwerkraft der Erde an das Weltall verloren. Die darauf folgende Ur-Atmosphäre bestand wegen der am Anfang noch sehr hohen Temperaturen der Erde überwiegend aus Wasserdampf. Diese Atmosphäre war primär noch sauerstofffrei. Sauerstoff lag zu der Zeit auf der Erde nicht in freier Form gasförmig vor sondern war in Oxiden gebunden und wurde erst später durch die Photosynthese der Pflanzen in nennenswerten Konzentrationen in der Atmosphäre angereichert. Neue Untersuchungen zeigen jedoch, dass O_2 in geringen Mengen auch unabhängig von der Biologie durch abiotische lichtinduzierte Spaltung des CO_2-Moleküls in C und O_2 in der Uratmosphäre entstanden sein kann. [35]

Man geht davon aus, dass der CO_2-Gehalt der Ur-Atmosphäre sehr hoch war. Die Kohlenstoffbilanz der Erde spricht im Vergleich zu heute für deutlich höhere Konzentrationen an CO_2 in dieser Atmosphäre, bevor es in großen Mengen als Carbonat in der Erdkruste festgelegt wurde.

Ein hoher CO_2-Gehalt der Ur-Atmosphäre wird auch als eine mögliche Erklärung für das "Paradoxon der schwachen jungen Sonne" gesehen, das 1972 von SAGAN und MULLEN beschrieben wurde. Es geht dabei um den Widerspruch zwischen der geringen Strahlungsleistung der noch jungen Sonne und dem nicht entsprechend kälteren Klima in der frühen Erdgeschichte. Dies könnte durch die

Klimawirkung eines hohen CO_2-Anteils der Atmosphäre bewirkt worden sein. [36] [37]

Die folgende Abkühlung der Erde führte zu einer Kondensation des Wasserdampfes und zur Bildung der Ozeane (ca. vor 3,5 Mrd. Jahren). Durch das Abregnen wurde ein großer Teil des CO_2 aus der Atmosphäre entfernt und im Wasser gelöst in die Ozeane überführt und in erheblichen Mengen als ausgefälltes Carbonat in der Erdkruste festgelegt (Kohlenstoffbilanz Kap. 2.4). [26]

Mit Beginn der Photosynthese durch Organismen vor ca. 2,3 Mrd. Jahren wurde CO_2 gebunden und in organische Substanz umgewandelt. Dabei wurde gasförmiger Sauerstoff aus Wassermolekülen frei gesetzt (Kapitel 2.1) und in der Atmosphäre angereichert.

Danach bestimmten im Wesentlichen zwei große Kreisläufe über den CO_2-Gehalt der Atmosphäre. Der anorganische (geologische) Kohlenstoff-Kreislauf (Abbildung 3.1-3) war von Anfang an von Bedeutung, ausgenommen der Anteil der sedimentierten Kalkschalen von Organismen. Der organische Kohlenstoff-Kreislauf (Abbildung 3.1-4) wurde erst mit dem Beginn des Lebens vor ca. 3,5 Mrd. Jahren mit der Photosynthese und mit der Produktion großer Biomasse wirksam.

Die beiden Kohlenstoffkreisläufe, der anorganische und der organische, sind über CO_2 verknüpft (Abbildung 3.1-2).

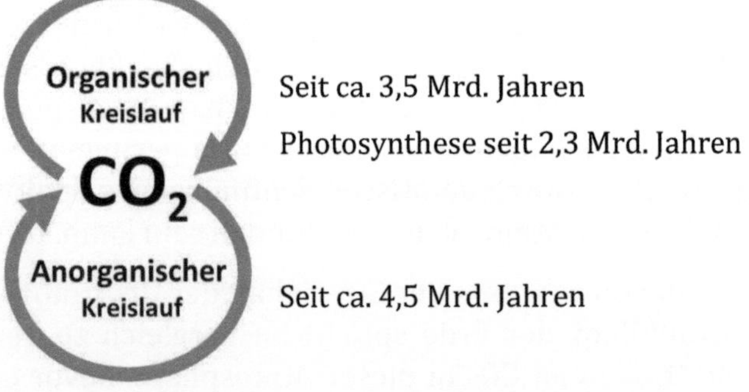

Abbildung 3.1-2: Verknüpfung des anorganischen mit dem organischen Kohlenstoff-Kreislauf über das CO_2

3.1.2 Der anorganische Kohlenstoffkreislauf

Der anorganische (geologische) Kohlenstoffkreislauf beginnt mit der Entstehung der Erde vor etwa 4,5 Mrd. Jahren.

Anorganischer Kohlenstoff findet sich im Wesentlichen wie folgt verteilt:

- gasförmig als CO_2 in der Atmosphäre
- im Wasser gelöst als CO_2, H_2CO_3, HCO_3^-, CO_3^{2-}
- in Carbonat-haltigem Gestein und Sedimenten
- als elementarer Kohlenstoff

Umwandlungen zwischen den Kohlenstoffformen erfolgen durch chemische Reaktionen oder durch tektonische Prozesse im Erdinnern.

Die Vorkommen des anorganischen Kohlenstoffs in den exogenen Sphären sind über den Wasserkreislauf miteinander verbunden. Im Erdinneren laufen die Austauschprozesse wiederum über tektonische Prozesse.

Die Regelung des Kohlenstoffdioxid-Gehaltes der Luft über den anorganischen Kohlenstoff-Kreislauf (Abbildung 3.1-3) läuft langsam in geologischen Zeiträumen ab. Das CO_2 der Luft löst sich entweder direkt im Oberflächenwasser oder gelangt im Regenwasser gelöst mit diesem auf den Boden und in die Gewässer.

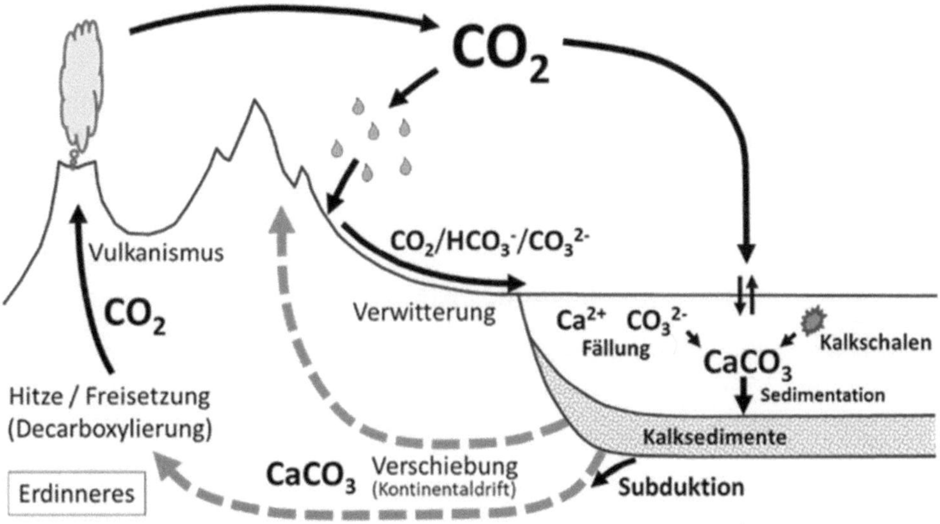

Abbildung 3.1-3: Anorganischer Kohlenstoff-Kreislauf

Durch die Lösung des CO_2 im Wasser bilden sich zusätzlich zu dem gasförmig gelösten CO_2 Hydrogencarbonat- (HCO_3^-) und in geringem Ausmaß Carbonat-Ionen (CO_3^{2-}) sowie Protonen (H^+) (Kap. 4.1).

In den Gewässern kann es bei Überschreitung des Löslichkeitsproduktes von Kalk ($CaCO_3$) (Kap. 4.7.2) zur Kalkfällung kommen, mit anschließender Sedimentation der Kalkpartikel. Manche Wasser-Organismen bauen Kalk in ihre Schalen ein (z.B. Foraminiferen, Kalkalgen). Nach dem Absterben der Organismen sedimentieren diese Kalkschalen. Durch beide Prozesse können und konnten sich ausgedehnte Kalksedimente bilden (besonders in den Urmeeren).

Durch tektonische Vorgänge (Kontinentaldrift) gelangten große Mengen an Kalksedimenten in das Erdinnere oder wurden als Gebirge aufgefaltet (z.B. Kalkalpen, Dolomiten). Bei der Verschiebung von Kalkgestein in das Erdinnere (Subduktion), die auch heute noch an den Rändern der Kontinentalplatten abläuft, kann es bei hohen Temperaturen zu einer Abspaltung von CO_2 (thermische Decarboxylierung) kommen. Das Kohlendioxid wird dann über Vulkanismus wieder an die Atmosphäre abgegeben.

Gefällter Kalk und Carbonatgestein kann sich durch Verwitterungsprozesse wieder auflösen und zur Freisetzung von Carbonat-Ionen, Hydrogencarbonat-Ionen und CO_2 führen.

Störungen des Gleichgewichts im anorganischen Kohlenstoffkreislauf können durch große Vulkanausbrüche (Supervulkane) auftreten. Pro Jahr werden unter normalen Bedingungen bis zu 0,54 Gt CO_2-C (= 1,98 Gt CO_2) über Vulkanismus an die Atmosphäre abgegeben [25].

Durch anthropogene Prozesse erhöhte sich der CO_2-Gehalt der Atmosphäre im Zeitraum 2010-2020 im Durchschnitt um 2,41 ppmv pro Jahr, was einer Zunahme um 5,2 Gt Kohlenstoff C (19,2 Gt Kohlendioxid CO_2) pro Jahr entspricht (Kap.3.1.5).

3.1.3 Der organische Kohlenstoffkreislauf

Der organische Kohlenstoffkreislauf besteht erst seit Beginn des Lebens auf der Erde vor etwa 3,5 Mrd. Jahren.

Organischer Kohlenstoff findet sich im Wesentlichen wie folgt verteilt:

- lebende und tote Biomasse
- fossile Lagerstätten (Braunkohle, Steinkohle, Erdöl, Erdgas (Methan)
- Methan in der Atmosphäre
- heutzutage: Kunststoffabfälle

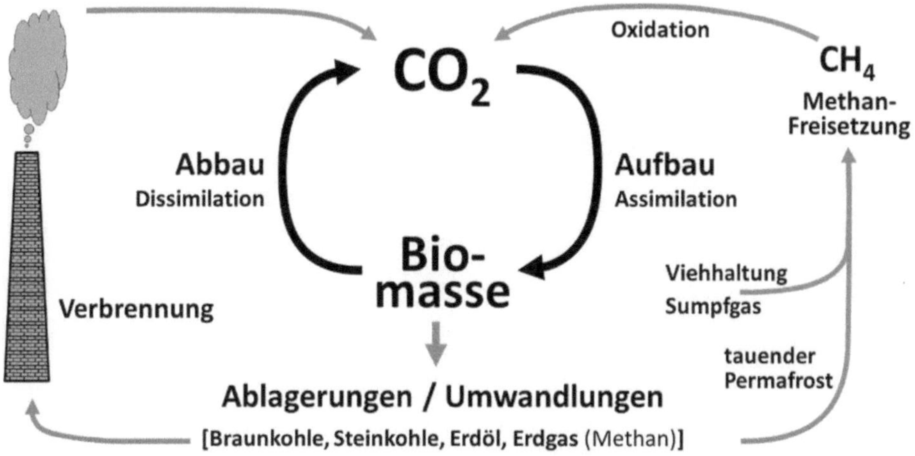

Abbildung 3.1-4: Organischer Kohlenstoff-Kreislauf

Beim organischen Kohlenstoffkreislauf (Abbildung 3.1-4) ist das anorganische CO_2 die Basis für den Aufbau (Assimilation) organischer Substanz, die man allgemein als Biomasse zusammenfasst.

Die organische Biomasse wird wieder biologisch unter Sauerstoffverbrauch (aerob) zu CO_2 abgebaut. Bei fehlendem Sauerstoff (anaerob) wird die organische Substanz bis zum Methan CH_4 reduziert (siehe auch Abbildung 5.7-8), das in die Atmosphäre entweichen kann und dort als Treibhausgas wirksam ist. Bei Anwesenheit von Sauerstoff kann es zu CO_2 oxidiert werden.

Ein Teil der Biomasse wird abgelagert und in geologischen Zeiträumen umgewandelt (Torf, Braunkohle, Steinkohle, Erdöl, Erdgas).

Die organische Biomasse ist gegenüber dem CO_2 reduziert und damit energiereich. Dies bedeutet, das durch die Oxidation dieser Verbindungen Energie gewonnen werden kann. Dies geschieht durch alle heterotrophen Organismen, die von dieser Energie leben. Bei der Atmung (Respiration) und beim Abbau der organischen Substanz (Dissimilation) wird wieder anorganisches CO_2 frei gesetzt.

Bei der Verbrennung der fossilen Energieträger passiert das Gleiche . Durch die Verbrennung (Oxidation) wird Energie gewonnen und CO_2 wieder frei gesetzt.

Durch das heutige Verbrennen der fossilen Brennstoffe wird daher ein großer Teil des in Form organischer Substanz abgelagerten CO_2 wieder frei gesetzt und damit der natürliche Kreislauf gestört. In der Folge erhöht sich dadurch die über Jahrtausende nahezu konstante Konzentration von CO_2 in der Atmosphäre.

Der Gehalt der Atmosphäre an CO_2 wird beeinflusst durch:

Photosynthese	**= Verbrauch von CO_2**
Zellatmung (Lebewesen)	**= Freisetzung von CO_2**
Verbrennung fossiler Stoffe	**= Freisetzung von CO_2**
Vulkanismus	**= Freisetzung von CO_2**
Lösung im Wasser	**= Bindung / Freisetzung von CO_2**

Abbildung 3.1-5: Einflüsse auf den CO_2-Gehalt der Atmosphäre

Das gasförmige CO_2 kann assimiliert und in organischer Substanz festgelegt werden oder als Salz der Kohlensäure in Form von Hydrogencarbonaten oder Carbonat ausgefällt und als Sediment oder Gestein festgelegt werden.

Das gebundene CO_2 kann freigesetzt werden durch Abbauvorgänge der organischen Substanz oder durch Umwandlung von Hydrogencarbonaten oder Carbonaten durch Säureeinwirkung

Für das Klima ist die CO_2-Konzentration der Atmosphäre von zentraler Bedeutung. Daher sind besonders hier die Umwandlungsprozesse (Abbildung 3.1-5) von Relevanz.

3.1.4 Messungen zum CO_2-Gehalt der Atmosphäre

Bis vor 800.000 Jahren vor unserer Zeit beruhen die Angaben zum CO_2-Gehalt der Atmosphäre im Wesentlichen auf Annahmen, Modellen und geologischen Befunden. Messwerte gibt es für die Zeit ab 800.000 Jahren durch die Untersuchung von eingeschlossenen Luftblasen in Eisbohrkernen in der östlichen Antarktis. Seit 1958 wird die CO_2-Konzentration direkt in der Atmosphäre gemessen. Begonnen wurde mit diesen Messungen auf dem Mauna Loa auf Hawaii [31].

Eisbohrkerne

Das erste Projekt zur Gewinnung von CO_2-Daten aus einem Eisbohrkern wurde am *Law Dome* in der östlichen Antarktis durchgeführt. Es wurden dort Daten für die zurück liegenden 1000 Jahre gewonnen [38]. Die Messungen zeigen die Auswirkungen des Beginns der Industrialisierung Anfang des 19. Jahrhunderts auf den CO_2-Gehalt der Atmosphäre. In drei Teilprojekten ergaben sich insgesamt Messwerte vom Jahr 1006 bis 1978 (Abbildung 3.1-6). Es ist zu erkennen, dass der Wert von CO_2 in den 800 Jahren vor 1800 um 280 ppmv schwankte (274-284 ppmv).

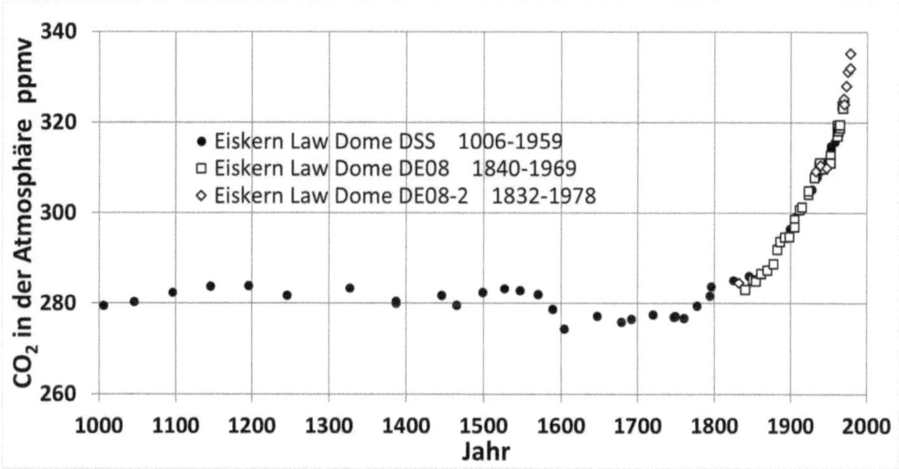

Abbildung 3.1-6: CO_2-Messwerte aus dem Eisbohrprojekt Law Dome. Daten: [38]

Zwischen 1800 und 1850 begann der Wert mit Beginn der Industrialisierung zu steigen, um dann am Anfang des 20. Jahrhunderts (1912) den Wert von 300 ppmv zu übersteigen.

Ein erster Anstieg der CO_2-Konzentration in der Atmosphäre begann bereits Mitte des 18. Jahrhunderts durch die Freisetzung von Kohlendioxid durch Veränderung der Landnutzung. Mit Beginn der Industrialisierung Mitte des 19. Jahrhunderts wurde durch die Verbrennung von fossilen Brennstoffen durch die damit verbundene Freisetzung von CO_2 der Anstieg der CO_2-Konzentration in der Atmosphäre stark beschleunigt.

Die zeitlich folgende Bohrung *Vostok Ice Core* ergab Werte für das CO_2 in der Atmosphäre bis vor 420.000 Jahren. Auch dieses Projekt zeigt, dass vor Beginn der Industrialisierung etwa um 1800 in den 420.000 Jahren davor keine Werte an CO_2 in der Atmosphäre über 300 ppmv gemessen wurden. Im Messzeitraum der 420.000 Jahre wurden 4 Eiszeiten und 4 Zwischeneiszeiten erfasst mit einem Schwankungsbereich der CO_2-Werte von 180 bis 280-300 ppmv [39].

Die danach folgenden und aktuell am weitesten zurückreichenden Messwerte für den CO_2-Gehalt der Atmosphäre wurden bei dem *EPICA*-Projekt im *Dome C*, Antarktis, gewonnen [40]. Aus diesen Messwerten geht hervor, dass über einen Zeitraum von 800.000 Jahren vor Beginn der Industrialisierung der CO_2-Gehalt der Atmosphäre immer unter 300 ppmv (max. 298,6 ppmv) lag (Abbildung 3.1-7). In diesem Zeitraum gab es 8 Eiszeiten (Minimum) und 9 Warmzeiten (Maximum).

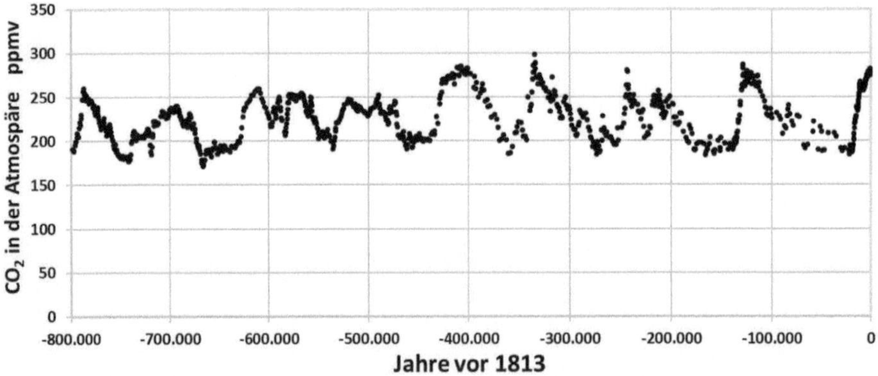

Abbildung 3.1-7: CO_2-Werte der Atmosphäre über 800.000 Jahre, EPICA-Projekt Dome C Daten: [40]

Eine weitere Eiskernbohrung, die über die letzten 1,2 Mio. Jahre Aufschluss geben soll, ist geplant.

Zusammenfassend kann man sagen, dass in den letzten 800.000 Jahren vor 1912 der CO_2-Gehalt der Atmosphäre immer unter 300 ppmv lag, überwiegend im Bereich von 280 ppmv. In der darauf folgenden Zeit stieg er in 110 Jahren auf 418 ppmv (2022).

3.1.5 Aktuelle Situation

In der vorindustriellen Zeit (bis etwa 1750) lag der CO_2-Anteil in der Luft noch in einem normalen Schwankungsbereich zwischen 275 und 284 ppmv [41], im Mittel etwa bei 280 ppmv, ermittelt durch die Untersuchung von Eiskernen (Kap. 3.1.4).

Seit 1958 werden direkte Messungen in der Atmosphäre durchgeführt. Dabei wird die Absorption von IR-Strahlung durch das CO_2-Molekül in der Gasphase als Messverfahren verwendet. Erste Messungen begannen auf dem Mauna Loa, Hawaii, so dass auch von dort die längste Messreihe für CO_2 vorhanden ist.

In Abbildung 3.1-8 sind die Monatsmittelwerte für CO_2 für den Zeitraum 1958 bis 2022 vom Mauna Loa auf Hawaii dargestellt (Daten NOAA [31]). Die Kurve zeigt einen stetigen Anstieg der Konzentration überlagert von saisonalen Schwankungen. Im Frühjahr 2022 wurden erstmalig 420 ppmv überschritten. Der Mittelwert für das Jahr 2022 lag bei 418,56 ppmv. Im Vergleich zur vorindustriellen Zeit vor 1750 mit 280 ppmv entspricht dies einem Anstieg um 50 %.

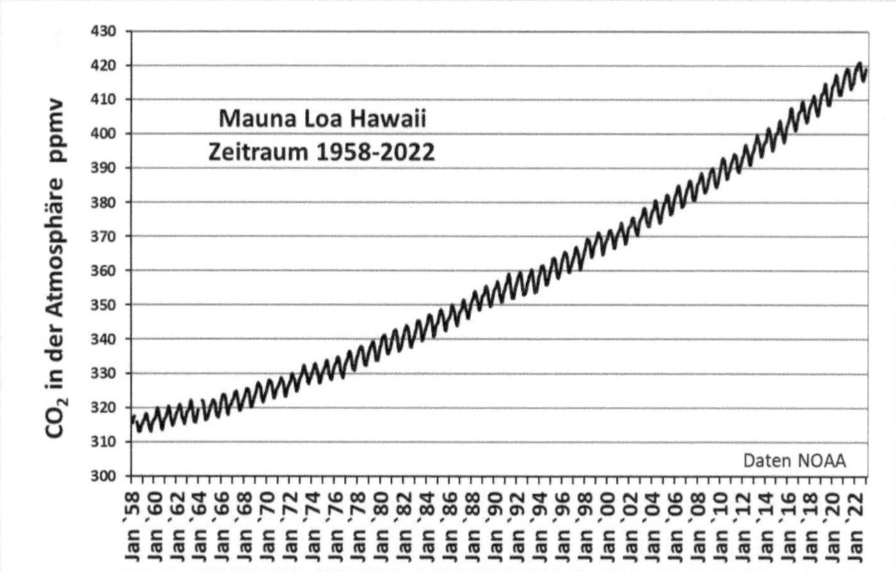

Abbildung 3.1-8: CO_2-Konzentration in der der Atmosphäre in ppmv auf dem Mauna Loa, Hawaii. Daten NOAA [31]

Verknüpft man diese durch direkte Messungen von CO_2 in der Atmosphäre gewonnenen Daten ab 1958 mit dem bis ins Jahr 1000 zurückreichenden Law Dome Projekt, so erkennt man den plötzlichen und starken Anstieg von CO_2 in der Atmosphäre ab etwa dem Jahr 1800 (Abbildung 3.1-9). Es zeigt auch die gute Überlagerung der Daten der unterschiedlichen Projekte.

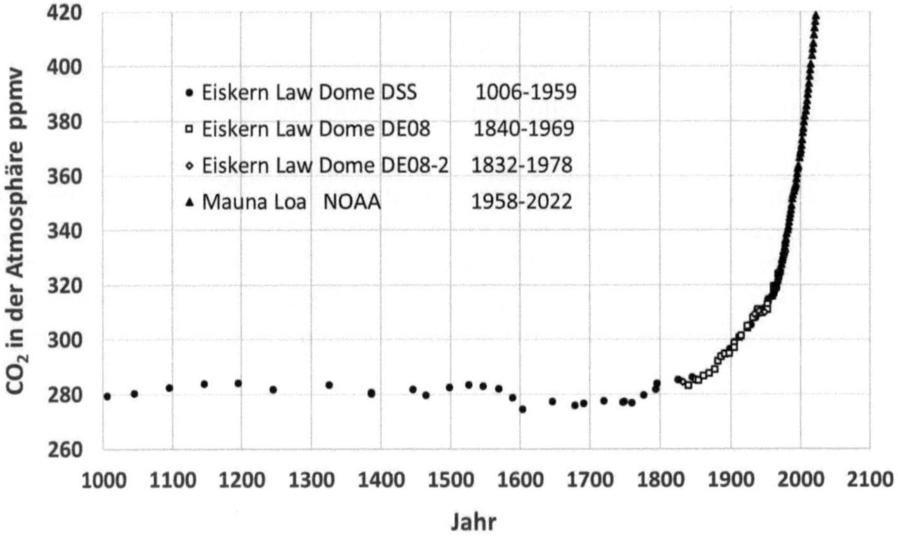

Abbildung 3.1-9: CO_2 in der Atmosphäre seit dem Jahr 1000
Eiskern-Projekt Law Dome und Mauna Loa (NOAA)

Betrachtet man den Anstieg der Jahresmittelwerte der CO_2-Konzentration in 10-Jahresschritten von 1970 bis 2020 (Abbildung 3.1-10), jeweils gemittelt über 10 Jahre, so kann man eine Beschleunigung des Anstiegs von 1,31 ppmv/a 1970/1980 bis 2,41 ppmv/a für den Zeitraum 2010/2020 erkennen.

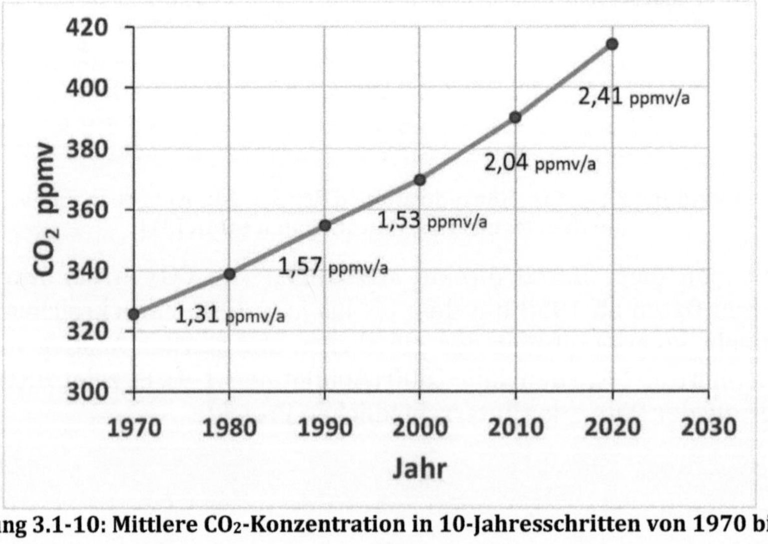

Abbildung 3.1-10: Mittlere CO_2-Konzentration in 10-Jahresschritten von 1970 bis 2020

Die mittlere Steigerung von 2,41 ppmv/a von 2010-2020 entspricht einer Zunahme von 5,2 Gt Kohlenstoff C bzw. 19,2 Gt Kohlendioxid CO_2 pro Jahr in der Atmosphäre.

Für Deutschland zeigen Messungen auf dem Schauinsland (Schwarzwald) eine mit dem Mauna Loa vergleichbare Entwicklung für die Jahresmittelwerte der CO_2-Konzentration in der Atmosphäre (Tabelle 3.1-2).

Tabelle 3.1-2 : Jahresmittelwerte für den Kohlendioxid-Gehalt der Luft in Vol.-% auf dem Schauinsland [42] und auf dem Mauna Loa [29]

	Schauinsland	Mauna Loa
1972	0,0330	0,0327
1982	0,0343	0,0341
1992	0,0357	0,0356
2002	0,0375	0,0373
2012	0,0395	0,0394

1 ppmv (mL/m^3) = 0,0001 Vol.-% bzw. 1 Vol.-% = 10.000 ppmv

Die Beispiel-Berechnungen in dieser Abhandlung basieren überwiegend auf einem CO_2-Gehalt von 0,0420 Vol.-% (420 ppmv) in der Atmosphäre, der 2022 erreicht wurde.

Die Berechnungen für die Lösung des Gases im Wasser werden meist beispielhaft für eine Wassertemperatur von 10 °C durchgeführt, da dies in etwa der Jahresmitteltemperatur in Deutschland und damit auch der Temperatur des Grundwassers im Bereich der isothermen Zone (ca. 15 m tief) entspricht.

Die Werte für die CO_2-Stoffmengenkonzentration $c(CO_2)$ und der Massenkonzentration $\beta(CO_2)$ in der Atmosphäre bei einem Gehalt von 420 ppmv (im April 2022 erreicht) bei Normaldruck und 10 °C sind in Tabelle 3.1-3 angeführt (Berechnungs-Beispiel Kap. 10.2).

Tabelle 3.1-3: CO_2-Konzentration in der Luft (10 °C) bei einem Messwert von 420 ppmv

$c(CO_2) = 1,81 \cdot 10^{-5}$	mol/L (Luft)
$\beta(CO_2) = 0,796$	mg/L (Luft)

Diese im Laufe der Jahre ansteigende Konzentration in der Luft wirkt sich direkt auf die in Oberflächengewässern gelöste Menge an CO_2 aus. Da etwa 70 % der Erdoberfläche aus Wasser besteht, spielen diese Austauschprozesse eine große Rolle. Ebenfalls beeinflusst wird der pH-Wert der Gewässer, der durch den verstärkten CO_2-Eintrag sinkt (Kap. 4.2). In den Weltmeeren trifft dies besonders Organismen mit Kalkskeletten, z.B. Korallen.

3.2 Kohlendioxid in der Bodenluft

In den Lücken und Porenräumen des Bodens und des Gesteins findet sich Luft, die in tieferen Schichten von der atmosphärischen Luft isoliert ist. Diese Bodenluft steht im Kontakt mit versickerndem Wasser und dem Grundwasser. Der CO_2-Gehalt der Bodenluft liegt in der Regel höher als in der atmosphärischen Luft.

Die oberste Bodenschicht ist gewöhnlich mit Humusstoffen angereichert. Hier findet ein intensiver biologischer Abbau von organischer Substanz statt, wobei CO_2 freigesetzt wird. Da der Gasaustausch zwischen Bodenluft und Atmosphäre mit zunehmender Tiefe immer mehr abnimmt, reichert sich das CO_2 in der Bodenluft an.

Versickerndes Regenwasser sickert durch die Lückenräume des Bodens vertikal in den Untergrund ein. Dieses Wasser stand ursprünglich im Kontakt mit der Atmosphären-Luft, so dass sich entsprechend CO_2 im Wasser lösen konnte. Bei einer Atmosphärenkonzentration von 420 ppmv (Frühjahr 2022) wären das im Lösungsgleichgewicht bei 10°C 0,994 mg CO_2 pro Liter (4.1).

Durch die höhere Konzentration und dem dadurch höheren Partialdruck des CO_2 in der Bodenluft löst sich im Sickerwasser mehr CO_2. Das gasförmig gelöste CO_2 wird mit dem Sickerwasser in die Tiefe verlagert. Die Bodenluft unterhalb der humosen Zone steht im Gasaustausch mit dem Sickerwasser, so dass sich auch in tieferen Schichten der CO_2-Gehalt der Bodenluft erhöht.

Durch die Lösung des CO_2 im Sickerwasser sinkt der pH-Wert (Kap. 4.2 10.5) und der Gesamtkohlenstoffgehalt (die Kohlensäuresumme) des Wassers erhöht sich. Der CO_2-Anteil an der Kohlensäuresumme kann sich jedoch verringern durch die Lösung von Kalk und die damit verbundene pH-Erhöhung, die zu einer Verschiebung der Kohlensäureformen führt (Kap. 4.3).

Das Sickerwasser geht schließlich in den Grundwasserkörper über, der sich über undurchlässigen Schichten staut und eine horizontale Fließbewegung aufweist.

Auch hier kommt es zu Gasaustausch mit der über dem Grundwasserkörper befindlichen Bodenluft.

Quellwasser ist zu Tage tretendes Grundwasser und hat daher in der Regel einen im Vergleich zum Lösungsgleichgewicht mit atmosphärischer Luft erhöhten CO_2-Gehalt. Daher gast im Quellbereich CO_2 aus dem Wasser aus und es kommt im Wasser zu einem pH-Anstieg (Kap. 5.5).

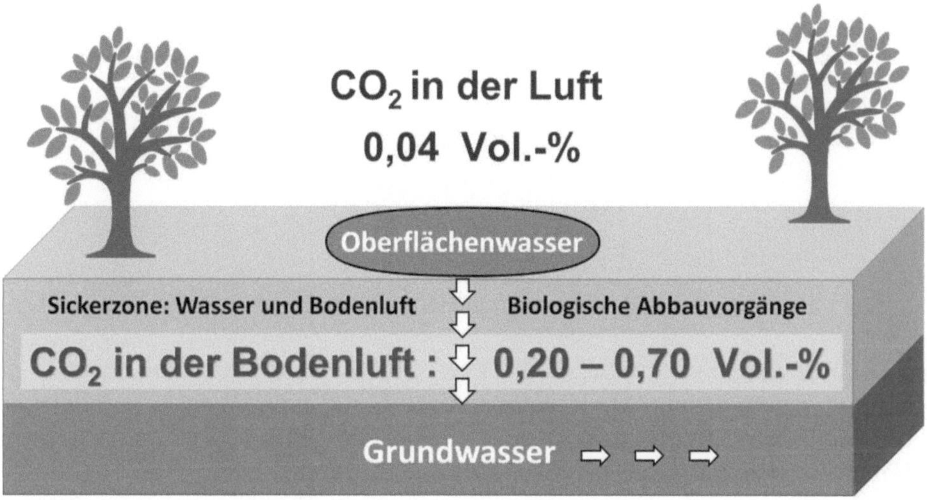

Abbildung 3.2-1: Kohlendioxid in der Bodenluft

Der absolute Gehalt der Bodenluft an CO_2 hängt neben der biologischen Aktivität auch stark von der Porosität des Bodens und der Möglichkeit des Gasaustausches mit der Atmosphäre ab. Man findet in der Bodenluft meist Werte von 0,2 - 0,7 Vol.-% CO_2. Grobporige Böden weisen in der Regel geringere CO_2-Konzentrationen auf als feinporige. Tonreiche, schlecht gedrainte Böden können Werte bis über 5 % aufweisen. [43]

4 Das Kohlensäuresystem im Wasser

4.1 Lösung des gasförmigen CO_2 im Wasser

Die Lösung von CO_2 im Wasser ist ein physikalischer Prozess. Es handelt sich dabei um einen Gasaustausch zwischen der Luft und dem Wasser. CO_2 aus der Luft tritt in das Wasser über und gleichzeitig gehen aber auch CO_2-Moleküle aus dem Wasser in die Luft über.

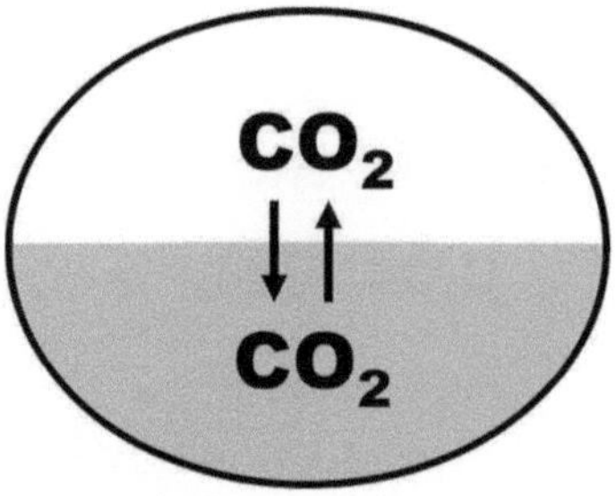

Abbildung 4.1-1: Gasaustausch von CO_2 zwischen Luft und Wasser

Zwischen beiden Prozessen stellt sich ein Gleichgewicht ein, wenn pro Zeiteinheit genauso viele CO_2-Moleküle aus der Luft in das Wasser wandern wie in der Gegenrichtung aus dem Wasser in die Luft. In der Luft und im Wasser stellen sich so die entsprechenden Gleichgewichtskonzentrationen ein, die den vorhandenen physikalischen Bedingungen (z.B. Temperatur, Druck) entsprechen.

Dieser Vorgang lässt sich als Gleichgewichtsreaktion darstellen.

$$CO_{2(g)} \rightleftharpoons CO_{2(w)} \qquad \text{(Gl. 4.1-1)}$$

(g) = in der Gasphase
(w) = im Wasser gelöst

Es gelten die allgemeinen Gesetzmäßigkeiten für die Lösung von Gasen im Wasser. Die Berechnungen erfolgen in Abhängigkeit von Partialdruck, Temperatur und gegebenenfalls Ionenstärke des Wassers (Kap. 10.3).

Das im Wasser gelöste $CO_{2(w)}$ reagiert chemisch mit Wasser zu Kohlensäure H_2CO_3 (Kap. 4.3). Die Kohlensäure liegt aber nur in sehr geringen Konzentrationen im Wasser vor und ist analytisch nicht eindeutig erfassbar (Kap. 4.4). Daher wird die Kohlensäure mit dem gasförmig gelösten Kohlendioxid zum erweiterten Kohlendioxid zusammengefasst und als Basis für die Berechnungen im Kohlensäuresystem verwendet (Kap. 4.4).

Es werden daher in der Wasserchemie unterschiedliche Gehaltsangaben für das Kohlendioxid im Wasser unterschieden:

Das im Wasser gasförmig gelöste Kohlendioxid: $CO_{2(w)}$

Das erweiterte Kohlendioxid: CO_2 $(= CO_{2(w)} + H_2CO_3)$

(Das erweiterte CO_2 wird in dieser Abhandlung ohne Index verwendet.
In anderen Veröffentlichungen wird es häufig als $CO_{2(aq)}$ bezeichnet)

Die Konstanten zur Berechnung des gelösten CO_2 im Wasser gelten immer für das erweiterte CO_2, also inklusive Kohlensäure. Auch bei Berechnungen der Kohlensäureformen über die Massenwirkungskonstanten wird üblicherweise immer das erweiterte Kohlendioxid errechnet. Zur Angabe des rein gasförmig gelösten $CO_{2(w)}$ müsste man diesen Wert über die entsprechenden Massenwirkungskonstanten separat berechnen.

Im **Süßwasser** kann man bei Berechnungen der Löslichkeit den Einfluss des Salzgehaltes in der Praxis vernachlässigen (Näherung: Ionenstärke I = 0).

Bei **Meerwasser** muss man den hohen Salzgehalt berücksichtigen, der zu einer geringeren Löslichkeit von CO_2 führt. Für die Berechnungen von Salzwasser wurde eine Chlorinität von 19‰ zugrunde gelegt [44], das entspricht dem mittleren Salzgehalt der Ozeane von 35‰.

Tabelle 4.1-1: CO_2-Massenkonzentration im Wasser im Lösungsgleichgewicht mit atmosphärischer Luft (10°C), 420 ppmv CO_2

Temperatur	**CO_2 im Wasser in mg/L**	
°C	Süßwasser I = 0	Meerwasser 19 ‰ Cl^-
0	1,44	1,17
5	1,19	0,974
10	**0,994**	0,823
15	0,843	0,705
20	0,724	0.610
25	0,629	0,534
30	0,536	0,472

Bei den in Tabelle 4.1-1 aufgeführten errechneten Werten handelt es sich um Gleichgewichtskonzentrationen im Wasser, die sich im Lösungsgleichgewicht mit der Gasphase einstellen. Beispielhaft gilt dies beim Süßwasser für Regenwasser oder Oberflächenwasser im Austausch mit der atmosphärischen Luft. (Beispielrechnung 10.3)

Die in den Tabellen angegebenen Werte gelten, wie oben dargestellt, für das erweiterte CO_2, also für die Summe $CO_{2(w)}$ + H_2CO_3. Die Abweichung zum Wert des rein gasförmig gelösten $CO_{2(w)}$ beträgt etwa 0,2 %.

Bei einem Anteil von 420 ppmv CO_2 in der Atmosphäre liegen im Lösungsgleichgewicht bei Normaldruck von 1013,25 hPa (1,01325 bar) und 10 °C 0,994 mg/L CO_2 gelöst im Wasser vor (Tabelle 4.1-1) (Berechnungs-Beispiel Kap. 10.3).

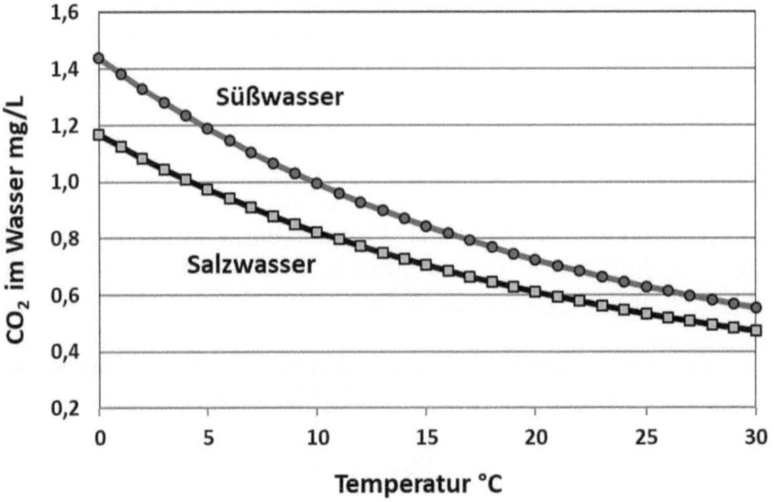

Abbildung 4.1-2: CO_2 in Süßwasser und in Salzwasser im Lösungsgleichgewicht in mg/L (CO_2 Atmosphäre 420 ppmv, 10 °C)

Ein Anstieg der Temperatur im Wasser führt zu einer geringeren Löslichkeit (geringere Gleichgewichtskonzentration) von CO_2 im Wasser. Es ist zu erkennen, dass die Löslichkeit von CO_2 (Gleichgewichtskonzentration) in Wasser von 0 bis 20 °C etwa auf die Hälfte abnimmt (Tabelle 4.1-1, Abbildung 4.1-2).

Liegen in der Gasphase höhere Konzentrationen und damit höhere Partialdrücke an CO_2 vor (Tabelle 4.1-2), wie zum Beispiel durch biologische Abbauprozesse im Erdboden oder in tieferen Wasserschichten stehender Gewässer, so kann sich entsprechend in Abhängigkeit vom höheren Partialdruck auch mehr CO_2 im Wasser lösen. Bodenluft weist meist 0,2 - 0,7 Vol.-% CO_2 auf [45], in tonreichen, schlecht gedrainten Böden jedoch bis über 5 % (Berechnungs-Beispiel Kap. 10.4).

Grundwasser, das sich im Kontakt mit der Bodenluft gebildet hat, weist daher gegenüber dem Lösungsgleichgewicht mit der Atmosphäre erhöhte Konzentrationen an CO_2 auf (Tabelle 4.1-2). Daher setzen Quellen entsprechend CO_2 frei, bis sich das Lösungs-Gleichgewicht mit der Luft wieder hergestellt hat.

Ebenso enthält das Tiefenwasser von Seen durch biologische Abbauvorgänge in der Tiefe in der Regel höhere Werte an CO_2 (Kap. 5.7).

Tabelle 4.1-2: CO_2-Gehalte im Wasser in Abhängigkeit des Partialdruckes von CO_2 in der Gasphase, berechnet für 10 °C.

$CO_{2(g)}$ Vol.-%	Partialdruck bar	CO_2 im Wasser in mg/L (I=0)
0,2	0,00203	4,7
0,7	0,00709	16,6
1	0,0101	23,7
3	0,0304	71,0
5	0,0507	118,3

1 ppmv = 0,0001 Vol.-% bzw. 1 Vol.-% = 10.000 ppmv

4.2 CO_2 und der pH-Wert natürlicher Wässer

Anmerkung: Diese Berechnungen zum pH-Wert gelten nur für ungepufferte Wässer. Puffersysteme schwächen pH-Änderungen ab.

In Abhängigkeit von der im Wasser gelösten CO_2-Menge verändert sich durch die chemische Reaktion des CO_2 mit dem Wasser der pH-Wert. Bei der Reaktion von CO_2 mit Wasser werden Protonen freigesetzt (Kap. 4.3) und der pH-Wert sinkt entsprechend.

Natürliches Regenwasser, das sich mit CO_2 gesättigt hat, weist bei einem Gehalt der Atmosphäre (2022) von 420 ppmv CO_2 einen pH-Wert von 5,556 auf (Berechnungs-Beispiel Kap. 10.5).

Dieser durch CO_2 verursachte errechenbare pH-Wert von Regenwasser hat seit Beginn der Industrialisierung (1800) bis heute durch die Anreicherung von CO_2 in der Atmosphäre von 5,64 auf 5,56 abgenommen (Tabelle 4.2-1) (Berechnungen für 10°C).

Tabelle 4.2-1: Errechnete pH-Werte von Regenwasser von 1796 bis 2020
CO_2 Daten: 1796 bis 1944 Law Dome [38], danach NOAA [31]

Jahr	CO_2 ppmv	pH
1796	284	5,641
1825	285	5,640
1850	285	5,640
1877	289	5,637
1899	297	5,631
1924	304	5,626
1944	310	5,622
1960	317	5,617
1980	339	5,602
2000	370	5,583
2020	414	5,559

Der tatsächliche pH-Wert von Regenwasser kann deutlich tiefer liegen, wenn andere ansäuernde Gase wie SO_2 oder NO_2 im Regenwasser gelöst sind!

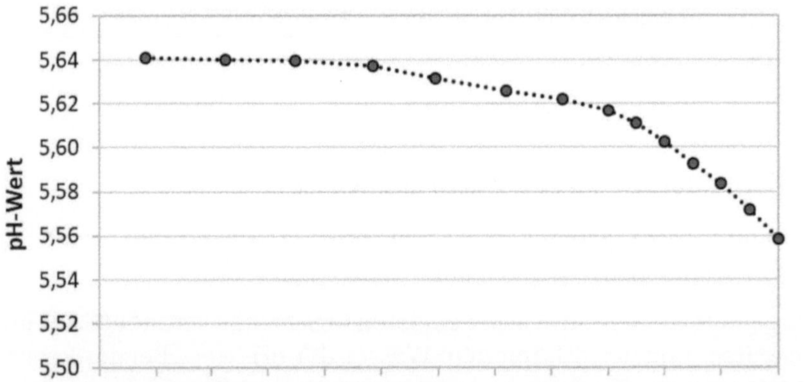

Abbildung 4.2-1: Errechnete theoretische pH-Werte von Regenwasser von 1796 bis 2020.
CO_2 Daten: 1796 bis 1944 Law Dome [38], danach NOAA [31]

Im Meerwasser führt der Anstieg der CO_2-Konzentration in der Atmosphäre ebenfalls zu einer Senkung des pH-Wertes. Das Ausmaß der pH-Senkung kann jedoch im Vergleich zum Süßwasser durch vorliegende Puffersysteme (z.B. Borate) abgemildert werden.

Im Erdboden führen höhere Partialdrücke zu einer stärkeren Ansäuerung des Sickerwassers (Tabelle 4.2-2).

Tabelle 4.2-2: Berechnete theoretische pH-Werte von Wasser in Kontakt mit Bodenluft (Zum Vergleich der Wert für die Atmosphäre)

	Vol.-% CO_2	pH
Atmosphäre	0,042	5,56
Bodenluft	0,2	5,22
	0,7	4,94
	1	4,87
	2	4,72
	3	4,63
	5	4,52

1 ppm = 0,0001 Vol.-% bzw. 1 Vol.-% = 10.000 ppm

Die in Abhängigkeit von der Zusammensetzung der Bodenluft berechneten pH-Werte sind jedoch nur theoretisch und stellen das Versauerungspotential dar.

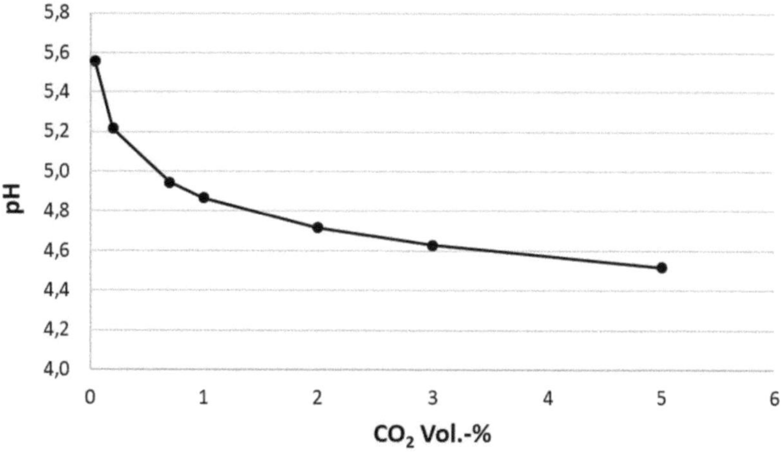

Abbildung 4.2-2: Berechnete theoretische Werte für den pH-Wert in Abhängigkeit des CO_2-Gehalts der Bodenluft

Grundwässer weisen im Allgemeinen pH-Werte über 6 auf. Es sind also Vorgänge vorhanden, die die pH-Absenkung im Bodenbereich zumindest zum Teil wieder ausgleichen. Dies sind zum Beispiel chemische Reaktionen, Ionenaustauschvorgänge oder die Lösung von Kalk. (siehe auch Kap. 5.4)

4.3 Chemische Reaktion mit Wasser - die Kohlensäureformen

Das im Wasser gasförmig physikalisch gelöste CO_2 reagiert chemisch mit dem Wasser, es bildet sich Kohlensäure (H_2CO_3):

$$CO_{2(w)} + H_2O \rightleftharpoons H_2CO_3 \quad \text{(Hydratisierung)} \qquad \text{(Gl 4.3-1)}$$

($CO_{2(w)}$ = Anhydrid der Kohlensäure)

Die Kohlensäure ist eine zweiprotonige schwache Säure mit 2 Dissoziationsstufen. Sie dissoziiert im ersten Schritt zu Hydrogencarbonat und gibt ein Proton (H^+) ab:

$$H_2CO_3 \rightleftharpoons HCO_3^- + H^+ \qquad \text{(Gl 4.3-2)}$$

Das bei der Dissoziation der Kohlensäure entstandene Hydrogencarbonat-Ion (HCO_3^-) ist ebenfalls eine schwache Säure und kann bei höheren pH-Werten weiter dissoziieren (2. Dissoziation) und bildet Carbonat-Ionen (CO_3^{2-}) und H^+:

$$HCO_3^- \rightleftharpoons CO_3^{2-} + H^+ \qquad \text{(Gl. 4.3-3)}$$

Diese chemischen Dissoziationsreaktionen sind in einem **offenen System** aber ohne Einfluss auf die Gleichgewichts-Konzentration des gasförmig gelösten CO_2, solange eine erneute Gleichgewichtseinstellung in Kontakt mit der Luft möglich ist. Geht gasförmig gelöstes CO_2 durch chemische Reaktion verloren, so löst sich weiter CO_2 aus der Luft im Wasser, bis der ursprüngliche Gleichgewichtszustand für das gasförmig gelöste CO_2 wieder hergestellt ist. Die Konzentration des gasförmig gelösten CO_2 ist im Gleichgewicht nur von den Lösungsbedingungen (Temperatur, Partialdruck) abhängig und ohne Einfluss durch die chemische Reaktion.

Luft

$\downarrow\uparrow$

$$CO_{2(w)} + H_2O \rightleftharpoons H_2CO_3 \rightleftharpoons HCO_3^- + H^+ \rightleftharpoons CO_3^{2-} + 2\,H^+ \qquad \text{(Gl. 4.3-4)}$$

CO_2, Kohlensäure, sowie Hydrogencarbonat und Carbonat werden vereinfachend in der Summe als *Kohlensäure* und entsprechend als Kohlensäureformen bezeichnet. Im Wasser können also die in Tabelle 4.3-1 dargestellten Formen der Kohlensäure nebeneinander vorliegen.

Tabelle 4.3-1: Die Kohlensäureformen im Wasser

Kohlensäure - Formen:	
$CO_{2(w)}$	gasförmig gelöstes Kohlendioxid
H_2CO_3	Kohlensäure
HCO_3^-	Hydrogencarbonat-Ion
CO_3^{2-}	Carbonat-Ion

Für die Summe der Kohlensäureformen kann eine Stoffmengenbilanz aufgestellt werden (molare Konzentrationen c(i)). Die hier dargestellte Stoffmengenbilanz wird zur Unterscheidung von der Stoffmengenbilanz im vereinfachten System in Kap. 4.4 als $c(C)_{real}$ bezeichnet.

Stoffmengenbilanz :

$$c(C)_{real} = c(CO_{2(w)}) + c(H_2CO_3) + c(HCO_3^-) + c(CO_3^{2-}) \qquad \text{(Gl. 4.3-5)}$$

4.4 Das vereinfachte Kohlensäuresystem

Die Kohlensäure und das Carbonat-Ion liegen im pH-Neutralbereich nur in sehr geringen Konzentrationen vor und sind analytisch direkt nicht oder nur schwer erfassbar.

Auf die Kenntnis der Konzentration des Carbonat-Ions kann man wegen des Löslichkeitsproduktes von $CaCO_3$ nicht verzichten. Man berechnet daher die Konzentration aus den anderen Komponenten des Systems (s.u.).

Bei der Kohlensäure selbst kann man jedoch vereinfachen, weil ihre Konzentration für die Berechnungen im Kohlensäuresystem nicht benötigt wird. Da sie sich nur zu etwa 0,2 % (siehe auch Kap. 1.4) aus dem im Wasser physikalisch gelösten $CO_{2(w)}$ bildet, stellt man beide Verbindungen einfach in der Summe als erweitertes CO_2 dar [6] und erfasst sie auch analytisch gemeinsam (siehe auch Kap. 4.1):

$$CO_2 = CO_{2(w)} + H_2CO_3 \qquad \text{(Gl. 4.4-1)}$$

Als Konsequenz aus der Vereinfachung fasst man auch die Reaktionsgleichungen (Gl. 4.3-1) und (Gl. 4.3-2) zusammen und stellt sie so dar, als ob aus CO_2 und H_2O direkt HCO_3^- gebildet wird, ohne die Zwischenstufe H_2CO_3.

(Gl. 4.3-1) + (Gl. 4.3-2) : $CO_2 + H_2O \rightleftharpoons HCO_3^- + H^+$ (Gl. 4.4-2)

Unter Berücksichtigung dieser Vereinfachung sieht das Kohlensäuresystem im Wasser also aus wie in Abbildung 4.4-1 dargestellt.

Vereinfachtes Kohlensäuresystem

$$CO_2 + H_2O \rightleftharpoons HCO_3^- + H^+$$

$$HCO_3^- \rightleftharpoons CO_3^{2-} + H^+$$

Abbildung 4.4-1: Vereinfachtes Kohlensäuresystem

Die Gesamtgleichung lautet dann im vereinfachten Kohlensäure-System:

Luft

$\downarrow\uparrow$

$$CO_2 + H_2O \rightleftharpoons HCO_3^- + H^+ \rightleftharpoons CO_3^{2-} + 2\,H^+ \quad \text{(Gl. 4.4-3)}$$

Bei den Kohlensäure-Formen entfällt im vereinfachten System die Kohlensäure selbst (Tabelle 4.4-1).

Tabelle 4.4-1: Die Kohlensäureformen im vereinfachten System

Kohlensäure-Formen im vereinfachten System:	
CO_2	erweitertes Kohlendioxid ($CO_{2(w)}$ + H_2CO_3)
HCO_3^-	Hydrogencarbonat-Ion
CO_3^{2-}	Carbonat-Ion

Die Summengleichung (Stoffmengenbilanz) des anorganischen Kohlenstoffs im Wasser c(C) lautet mit der oben beschriebenen Vereinfachung:

<u>Stoffmengenbilanz :</u>

$$c(C) = c(CO_2) + c(HCO_3^-) + c(CO_3^{2-}) \quad \text{(Gl. 4.4-4)}$$

Diese Kohlensäure-Summe (= Gesamt-Konzentration des anorganischen Kohlenstoffs C im Wasser) wird in der Literatur mit unterschiedlichen Zeichen gekennzeichnet.

Formelzeichen :	CT = CTotal	[46] [44]
	QC = Quantum-C	[47] [48]
	[C]	[49]
	c(C)	[50] [51]
	c(DIC)	[52]

Im weiteren Text dieser Abhandlung wird die Kohlensäuresumme immer als c(C) dargestellt.

Als Analysenwert wird die Kohlensäuresumme entweder als DIC oder TIC angegeben (Kap. 7.2.1).

Analysenwerte:

DIC	= Dissolved Inorganic Carbon	[52]
TIC	= Total Inorganic Carbon	[In dieser Abhandlung]

4.5 Die Gleichgewichtskonstanten

4.5.1 Bildung der Kohlensäure (Hydratisierung)

Betrachtet man die Geschwindigkeit bei der Hydratisierungsreaktion (Gl. 4.5-1), so stellt man fest, dass die Bildung von H_2CO_3 (Hydratisierung) sehr viel langsamer verläuft als die Rück-Reaktion, die Aufspaltung von HCO_3^- in $CO_{2(w)}$ und H_2O (Dehydratisierung).

$$CO_{2(w)} + H_2O \underset{k_2 = 20\ sec^{-1}}{\overset{k_1 = 0{,}03\ sec^{-1}}{\rightleftarrows}} H_2CO_3 \qquad (25\ °C) \qquad \text{(Gl. 4.5-1)}$$

(k_1 ; k_2 = Geschwindigkeitskonstanten der Reaktion)

Die Rück-Reaktion (k_2) verläuft 666-mal schneller als die Hydratisierung (k_1) [53].

Für das Reaktionsgleichgewicht bedeutet das, dass das Gleichgewicht stark auf der linken Seite der Reaktion liegt, also sehr viel $CO_{2(w)}$ im Wasser vorliegt und nur wenig H_2CO_3.

Die Massenwirkungsgleichung für diese Reaktion lautet:

$$\frac{a(H_2CO_3)}{a(CO_{2(w)})} = K = 2 \cdot 10^{-3} \rightarrow a(H_2CO_3) = 0{,}002 \cdot a(CO_{2(w)}) \ [1] \qquad \text{(Gl. 4.5-2)}$$

(die Aktivität des Wassers wird als konstant angesehen und in die Konstante einbezogen: siehe Grundlagen Massenwirkungsgesetz Kap. 11.3)

Oder anders ausgedrückt:

Verhältnis $CO_{2(w)} : H_2CO_3$ wie $500 : 1$ oder 0,2% H_2CO_3

Die geringe Reaktionsgeschwindigkeit macht sich zum Beispiel analytisch bei der Bestimmung der Basekapazität (Kap. 7.2.2.2) bemerkbar, da man nach OH^--Zugabe immer die erneute Einstellung des Reaktionsgleichgewichtes (einige Sekunden) abwarten muss. Alle anderen Reaktionen laufen spontan ab, ohne merkbare Verzögerung.

4.5.2 Die Dissoziationskonstanten der Kohlensäure

Aus der realen (wahren) Dissoziation der Kohlensäure

$$H_2CO_3 \rightleftharpoons HCO_3^- + H^+ \qquad \text{(Gl. 4.5-3)}$$

leitet sich die reale (wahre) 1. Dissoziationskonstante K_1' ab.

$$\frac{a(HCO_3^-) \cdot a(H^+)}{a(H_2CO_3)} = K_1' \qquad \text{(Gl. 4.5-4)}$$

Diese Dissoziationskonstante wird für die normalen Berechnungen im Kohlensäuresystem nicht benötigt.

Als Basis für Berechnungen werden die Konstanten des vereinfachten Systems verwendet.

1. Dissoziationskonstante K_1

$$CO_2 + H_2O^* \rightleftharpoons HCO_3^- + H^+ \qquad \text{(Gl. 4.5-5)}$$

$$\frac{a(HCO_3^-) \cdot a(H^+)}{a(CO_2)} = K_1 \qquad \text{(Gl. 4.5-6)}$$

2. Dissoziationskonstante K_2

$$HCO_3^- \rightleftharpoons CO_3^{2-} + H^+ \qquad \text{(Gl. 4.5-7)}$$

$$\frac{a(CO_3^{2-}) \cdot a(H^+)}{a(HCO_3^-)} = K_2 \qquad \text{(Gl. 4.5-8)}$$

**) Die Aktivität des Wassers $a(H_2O)$, die eigentlich im Nenner des Bruches stehen müsste, wird als konstant angesehen und wie üblich in die Konstante eingerechnet ($K_1 = K \cdot a(H_2O)$). (Siehe auch Grundlagen Massenwirkungsgesetz Kap. 11.3)*

Anmerkung: Da die Konstante K_1 aus dem vereinfachten System abgeleitet wird, wird sie teilweise auch als scheinbare 1. Dissoziationskonstante bezeichnet.

Die Gleichgewichtskonstanten K_1 und K_2 werden aus den **Aktivitäten** der Reaktionsteilnehmer abgeleitet und sind nur von der Temperatur und vom Druck abhängig {K(T,p)}. Verwendet man statt der Aktivitäten die Stoffmengenkonzentrationen der Substanzen, so erhält man die Konstanten K_1^* und K_2^*, die zusätzlich noch von der Ionenstärke {K*(T,p,I)} abhängen.

$$\frac{c(HCO_3^-) \cdot c(H^+)}{c(CO_2)} = K_1^* \qquad \text{(Gl. 4.5-9)}$$

$$\frac{c(CO_3^{2-}) \cdot c(H^+)}{c(HCO_3^-)} = K_2^* \qquad \text{(Gl. 4.5-10)}$$

Mit dem Aktivitätskoeffizienten f_K der jeweiligen Konstante ergibt sich der formelmäßige Zusammenhang zwischen K und K* (Grundlagen Massenwirkungsgesetz Kap. 11.3).

$$K^* = K \cdot f_K \qquad \text{(Gl. 4.5-11)}$$

Die Konstanten K_1 und K_2 sind in Abhängigkeit von der Temperatur berechenbar (Kap. 7.1)(Tabelle 4.5-1).

Tabelle 4.5-1: Dissoziationskonstanten K_1 und K_2 in Abhängigkeit von der Temperatur (siehe auch Tabelle 12.3 im Anhang)

Temperatur in °C	K_1 in mol/L	K_2 in mol/L
0	$2{,}677 \cdot 10^{-7}$	$2{,}352 \cdot 10^{-11}$
5	$3{,}055 \cdot 10^{-7}$	$2{,}788 \cdot 10^{-11}$
10	$3{,}426 \cdot 10^{-7}$	$3{,}249 \cdot 10^{-11}$
15	$3{,}781 \cdot 10^{-7}$	$3{,}726 \cdot 10^{-11}$
20	$4{,}110 \cdot 10^{-7}$	$4{,}209 \cdot 10^{-11}$
25	$4{,}406 \cdot 10^{-7}$	$4{,}688 \cdot 10^{-11}$

In dem Gleichungs-System der Dissoziationskonstanten sind dann die Konstanten K_1 und K_2 durch Berechnung bekannt.

$$\frac{a(H^+) \cdot a(HCO_3^-)}{a(CO_2)} = K_1 \qquad \text{(Gl. 4.5-12)}$$

$$\frac{a(CO_3^{2-}) \cdot a(H^+)}{a(HCO_3^-)} = K_2 \qquad \text{(Gl. 4.5-13)}$$

Es verbleiben in den beiden Gleichungen **4 unbekannte Größen**:

$a(H^+)$; $a(CO_2)$; $a(HCO_3^-)$; $a(CO_3^{2-})$

Wenn von den verbleibenden Größen $a(CO_2)$, $a(HCO_3^-)$, $a(CO_3^{2-})$, $a(H^+)$ zwei bekannt sind, dann können die anderen beiden über die Gleichungen berechnet werden (2 Gleichungen, 4 Unbekannte):

➔ Zwei Messgrößen sind zur Beschreibung des Systems erforderlich (zusätzlich zu Temperatur und Ionenstärke).

Kennt man durch die Analytik mindestens 3 Messgrößen, so kann man die Analyse rechnerisch überprüfen, da jede Messgröße durch die anderen berechnet und damit überprüft werden kann.

Weil die im Allgemeinen sehr geringe Konzentration an Carbonat-Ionen im Wasser analytisch nur schwer oder gar nicht zu erfassen ist, verbleiben von den 4 unbekannten Größen für die Praxis zunächst 3 Messgrößen. Zusätzlich besteht aber die Möglichkeit, die Kohlensäuresumme c(C) zu erfassen, so dass also insgesamt wieder 4 Messgrößen zur Verfügung stehen, die in unterschiedlicher Kombination verwendet werden können (Tabelle 4.5-2).

4 Messgrößen: $a(H^+)$; $c(CO_2)$; $c(HCO_3^-)$; $c(C)$

Anmerkung: Analytisch werden immer die Stoffmengenkonzentrationen c erfasst. Nur bei der pH-Messung erfasst man direkt die Aktivität a.

Tabelle 4.5-2: Kombinationsmöglichkeiten der Messgrößen

Mögliche Kombinationen		
$c(C)$ / $a(H^+)$	⟶	TIC / pH
$c(HCO_3^-)$ / $a(H^+)$	⟶	$K_{S4,3}$ / pH
$c(CO_2)$ / $a(H^+)$	⟶	$K_{B8,2}$ / pH
$c(HCO_3^-)$ / $c(CO_2)$	⟶	$K_{S4,3}$ / $K_{B8,2}$

(Zur Bezeichnung der Messgrößen siehe Kapitel 7.2)

Die genauesten Berechnungen im Kohlensäuresystem sind auf der Basis von TIC und pH-Wert möglich, da die Ungenauigkeiten und systematischen Fehler bei der Bestimmung von Säure- und Basekapazität (Kap. 7.2.2) vermieden werden.

4.5.3 Anteile der Kohlensäureformen

Bei Betrachtungen zu den Anteilen der Kohlensäureformen ist es von Bedeutung, ob es sich um ein **offenes** System mit Gasaustausch handelt oder ob das System nach außen **geschlossen** ist. Die Verhältnisse in einem offenen System werden im Gedankenmodell zur Kohlensäure in Kap. 6.1 behandelt.

Betrachtet man in einem **abgeschlossenen** System ohne Möglichkeit des Gasaustausches und ohne Fällungsreaktionen die Stoffmengenbilanz,

Stoffmengenbilanz : $c(C) = c(CO_2) + c(HCO_3^-) + c(CO_3^{2-})$ (Gl. 4.5-14)

so bleibt auch bei einer **pH-Änderung** im System die **Kohlensäuresumme** unverändert!

$c(C) =$ **konstant**

Die **Anteile** der einzelnen Kohlensäureformen ändern sich jedoch, den Gleichgewichtsreaktionen entsprechend.

$$CO_2 + H_2O \rightleftharpoons HCO_3^- + H^+ \rightleftharpoons CO_3^{2-} + 2\,H^+$$

Abbildung 4.5-1: Vom Gasaustausch abgeschlossenes Kohlensäuresystem

Mit der Kenntnis der Dissoziationskonstanten lässt sich berechnen, in welchen Anteilen $x(CO_2)$, $x(HCO_3^-)$ und $x(CO_3^{2-})$ der Kohlensäuresumme die verschiedenen Kohlensäureformen in Abhängigkeit vom pH-Wert im Wasser vorliegen (Berechnungs-Beispiel 10.7).

$$x(CO_2) + x(HCO_3^-) + x(CO_3^{2-}) = 1 \quad \text{(Gl. 4.5-15)}$$

Die Anteile ergeben zusammen 100%, bzw. dezimal = 1 (Tabelle 4.5-3).

Tabelle 4.5-3: Relative Anteile x(i) der Kohlensäureformen in Abhängigkeit vom pH-Wert (10 °C), (I = 0) (siehe auch Tab. 12.3 im Anhang)

pH	$x(CO_2)$	$x(HCO_3^-)$	$x(CO_3^{2-})$
5,0	0,967	0,0331	0,000000108
6,0	0,745	0,255	0,00000829
7,0	**0,226**	**0,774**	**0,000251**
8,0	0,0283	0,969	0,00315
9,0	0,00282	0,966	0,0314
10,0	0,000220	0,755	0,245

Mit steigendem pH-Wert geht der Anteil an CO_2 zurück, der Anteil des HCO_3^- durchläuft ein Maximum, der Anteil an CO_3^{2-} steigt an.

Damit ergibt sich die in Abbildung 4.5-2 dargestellte **relative** Verteilung der Kohlensäureformen für 10 °C in linearer Darstellung.

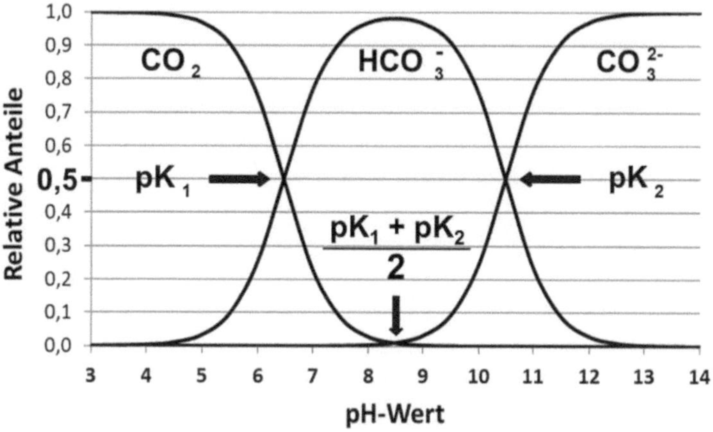

Abbildung 4.5-2: Lineare Darstellung der Kohlensäure-Anteile in Abhängigkeit vom pH-Wert (10 °C) (I=0)

In Abbildung 4.5-2 sind auch die entsprechenden pK-Werte der Reaktionen eingetragen.

> Anmerkung:
>
> Der negative dekadische Logarithmus der Gleichgewichtskonstanten K_1 und K_2 wird – wie üblich – als pK_1 und pK_2 bezeichnet. Die pK-Werte sind ein Maß für die Stärke einer Säure (Grundlagen 11.5). Der Zusammenhang zwischen pH-Wert und pK-Wert wird durch die HENDERSON-HASSELBALCH-Gleichung dargestellt (Gl. 4.5-16, Ableitung siehe Kap. 11.6).
>
> $$pH = pK + \lg\frac{a(A^-)}{a(AH)} \qquad \text{(Gl. 4.5-16)}$$

Durch die lineare Darstellung wird die Bedeutung der Schnittpunkte deutlich (Abbildung 4.5-2). Bei pH = pK_1 = 6,47 (10 °C) liegen 50 % CO_2 und 50 % HCO_3^- vor.

Bei pH = pK_2 = 10,49 (10 °C) liegen dann HCO_3^- und CO_3^{2-} zu je 50 % vor. Das Maximum an HCO_3^- (etwa 98 %) ergibt sich bei pH = $(pK_1 + pK_2)/2$ = 8,48 bei gleichzeitig sehr geringen Anteilen an CO_2 und CO_3^{2-} (ca. je 1%).

Die Darstellung gilt für 10 °C. Bei Darstellungen für 25 °C, die häufig in der Literatur zu finden sind, ergeben sich Verschiebungen zu etwas niedrigeren pH-Werten.

Üblicher ist aber die halblogarithmische Darstellung der Verteilung der Kohlensäureformen, wie in Abbildung 4.5-3 dargestellt.

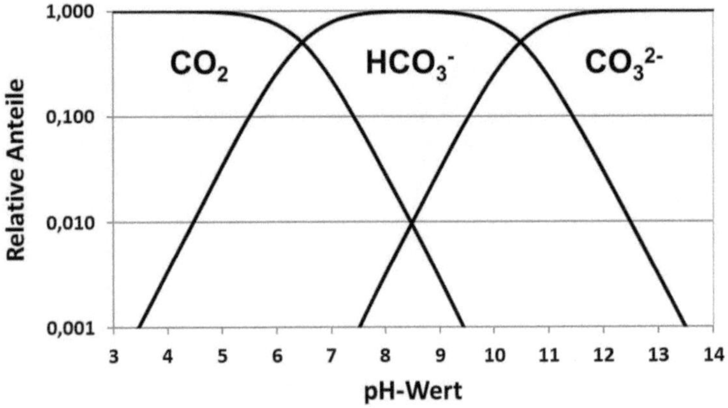

Abbildung 4.5-3: Relative Anteile der Kohlensäureformen in Abhängigkeit vom pH-Wert (10 °C) (I=0), halblogarithmische Darstellung

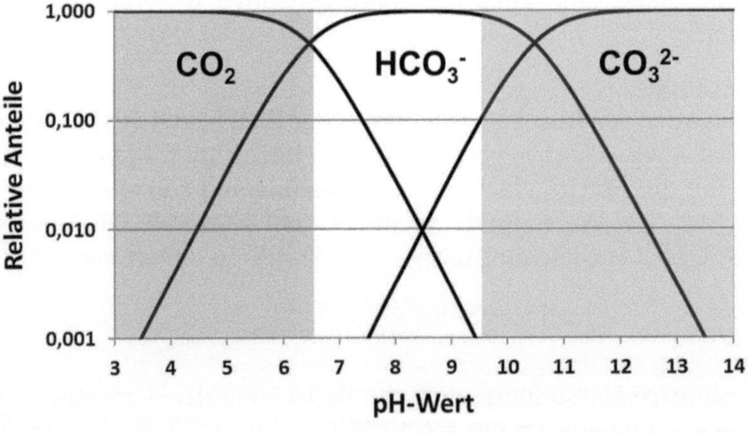

Abbildung 4.5-4: Relative Anteile der Kohlensäureformen im pH-Bereich von Trinkwässern (10 °C) (I=0)

Betrachtet man als Ausschnitt nur den nach der deutschen Trinkwasser-Verordnung für Trinkwässer zulässigen pH-Bereich 6,5 - 9,5 (Abbildung 4.5-4), so erkennt man, dass Trinkwässer immer sogenannte „Hydrogencarbonat-Wässer" sind, da der HCO_3^--Anteil überwiegt und immer über 50 % liegt.

Berücksichtigt man die Bildung von Calcium- und Magnesiumkomplexen (Kap. 7.6), so ergibt sich die in Abbildung 4.5-5 dargestellte Verteilung der nicht gebundenen Kohlensäureanteile. Die Werte wurden für ein Wasser mittlerer Härte (80 mg/L Ca und 16 mg/L Mg, 15 °dH) berechnet. Man erkennt, dass die Komplexbildung die Gleichgewichte im Kohlensäuresystem vor allem bei höheren pH-Werten beeinflusst. (Kap. 7.6 und Berechnung Kap. 10.7.1)

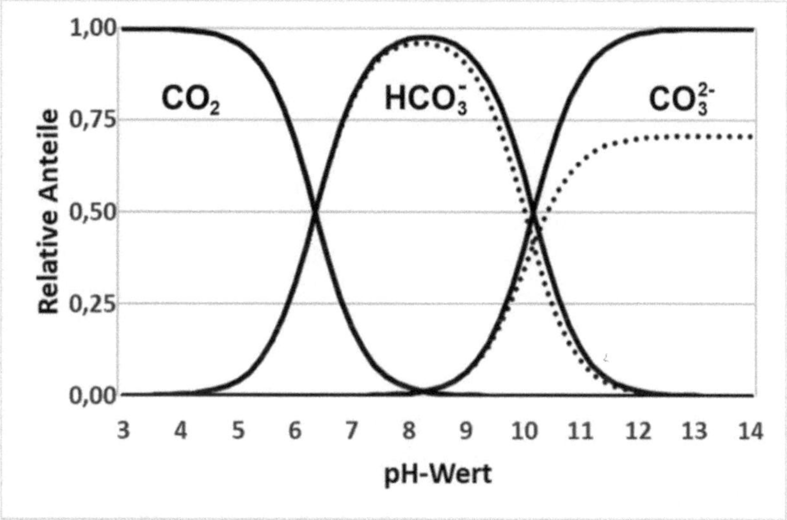

Abbildung 4.5-5: Anteile der Kohlensäureformen in Abhängigkeit vom pH-Wert unter Berücksichtigung der Bildung von Ca- und Mg-Komplexen (gestrichelt) (15°dH, I=9,7 mmol/L)

4.6 Pufferung

(Grundlagen Pufferung siehe Kap. 11.6).

(schwache Säure, siehe Grundlagen Säurestärke Kap. 11.5)

Da in natürlichen (Süß-)Wässern die Kohlensäure im Allgemeinen die einzige schwache Säure in höherer Konzentration ist, bestimmt sie auch die Pufferungseigenschaften (Achtung bei hohen Huminsäure-Konzentrationen oder bei Phosphatierung von Trinkwässern!).

Beispiele für die Bedeutung der Pufferung in natürlichen Wässern und wässrigen Lösungen:

- Auswirkungen auf die **Eisenkorrosion** in Wasserverteilungssystemen
  Eine hohe Pufferungsintensität vermindert die Korrosionsneigung. [54] [55]
- Bedeutung für pH-abhängige **biologische Prozesse** in natürlichen Wässern und bei der Wasseraufbereitungstechnik. So führen zum Beispiel sowohl Nitrifikation als auch Denitrifikation zu pH-Veränderungen, so dass in schwach gepufferten Wässern leicht der optimale pH-Bereich verlassen wird und die biologischen Prozesse nur noch verlangsamt ablaufen oder zum Erliegen kommen:

z.B.	Nitrifikation	➔	pH-Senkung	pH-Optimum : 6 - 8	
	Denitrifikation	➔	pH-Anhebung	pH-Optimum : 7 - 8	[56]

- **Menschliches Blut** ist stark gepuffert zwischen pH 7,35 und 7,45. Darunter tritt das Krankheitsbild Azidose, darüber Alkalose auf. Die wichtigste Puffersubstanz ist die Kohlensäure mit einer Konzentration von HCO_3^- von 22-26 mmol/L. Der Partialdruck von CO_2 beträgt 32-45 mmHg (46,6-59,9 hPa bzw. mbar) [57]. Die CO_2-Konzentration im Blut wird über Gasaustausch in der Lunge geregelt. Der CO_2-Partialdruck in der Luft ist deutlich geringer.

Da die Kohlensäure eine zweiprotonige Säure ist, gibt es zwei Dissoziationsstufen mit zwei Kohlensäureformen, die jeweils als schwache Säuren wirken:

$$CO_2 + H_2O \rightleftharpoons HCO_3^- + H^+ \qquad pK_1 = 6{,}47 \qquad (10\,°C) \tag{Gl. 4.6-1}$$

$$HCO_3^- \rightleftharpoons CO_3^{2-} + H^+ \qquad pK_2 = 10{,}49 \qquad (10\,°C) \tag{Gl. 4.6-2}$$

Die Dissoziation einer schwachen Säure kann man allgemein darstellen:

$$AH \rightleftharpoons A^- + H^+$$

Die sogenannte Puffergleichung, auch bekannt als HENDERSON-HASSELBALCH'sche Gleichung, lautet:

$$pH = pK + \lg\frac{a(A^-)}{a(AH)} \qquad \text{(Ableitung siehe Kap. 11.6)} \tag{Gl. 4.6-3}$$

Die Pufferung einer schwachen Säure AH ist relativ am größten, wenn pH-Wert = pK-Wert, da dann die Aktivitäten der undissoziierten Säure a(AH) und des Säureanions a(A^-) gleich sind, wodurch $lg\frac{a(A^-)}{a(AH)} = 0$ wird.

Im Kohlensäuresystem sind also zwei Punkte maximaler Pufferung zu erwarten (Tabelle 4.6-1) (siehe auch Abbildung 4.5-2).

Tabelle 4.6-1: Pufferungs-Maxima und -Minima der Kohlensäure

Maximale Pufferung			10 °C	25 °C
Maximum 1	:	$pH = pK_1$	6,5	6,4
Maximum 2	:	$pH = pK_2$	10,5	10,3
Minimum	:	$\frac{pK_1 + pK_2}{2}$	8,5	8,4

In Abbildung 4.6-1 ist die relative Pufferungsintensität PI dargestellt, wobei die PI bei pH 10,5 als 100 % gesetzt wurde.

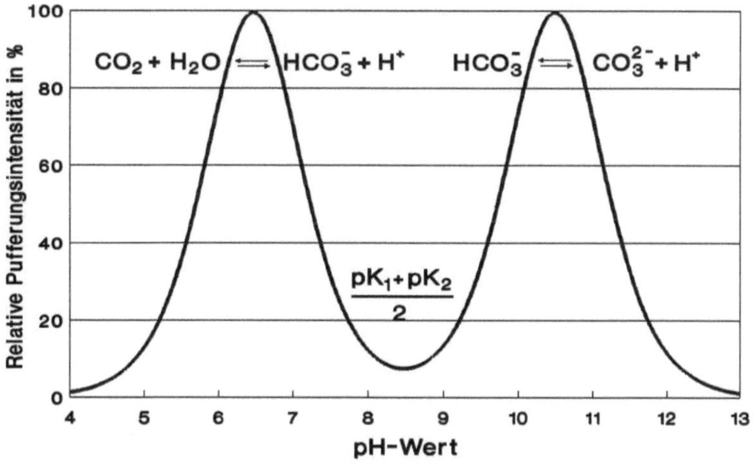

Abbildung 4.6-1: Relative Pufferungsintensität (PI) der Kohlensäureformen im Wasser bei 10 °C. c(C)=konstant ; t = 10 °C ; I = 0 ; PI bei pH 10,5 = 100 %

Der absolute Wert der Pufferungsintensität hängt von der Kohlensäuresumme c(C) und vom pH-Wert ab. Bei unveränderter Kohlensäuresumme kann eine Veränderung des pH-Wertes große Änderungen bei der Höhe der Pufferungsintensität bewirken.

Dies ist besonders problematisch bei weichen Trinkwässern, deren pH-Wert der Calcit-Sättigung bei pH 8 oder höher liegt, da damit ein Minimum an Pufferungsintensität erreicht wird (Abbildung 4.6-2).

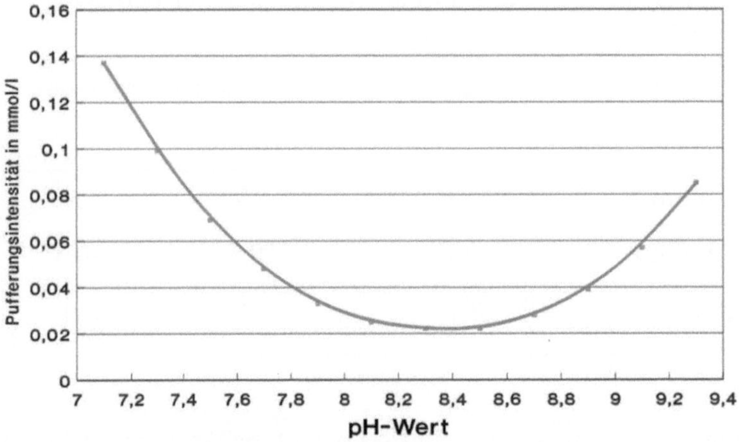

Abbildung 4.6-2: Berechnete Pufferungsintensität eines sehr weichen Trinkwassers (3 °dH) bei unterschiedlichen pH-Werten. Der pH-Wert des Trinkwassers lag bei 9,3 und wurde für diese Darstellung über Rechenprogramm verändert.

Die Definition der Pufferungsintensität sowie deren Berechnung wird in Kapitel 7.3 behandelt..

4.7 Lösung von Kalk in Wasser

4.7.1 Vorbemerkung zu Kalk

Calciumcarbonat kommt in der Natur in drei kristallisierten Modifikationen vor [1]:

Calcit	(Kalkspat)	- hexagonal kristallisiert
Aragonit	(Perlen)	- rhombisch kristallisiert
Vaterit		- rhombisch kristallisiert

Aragonit und Vaterit sind von untergeordneter Bedeutung. Vaterit bildet Einzelkristalle und kommt selten vor. Aragonit ist metastabil und geht leicht in die stabile Phase Calcit über.

Fällt Calciumcarbonat als schwerlösliche Verbindung bei Überschreiten des Löslichkeitsproduktes aus wässrigen Lösungen aus, so ist der Niederschlag zunächst amorph und geht dann langsam in die kristalline Form des Calcits über. [1]

Beim Erhitzen (Brennen) zersetzt sich Calciumcarbonat unter Bildung von Calciumoxid (gebrannter Kalk) und Kohlendioxid:

$$CaCO_3 \longrightarrow CaO + CO_2 \qquad \text{(Gl. 4.7-1)}$$

Diese Reaktion wird ausgenutzt zur Herstellung von gebranntem Kalk und zur Kohlendioxidgewinnung.

Calciumoxid reagiert mit Wasser in einer stark exothermen Reaktion zu Calciumhydroxid = Löschen von Kalk:

$$CaO + H_2O \rightleftharpoons Ca(OH)_2 \qquad \text{(Gl. 4.7-2)}$$

Calciumhydroxid ist der Hauptbestandteil von Kalkmörtel. Durch Reaktion mit dem CO_2 der Luft entsteht Calciumcarbonat, was dann zur entsprechenden Festigkeit führt.

$$Ca(OH)_2 + CO_2 \rightleftharpoons CaCO_3 + H_2O \qquad \text{(Gl. 4.7-3)}$$

Sprachlich kommt die Bezeichnung “Kalk” daher für unterschiedliche chemische Verbindungen vor:

$CaCO_3$	Calciumcarbonat	- Kalk
CaO	Calciumoxid	- gebrannter Kalk, Branntkalk
$Ca(OH)_2$	Calciumhydroxid	- Kalkhydrat, gelöschter Kalk

Gängige Bezeichnungen für in der Natur vorkommendes Calciumcarbonat sind zum Beispiel Kalkstein, Kreide und Marmor.

In den folgenden Abschnitten werden die Begriffe Kalk und Calcit gleichwertig verwendet.

Kalk = Calcit = $CaCO_3$

4.7.2 Lösung von Kalk

Bei der Lösung von Kalk (Calcit = $CaCO_3$) in Wasser handelt es sich um die Lösung eines echten Elektrolyten und damit um einen rein physikalischen Vorgang. Aus dem Kristallgitterverband des Feststoffes werden Ionen herausgelöst und durch Hydratation stabilisiert.

Die Reaktionsgleichung für die Lösung von Calcit in Wasser lautet:

$$\downarrow CaCO_{3(fest)} \overset{K_C}{\rightleftharpoons} Ca^{2+} + CO_3^{2-} \qquad \text{(Gl. 4.7-4)}$$

Calcit löst sich also im Wasser unter Bildung von Calcium- und Carbonat-Ionen (Gl. 4.7-4). Calcit gehört jedoch zu den schlecht löslichen Verbindungen, so dass nur geringe Mengen an Calcium- und Carbonat-Ionen in Lösung gehen.

Wieviel Calcit gelöst werden kann, wird durch das Löslichkeitsprodukt L (siehe Grundlagen Kap. 11.7) bestimmt:

$$L(CaCO_3) = a(Ca^{2+}) \cdot a(CO_3^{2-}) \qquad \text{(Gl. 4.7-5)}$$

Üblicherweise wird $L(CaCO_3)$ als K_C bezeichnet: $K_C = L(CaCO_3)$

$$K_C = a(Ca^{2+}) \cdot a(CO_3^{2-}) \qquad \text{(Gl. 4.7-6)}$$

Das Löslichkeitsprodukt ist von der Temperatur des Wassers abhängig.

Beispielhafte Werte der Konstante K_C für unterschiedliche Temperaturen sind in Tabelle 4.7-1 angegeben (Berechnung nach Kap. 7.1). Umfassende Tabellenwerte sind unter 12.2 zu finden.

Tabelle 4.7-1: Temperaturabhängigkeit des Löslichkeitsproduktes K_C für $CaCO_3$

Temp. °C	K_C (mol/L)^2
0	$4{,}20 \cdot 10^{-9}$
10	$3{,}92 \cdot 10^{-9}$
20	$3{,}52 \cdot 10^{-9}$
25	$3{,}30 \cdot 10^{-9}$

In Abbildung 4.7-1 ist die Temperaturabhängigkeit für K_C grafisch dargestellt.

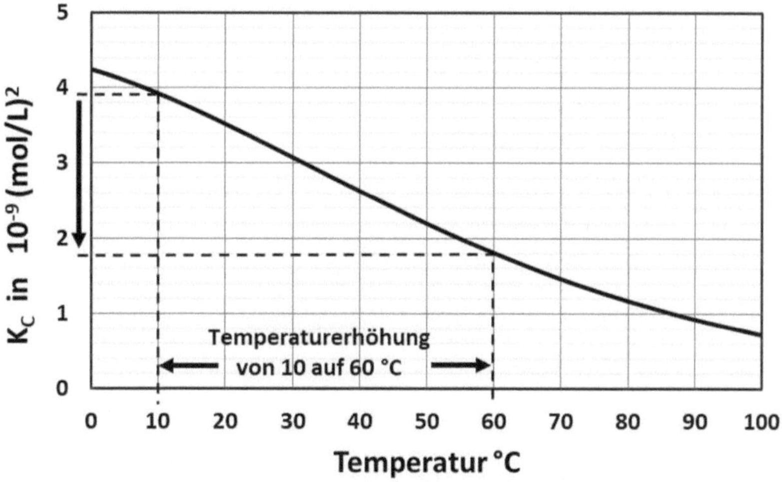

Abbildung 4.7-1: Temperaturabhängigkeit der Löslichkeitskonstante K_C

Bei steigender Temperatur nimmt die Löslichkeit von Calcit in Wasser ab. Ist in einem Wasser bei niedriger Temperatur (z.B. 10 °C) das Löslichkeitsprodukt erreicht und man erwärmt dieses Wasser zum Beispiel zu Heizzwecken (z.B. 60 °C), so wird das Löslichkeitsprodukt kleiner (ca. 50 %), das Wasser wird kalkabscheidend, Calcit kann ausfallen (Kesselsteinbildung). Wenn bei der Erwärmung von Wasser in offenen Gefäßen zusätzlich CO_2 ausgast, verstärkt sich die Kalkabscheidungstendenz!

Reaktionsschema

Bei der Lösung von Calcit in Wasser bilden sich Carbonat-Ionen (Gl. 1 in Abbildung 4.7-2), die in einer sekundären Reaktion mit H^+ zu Hydrogencarbonat-Ionen reagieren (Gl. 2). Dies führt zu einem Verbrauch von H^+ und damit zu einer Anhebung des pH-Wertes. Wir betrachten dabei zunächst ein ursprünglich **CO_2-freies** System (Abbildung 4.7-2).

$$CaCO_{3(fest)} \xrightarrow{K_C} Ca^{2+} + CO_3^{2-} \qquad \text{(Gl. 1)}$$

$$CO_3^{2-} + \mathbf{H^+} \longrightarrow HCO_3^- \qquad \text{(Gl. 2)}$$

$$H_2O \longrightarrow \mathbf{H^+} + OH^- \qquad \text{(Gl. 3)}$$

Abbildung 4.7-2: Reaktionsschema der Lösung von Calcit (CO_2-freies System)

Der Verbrauch von H^+-Ionen (Gl. 2) führt zu einer stärkeren Dissoziation des Wassers (Gl. 3) und zur Erhöhung der OH^--Konzentration, was den pH-Anstieg verdeutlicht. Durch den Verbrauch von Carbonat-Ionen wird Gleichung 1 nach rechts verschoben, es löst sich mehr Calciumcarbonat. Die Reaktionen laufen bis zur Gleichgewichtseinstellung ab (K_C).

In sehr geringen Anteilen kann sich auch CO_2 aus Hydrogencarbonat bilden.

<u>Anmerkung:</u> Dass sich auch hier schon geringe Konzentrationen an CO_2 bilden, soll wegen der Überschaubarkeit der Reaktionsvorgänge zunächst außer Betracht bleiben.

Kommt zu diesem System von außen <u>**CO_2 hinzu**</u>, so bilden sich durch die Reaktion des CO_2 mit dem Wasser H^+-Ionen, das Wasser wird angesäuert.

$$CO_2 + H_2O \rightleftharpoons HCO_3^- + H^+ \qquad \text{(KG-3))}$$

Durch diese Veränderung des pH-Wertes werden auch alle anderen Gleichgewichtsreaktionen entsprechend verschoben, bis das Reaktionsgleichgewicht wieder erreicht ist. Das gesamte Gleichungssystem im <u>**Reaktionsgleichgewicht**</u> ist in Abbildung 4.7-3 dargestellt.

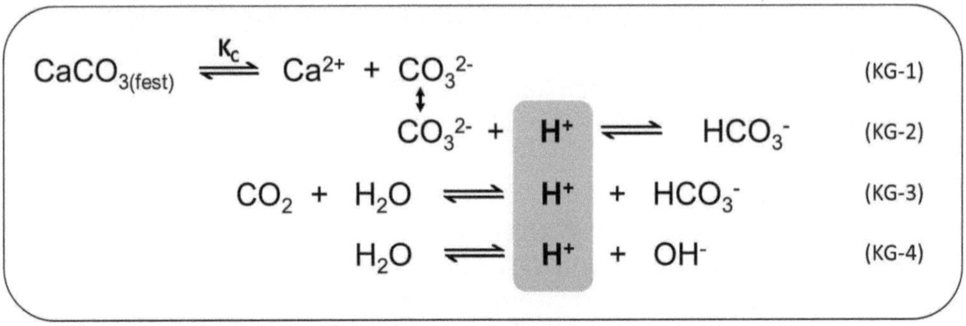

Abbildung 4.7-3: Reaktionen im Kalk-Kohlensäure-System

In diesem System spielt die Konzentration an H^+-Ionen und damit der pH-Wert die zentrale Rolle, da sich Veränderungen der H^+-Konzentration (pH-Änderungen) in **allen** Reaktionen auswirken. Zur Verdeutlichung der Zusammenhänge wird daher für dieses **Kalk-Kohlensäure-System** eine andere Darstellung gewählt. Das H^+-Symbol steht dabei gewissermaßen als zentrale Steuergröße im Mittelpunkt des Systems (Abbildung 4.7-4).

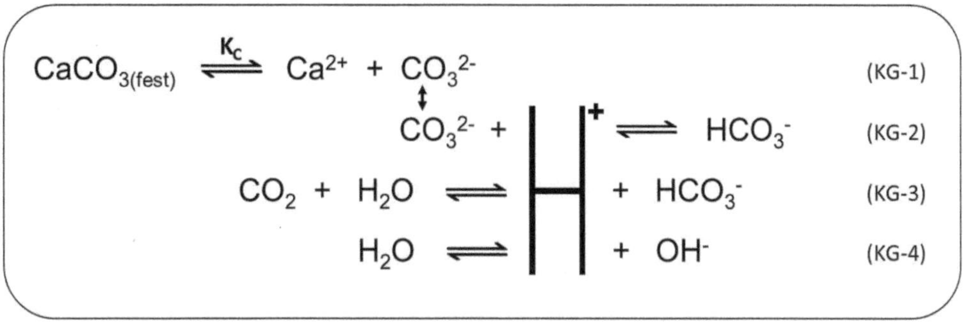

Abbildung 4.7-4: Reaktionsschema des Kalk-Kohlensäure-Systems im Kalk-Kohlensäure-Gleichgewicht

Dieses Gleichungssystem verdeutlicht, dass alle Reaktionen über den pH-Wert miteinander verknüpft sind.

Bei allen Verschiebungen im Kohlensäuresystem läuft eine bestimmte Reaktionsfolge ab.

Durch eine **Primärreaktion** verändert sich die H^+-Konzentration (z.B. durch Veränderung der CO_2-Konzentration). Alle anderen Reaktionen reagieren ihrem Gleichgewicht entsprechend in **Sekundärreaktionen**, um die Veränderung der H^+-Konzentration wieder auszugleichen.

Im **Reaktionsgleichgewicht** (Abbildung 4.7-4), dem sogenannten **Kalk-Kohlensäure-Gleichgewicht,** verändert sich nichts. Das Wasser befindet sich im Zustand der Calcit-Sättigung. Es löst sich kein Kalk und kein Kalk fällt aus. Der im Reaktions-Gleichgewicht herrschende pH-Wert wird als pH-Wert der Calcit-Sättigung (pH_C) bezeichnet. Der pH_C ist für jedes Wasser spezifisch. Er kann gemessen oder berechnet werden.

Im Gleichgewicht: $pH = pH_C$

Das in Abbildung 4.7-4 dargestellte Gleichungssystem kann schematisch auf alle Fragen des Kalk-Kohlensäure-Gleichgewichtes angewendet werden.

Anmerkung: Bei der genaueren Betrachtung dieses Reaktionssystems kann sich ein scheinbarer Widerspruch ergeben, da in Reaktion (KG-3) formal pro H^+-Ion auch ein HCO_3^--Ion entsteht. Dies würde für Reaktion (KG-2) bedeuten, dass auf beiden Seiten der Reaktionsgleichung dieselbe Änderung eintritt und damit das Reaktionsgleichgewicht erhalten bleibt.
Man kann durch Umrechnung der Massenwirkungsgleichungen (Beispiel Kap 10.6) jedoch zeigen, dass bei gleicher CO_2-Konzentration sich die HCO_3^--Konzentration umgekehrt proportional zur H^+-Konzentration verhält, während die CO_3^{2-}-

Konzentration umgekehrt proportional vom **Quadrat** der H^+-Konzentration abhängt. Dies führt dann auch in Reaktion (KG 2) zu einer Verschiebung des Reaktionsgleichgewichts.

Zur **beispielhaften Anwendung** dieses Reaktionssystems kommen wir auf die Betrachtung der Veränderung der CO_2-Konzentration zurück.

Fall 1: Zu dem System kommt von außen **CO_2 hinzu.**

Wenn von außen zu dem System CO_2 hinzukommt (Abbildung 4.7-5), bilden sich durch die Reaktion des CO_2 mit dem Wasser H^+-Ionen (KG-3), das Wasser wird angesäuert: **Primärreaktion : H^+-Bildung**.

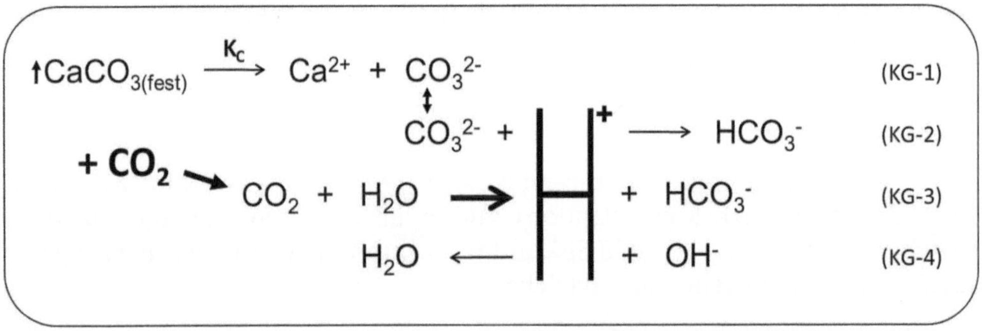

Abbildung 4.7-5: Das Kalk-Kohlensäure-System bei Zufuhr von CO_2

Die anderen beteiligten Reaktionen versuchen aufgrund ihrer Gleichgewichtslage den Anstieg der H^+-Konzentration auszugleichen: **Sekundärreaktionen : H^+-Verbrauch**.

Primärreaktion:

KG-3 reagiert durch Zunahme der CO_2-Konzentration nach rechts: **H^+-Bildung**

Sekundärreaktionen:

KG-4 reagiert nach links, H^+ und OH^- bilden Wasser (Neutralisationsreaktion)
KG-2 reagiert nach rechts, CO_3^{2-} wird verbraucht !
KG-1 reagiert nach rechts, da sich die CO_3^{2-}-Konzentration vermindert

➔ Kalk wird gelöst !

➔ Ist also CO_2 im Wasser vorhanden, so kann sich mehr Kalk lösen.
Je reicher das Wasser an CO_2 ist, desto mehr Kalk löst sich.

Die Reaktionen laufen so lange ab, bis das System wieder im Gleichgewicht ist. Das Gleichgewicht wird bei insgesamt erhöhter H^+-Konzentration erreicht – der pH-Wert sinkt !

Die nach Einstellung des Reaktionsgleichgewichtes vorhandene Menge CO_2, die in der Lage ist, eine bestimmte Menge Kalk "in Lösung zu halten", bezeichnete man historisch als "Gleichgewichtskohlensäure". Dieser Begriff ist heute überholt und nicht mehr sinnvoll, kann jedoch dem Verständnis älterer Texte dienen.

__Fall 2:__ **CO_2** wird aus dem System **entfernt.**

Entfernt man das CO_2 (bzw. eine Teilmenge) wieder (Abbildung 4.7-6), so laufen die Reaktionen in umgekehrter Richtung ab. Durch die Erhöhung der CO_3^{2-}-Konzentration wird das Löslichkeitsprodukt überschritten und Kalk kann ausfallen!

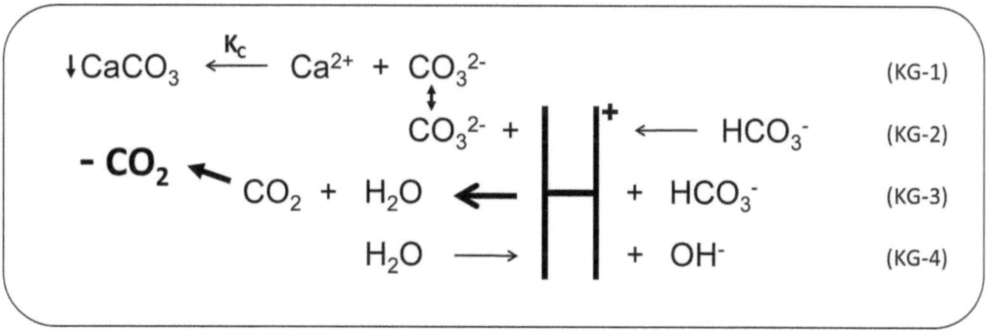

Abbildung 4.7-6: Das Kalk-Kohlensäure-System bei Entzug von CO_2

Die Reaktionen in Abbildung 4.7-6 laufen folgendermaßen ab:

<u>Primärreaktion:</u>

KG-3 reagiert durch Abnahme der CO_2-Konzentration nach links: H^+-Verbrauch

<u>Sekundärreaktionen:</u>

KG-4 reagiert nach rechts, H^+ und OH^- werden gebildet
KG-2 reagiert nach links, CO_3^{2-} wird gebildet !
KG-1 reagiert nach links, da sich die CO_3^{2-}-Konzentration erhöht

➔ das Löslichkeitsprodukt wird überschritten, Kalk kann ausfallen

Technisch wird der CO_2-Entzug zur physikalischen Entsäuerung eines Wassers durchgeführt. Bei den Entsäuerungsverfahren kann das Schema des Kalk-Kohlensäure-Gleichgewichts zum Verständnis beitragen, warum sich je nach Verfahrenstechnik unterschiedliche End-pH-Werte einstellen (siehe Kap. 9.1.6).

Das Reaktionsgleichgewicht der beschriebenen Gleichgewichtsreaktionen im Kalk-Kohlensäure-System stellt sich in natürlichen Wässern nicht in jedem Fall ein. Bei Grundwasser reicht häufig die Kontaktzeit mit dem Boden nicht aus oder der Boden enthält nur geringe Kalkmengen (Sande, kalkarmes Gestein), so dass das Wasser überwiegend noch kalklösende Tendenz hat.

Erreicht ein Wasser in kalkhaltigem Boden (z.B. Kalksandstein, Dolomit) das Kalk-Kohlensäure-Gleichgewicht, so kann dies bei gleichbleibenden äußeren Bedingungen nicht überschritten werden (reiner Lösevorgang bis zur Löslichkeitsgrenze!). Ändern sich die äußeren Bedingungen, zum Beispiel durch CO_2-Verlust in Quellbereichen, so kann ein solches Wasser kalkabscheidende Eigenschaften bekommen (Kap. 5.5).

Fördert man ein Wasser mit Kalklösetendenz („aggressiv") zu Zwecken der Trinkwasserversorgung, so ist in den Rohren von Wassergewinnungs- und Wasserverteilungssystemen in der Regel kein festes $CaCO_3$ vorhanden, das Gleichgewicht bleibt also gestört. Kommt dieses Wasser jedoch wieder in Kontakt mit $CaCO_3$-haltigen Werkstoffen (z.B. Beton, Faserzement, Zementmörtelauskleidungen von Stahlrohren), so kann Kalk in Lösung gehen, das Kontaktmaterial wird angegriffen.

Bezüglich des Kalklösevermögens von Trinkwasser gibt es Grenzwerte der deutschen Trinkwasserverordnung (Kapitel 9.1.1). Können diese Werte nicht eingehalten werden, so muss eine Entsäuerung des Wassers durchgeführt werden (Kapitel 9.1).

5 Die Bedeutung von CO_2 im Wasserkreislauf

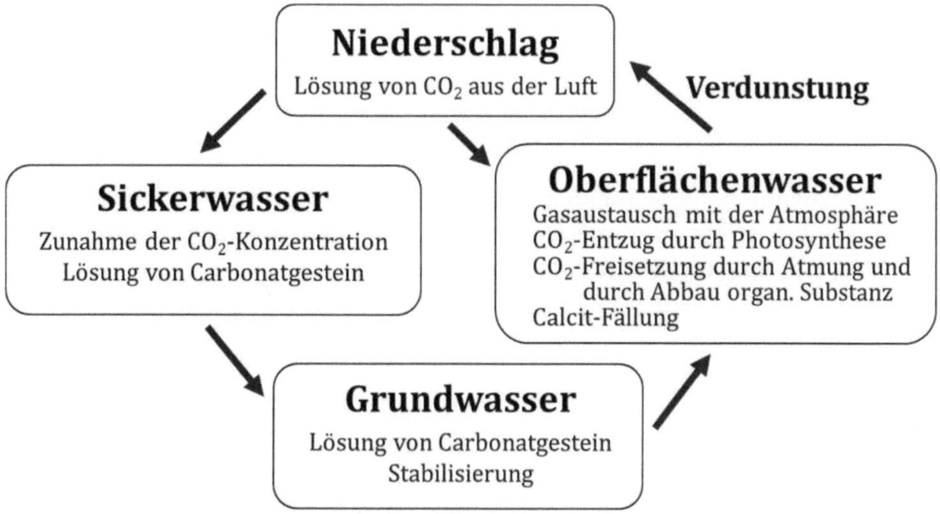

Abbildung 4.7-1: CO_2 im Wasserkreislauf - Überblick

5.1 Verwitterung

Verwitterung führt zu einer natürlichen Zersetzung von Gestein. Das im Wasser gelöste CO_2 bzw. die gebildete Kohlensäure trägt zur Verwitterung bei. Wirksam ist dabei die Bildung und Bereitstellung von Protonen H^+ oder auch die Abpufferung von pH-Änderungen.

Hier sollen nur Verwitterungsprozesse betrachtet werden, die Carbonate betreffen oder an denen das Kohlensäuresystem einen Anteil hat.

Als Hauptbeispiel für Carbonate soll hier Kalk dienen. Die Lösung von Kalk (Lösungsverwitterung) ist zunächst unabhängig von CO_2 und Kohlensäure.

Kalk löst sich im Wasser unter Bildung von Ca^{2+}- und Carbonat-Ionen. Die Löslichkeit ist begrenzt und wird über das Löslichkeitsprodukt $L=K_C$ definiert (Kapitel 4.7.2).

$$CaCO_3 \rightleftharpoons Ca^{2+} + CO_3^{2-} \quad \text{(Gl. 5.1-1)}$$

Da das Carbonation Teil des Kohlensäuresystems ist, beeinflusst die CO_2-Konzentration über die Gleichgewichtsreaktionen des Kohlensäuresystems und den pH-Wert die Löslichkeit des Kalks. Hohe CO_2-Konzentrationen fördern die Lösung von Kalk und anderen Carbonaten. Diese Reaktion wird häufig als Summengleichung angegeben. Das ist stöchiometrisch korrekt, der eigentliche Reaktionsablauf verläuft aber anders (genauer Reaktionsablauf siehe Kap. 4.7).

Summarisch (vereinfacht !!):

$$CaCO_3 + CO_2 + H_2O \rightleftharpoons Ca^{2+} + 2\,HCO_3^- \qquad \text{(Gl. 5.1-2)}$$

Durch die Lösung von Carbonaten und der damit verbundenen Freisetzung von Carbonationen steigt der pH-Wert an. Dies ist aus der summarischen Reaktionsgleichung nicht ableitbar (siehe Kap. 4.7).

Lösung von Kalk in Kalkgestein kann zur Verkarstung führen.

Auch die Silikatverwitterung (Hydrolyse) kann durch Kohlendioxid und Kohlensäure gefördert werden. Man spricht bei der Verwitterung silikatischer Mineralien von einem inkongruenten Lösungsprozess [58], da nur ein Teil des verwitternden Moleküls in Lösung geht und ein anderer Teil sich in ein sekundäres Mineral umwandelt. Bei diesem Verwitterungsprozess werden OH^--Ionen freigesetzt.

Beispielhaft sei dies hier für Kalifeldspat dargestellt [43] :

$$2KAlSi_3O_8 + 11H_2O \rightarrow Al_2Si_2O_5(OH)_4 + 4H_4SiO_4 + 2K^+ + 2OH^- \qquad \text{(Gl. 5.1-3)}$$

(Kalifeldspat) (Kaolinit) (Kieselsäure)

CO_2 und Kohlensäure fördern diese hydrolytische Verwitterung, da über das Kohlensäuresystem die freiwerdenden OH^--Ionen abgepuffert werden:

Summarisch (vereinfacht!):

$$CO_2 + OH^- \rightleftharpoons HCO_3^- \qquad \text{(Gl. 5.1.-4)}$$

Der genaue Reaktionsablauf ist in Kapitel 4.7 dargestellt.

Das gebildete Kaolinit zählt zu den Schichtsilikaten (Ton).

5.2 Regenwasser

Regentropfen haben einen intensiven Kontakt (große Oberfläche) mit der Luft und es löst sich CO_2 aus der Luft im Regenwasser nach den Gesetzmäßigkeiten für die Lösung von Gasen im Wasser (Kapitel 4.1). Mit Kohlendioxid gesättigtes

Regenwasser ohne Verunreinigungen hat einen pH-Wert von 5,56 (Berechnungs-Beispiel 10.5).

Das Regenwasser trifft auf die Bodenoberfläche. Ein Teil des Wassers fließt oberflächlich ab und bleibt im Kontakt mit der Atmosphäre. Der andere Teil des Regenwassers versickert im Boden und führt zur Neubildung von Grundwasser.

5.3 Sickerwasser

Die organischen Substanzen in der Humusschicht des Bodens werden von den dort lebenden Bakterien abgebaut. Dabei wird O_2 verbraucht und CO_2 produziert.

Mineralisation:

Bakterien
↓
Organ. Substanz + O_2 → CO_2 + Mineralien + **schwer abbaubarer Rest**
↓ **= Huminstoffe !**
↓
Lösung im Sickerwasser

Das Sickerwasser sickert durch die Lückenräume des Bodens vertikal in den Untergrund ein. Dabei geht der Kontakt zur Atmosphäre verloren und die Lösung von CO_2 hängt dann von der Zusammensetzung der Bodenluft ab. In der Bodenluft liegt das CO_2 in höheren Partialdrücken vor (Tabelle 4.1-2).

Die oberste Bodenschicht ist in der Regel mit Humusstoffen angereichert. Hier findet ein intensiver biologischer Abbau von organischer Substanz statt, wobei CO_2 freigesetzt wird. Da der Gasaustausch zwischen Bodenluft und Atmosphäre mit zunehmender Tiefe immer mehr abnimmt, reichert sich CO_2 in der Bodenluft an. Dadurch löst sich im Sickerwasser mehr CO_2, dem steigenden Partialdruck entsprechend (Abbildung 5.4-1). Das Sickerwasser geht dann in den Grundwasserkörper über, der sich über undurchlässigen Schichten staut und eine horizontale Fließbewegung aufweist.

5.4 Grundwasser

Bereits auf der Sickerstrecke, aber auch im Bereich des Grundwasserkörpers (Aquifer) kommt es zu Reaktionen des Wassers und dessen Inhaltsstoffen mit dem Bodenkörper. Unter den Wasserinhaltsstoffen sind hier besonders die Formen der Kohlensäure von Bedeutung.

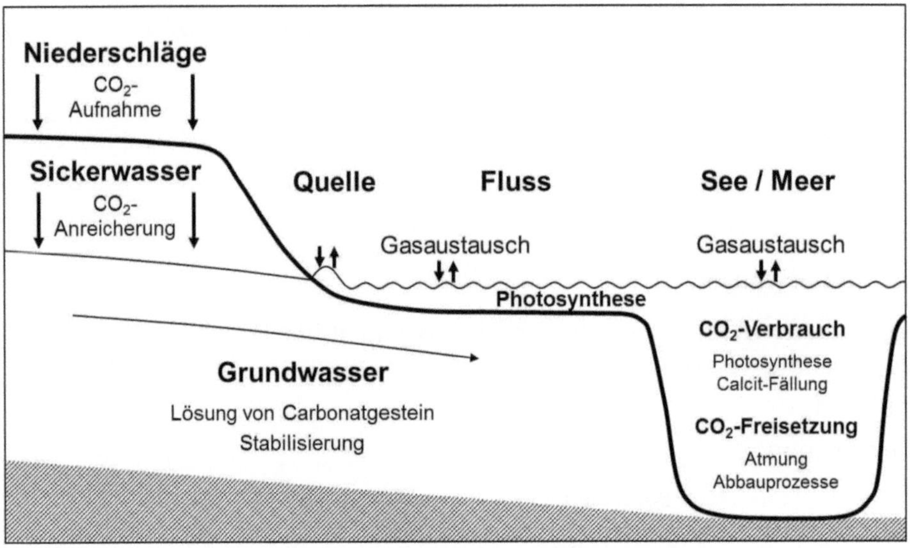

Abbildung 5.4-1: Kohlendioxid im Wasserkreislauf

Durch die vermehrte CO_2-Lösung in der Sickerstrecke (s.o.) kommt es zu einer Ansäuerung des Wassers (pH-Senkung). Diese pH-Verschiebung wird durch Ionenaustauschvorgänge und/oder durch Lösungsvorgänge zumindest zum Teil wieder ausgeglichen:

- z.B. Es wird Calcit (Kalk) oder andere Carbonate gelöst
- z.B. Umwandlung silikatischer Mineralien

Bei genügend langer Aufenthaltszeit des Grundwassers im Boden stabilisiert sich das Wasser, das heißt, Löse- und Fällungsvorgänge sind im Gleichgewicht, die Inhaltsstoffe des Wassers verändern sich nicht mehr.

Dieser Gleichgewichtszustand bezüglich Calcit und CO_2 entspricht dann dem sogenannten Kalk-Kohlensäure-Gleichgewicht.

Ist die Stabilisierung nicht abgeschlossen, so hat dieses Wasser noch eine Kalk-Lösetendenz.

5.5 Quellwasser

Das Grundwasser kann in Form einer Quelle an die Erdoberfläche kommen. Von dem Moment an ist für die Löslichkeit des CO_2 im Wasser wieder der CO_2-Partialdruck der Luft ausschlaggebend. Da in der Regel im Quellwasser mehr CO_2 gelöst ist, als dem Lösungsgleichgewicht mit der Luft entspricht, gast CO_2 aus.

Dieses führt zu einer Verschiebung des Kohlensäuregleichgewichtes im Wasser und der pH-Wert des Quellwassers steigt (Abbildung 5.6-1)!

War das Grundwasser vorher kalklösend, so geht durch den pH-Anstieg die Kalklösetendenz zurück. Das Kalk-Kohlensäure-Gleichgewicht kann erreicht werden oder es kann sogar schließlich überschritten werden und es kann zur Kalkfällung kommen.

War das Grundwasser bereits im Kalk-Kohlensäure-Gleichgewicht, so wird jetzt durch die Ausgasung von CO_2 und die damit verbundene pH-Wert-Anhebung die Löslichkeit für Kalk überschritten und es kann zur Ausfällung von Kalk (Calcit) kommen. Es bilden sich dann häufig sogenannte Quellkalke aus (Abbildung 5.5-1).

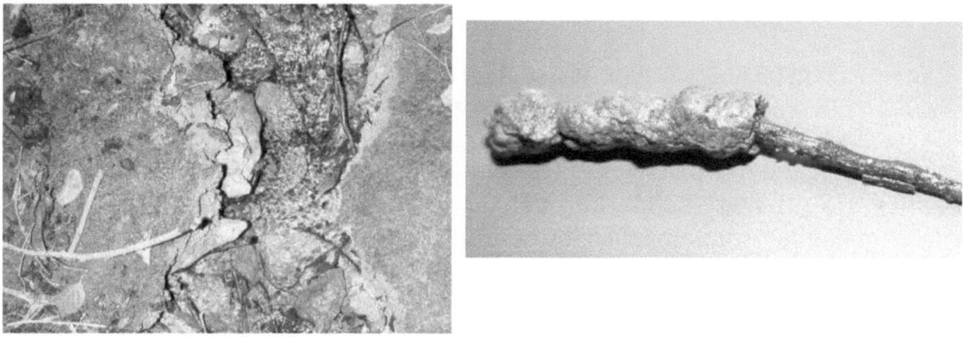

Abbildung 5.5-1: Kalkablagerungen in einem Quellbach und auf einem Holzstück aus diesem Bach

5.6 Fließgewässer

Im Quellbereich steigt zunächst der pH-Wert durch CO_2-Ausgasung (s.o.) an. Quellmoose, Algen und höhere Wasserpflanzen betreiben bei Lichteinstrahlung Photosynthese. Sie nehmen hierzu CO_2 aus dem Wasser auf. Durch diese zusätzliche CO_2-Entnahme kommt es zu einem weiteren Anstieg des pH-Wertes.

Durch den CO_2-Austrag im Quellbereich und durch die Photosynthesevorgänge kommt es in einem Quellbach tagsüber zu einem Anstieg des pH-Wertes in Fließrichtung (Abbildung 5.6-1)!

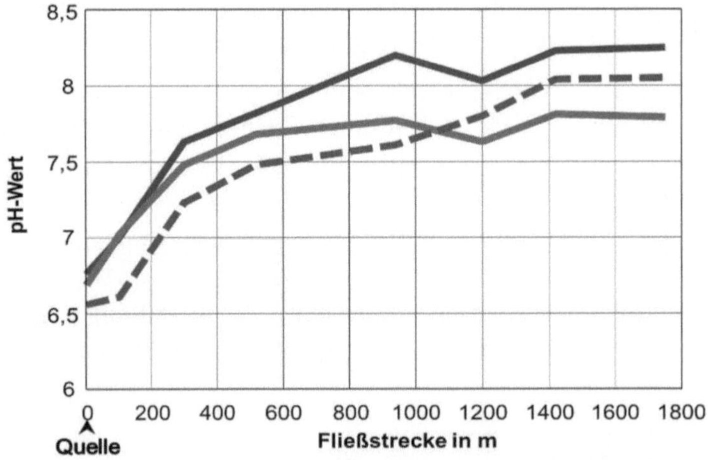

Abbildung 5.6-1: pH-Werte eines Quellbaches in Fließrichtung (verschiedene Jahre, jeweils im Mai, mittags)

Beim Tagesgang des pH-Wertes (Abbildung 5.6-2) zeigt sich am Vormittag ein Anstieg des pH-Wertes aufgrund der CO_2-Entnahme durch Photosynthese. Mit zurückgehender Sonneneinstrahlung und damit vermindertem CO_2-Verbrauch nimmt der pH-Wert in den Nachmittagsstunden wieder ab.

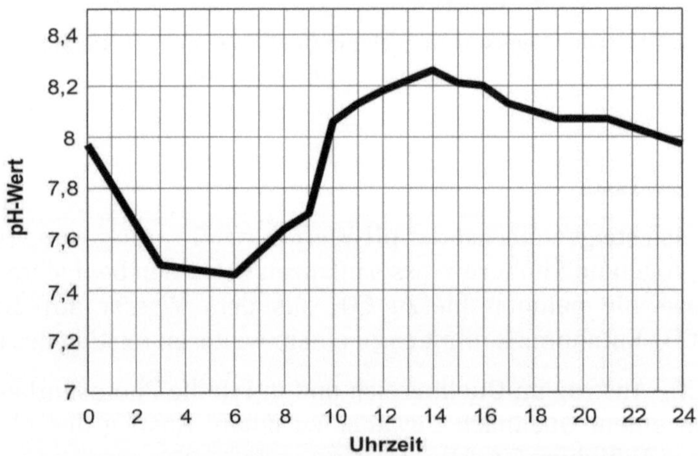

Abbildung 5.6-2: pH-Werte eines Quellbaches im Tagesgang (Messpunkt 1400 m nach Quelle)

In den Nachtstunden überwiegt die CO_2-Produktion durch biologische Atmung und durch Abbauvorgänge, der pH-Wert sinkt weiter. Mit beginnender Sonneneinstrahlung am Morgen und damit beginnender Photosynthese wird dann wieder mehr CO_2 verbraucht als produziert, so dass der pH-Wert erneut ansteigt.

Der Gasaustausch mit der Luft ist in Fließgewässern durch Turbulenzen sehr intensiv, so dass in kleineren, sehr turbulenten Gewässern das CO_2 im Wasser durch die intensiven Austauschvorgänge im Lösungsgleichgewicht mit der Luft vorliegen kann. Der **natürliche** pH-Wert der Calcit-Sättigung (pH_C) liegt in einem solchen Gewässer etwa bei 8,2 (Abbildung 5.6-1, Kapitel 6).

Bei Wasserpflanzen unterscheidet man je nach Art der nutzbaren Kohlenstoffquelle allgemein drei Pflanzentypen (nach RUTTNER aus [59]).

Die bevorzugte Kohlenstoffquelle der Pflanzen lässt sich jeweils als die vorhandene Anpassung an den jeweiligen Lebensraum erklären.

Pflanzentypen bezüglich der Kohlenstoffquelle im Wasser:

1. Fontinalis-Typ (Fontinalis = Quellmoos)
   ➔ Nur gelöstes CO_2 wird aufgenommen.
2. Elodea-Typ (Elodea = Wasserpest)
   ➔ Außer CO_2 wird auch HCO_3^- genutzt, wobei CO_2 aber etwa 5-mal schneller aufgenommen werden kann. Da bei der Photosynthese aber nur CO_2 gebunden werden kann, muss das HCO_3^- aufgespalten werden:

$$HCO_3^- \rightarrow CO_2 + OH^- \qquad \text{(Gl. 5.6-1)}$$

3. Scenedesmus-Typ (Scenedesmus = planktische Grünalge)
   ➔ Überwiegend Aufnahme von HCO_3^-, kaum CO_2 (Verhältnis etwa 25 : 1)

Im Quellbereich eines Fließgewässers ist CO_2 in der Regel im Überschuss vorhanden (Fontinalis-Typ). In kleinen Tümpeln und im Uferbereich von Seen (Litoral) ist sowohl CO_2 als auch Hydrogencarbonat bereits in größeren Mengen zu erwarten (Elodea-Typ). In der Freiwasserzone von Seen (Pelagial) ist aufgrund des höheren pH-Wertes Hydrogencarbonat die überwiegende Kohlensäureform, so dass die Planktonalgen (Scenedesmus-Typ) an diese Verhältnisse angepasst sind.

5.7 Seen

Auf die Austauschvorgänge in einem See hat die sommerliche Temperaturschichtung des Wasser (Sommerstagnation) einen großen Einfluss. Durch die Schichtung ist das Tiefenwasser isoliert und die Austauschprozesse sind auf das Epilimnion beschränkt (Abbildung 5.7-1).

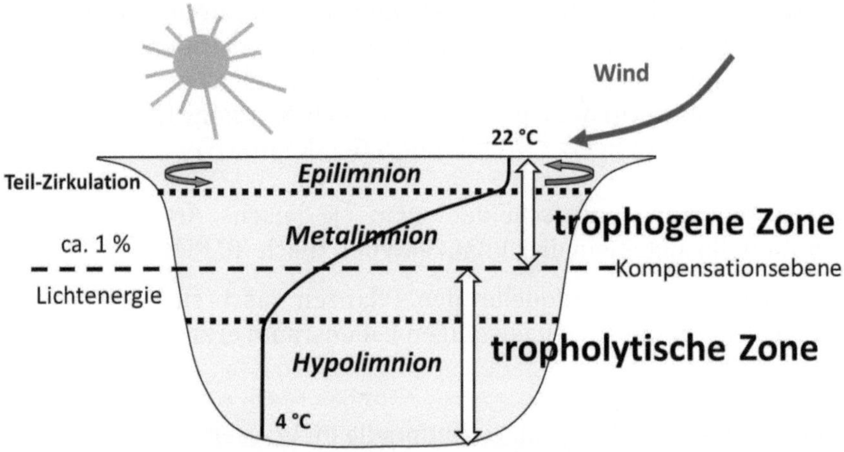

Abbildung 5.7-1: Zonierung in einem See während der Sommerstagnation

Gasaustausch mit der Atmosphäre findet nur an der Seeoberfläche in Abhängigkeit von Turbulenzen mehr oder weniger intensiv statt.

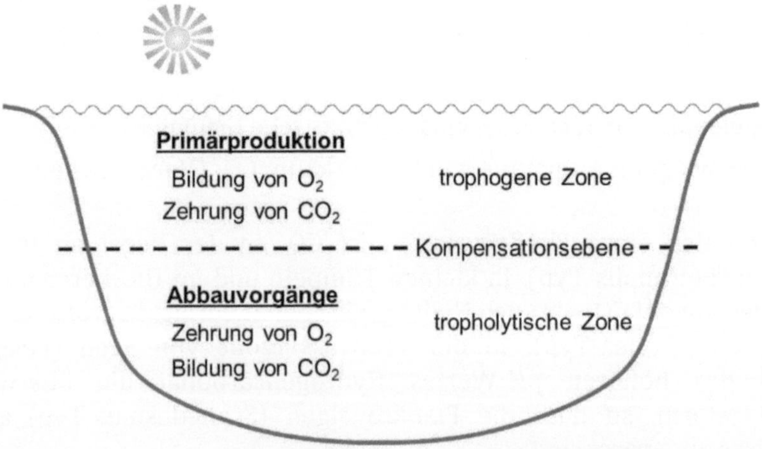

Abbildung 5.7-2: Schematische Darstellung der Zusammenhänge zwischen Sauerstoff und Kohlendioxid in einem See

Bestimmend für den CO_2-Gehalt des Wassers eines Sees sind jedoch die Prozesse der photosynthetischen Primärproduktion und des Abbaus (Dissimilation) im Seekörper.

In der lichtdurchfluteten trophogenen (aufbauenden) Zone (Abbildung 5.7-2) wird durch die Photosynthese CO_2 verbraucht und O_2 produziert. Die CO_2-Konzentration nimmt ab, der pH-Wert steigt an.

Die Kompensationsebene gibt die Tiefe eines Gewässers an, unter der keine Nettoproduktion mehr möglich ist.

$$\text{Nettoproduktion} = \text{Bruttoproduktion} - \text{Abbau}$$

In diesem Bereich halten sich Photosynthese und Abbauvorgänge die Waage.

In der darunter liegenden tropholytischen (abbauenden) Zone überwiegen die Abbauvorgänge, wodurch CO_2 im Tiefenwasser angereichert wird, der pH-Wert sinkt.

Die Tiefenprofile von CO_2 und O_2 in einem See verlaufen daher typischerweise gegenläufig (Abbildung 5.7-3).

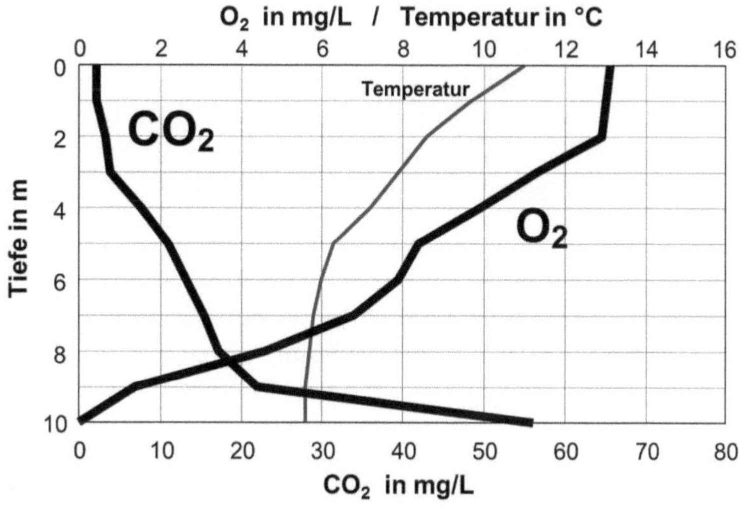

Abbildung 5.7-3: Gegenläufige Tiefenprofile der Messwerte von CO_2 und O_2 (eutropher See, Sommerstagnation,10 m tief)

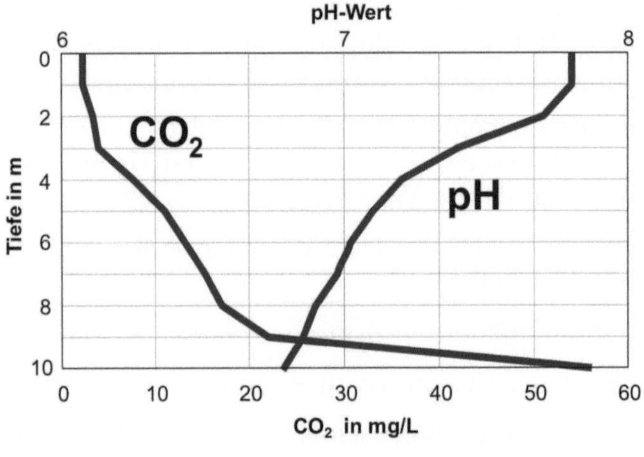

Abbildung 5.7-4: Gegenläufige Tiefenprofile der Messwerte von CO_2 und pH-Wert (eutropher See, Sommerstagnation,10 m tief)

Der Gehalt des Seewassers an CO_2 bestimmt den pH-Wert des Wassers. Man erkennt auch hier den gegenläufigen Verlauf des Tiefenprofils in Abbildung 5.7-4. Die pH-Skala ist zur Verdeutlichung stark gespreizt.

Im Sommer ist das Tiefenwasser eines Sees durch die stabile thermische Schichtung des Wassers isoliert (Sommerstagnation). Im Frühjahr und Herbst kann bei Isothermie (Temperaturgleichheit bei ca. 4°C) Oberflächenwasser durch Zirkulationsvorgänge (Wind) in die Tiefe gelangen. Es kommt dann jeweils zu einer Vollzirkulation und damit zur völligen Vermischung der Wasserschichten und zu einem Konzentrationsausgleich der Wasserinhaltsstoffe.

Beim Ausgleich der Konzentrationen sind dies bei CO_2 und O_2 wieder gegenläufige Prozesse (Abbildung 5.7-5 und Abbildung 5.7-6).

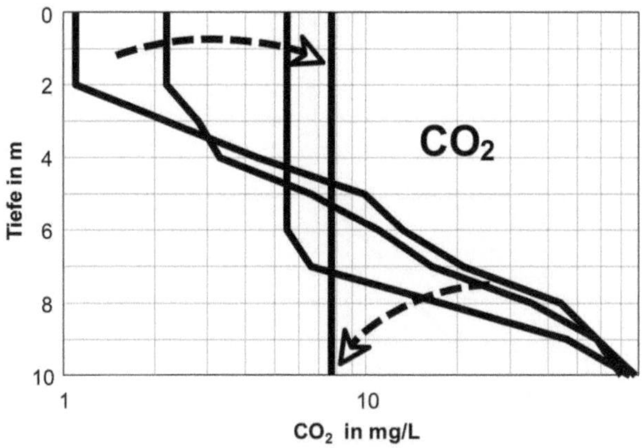

Abbildung 5.7-5: Konzentrationsausgleich von CO_2 im Tiefenprofil bei Vollzirkulation (halblogarithmische Darstellung) (eutropher See, Sommerstagnation,10 m tief)

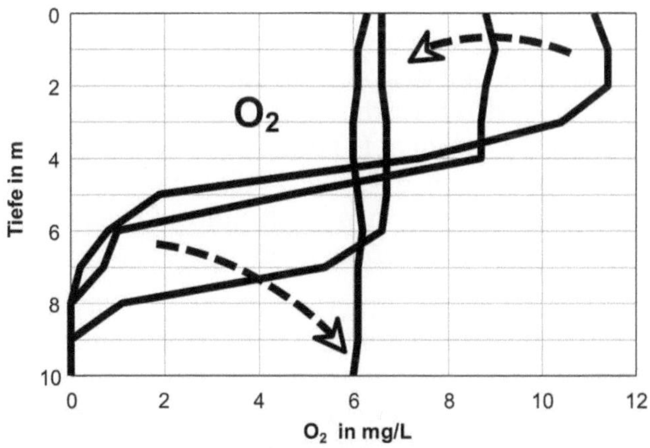

Abbildung 5.7-6: Konzentrationsausgleich von O_2 im Tiefenprofil bei Vollzirkulation (eutropher See, Sommerstagnation,10 m tief)

Im Sommer kommt es besonders in nährstoffreichen (eutrophen) Seen in der Oberflächenschicht (Epilimnion) zu intensiver Photosynthese und Bildung von organischer Biomasse (Primärproduktion). Von den Plankton-Algen, die in Seen den größten Anteil an der Primärproduktion haben, wird HCO_3^- als Kohlenstoffquelle aufgenommen (Scenedesmus-Typ) (Kap. 5.6). Der pH-Wert des Wassers steigt an. Das Ausmaß des pH-Anstieges ist vom Pufferungsvermögen des Wassers abhängig.

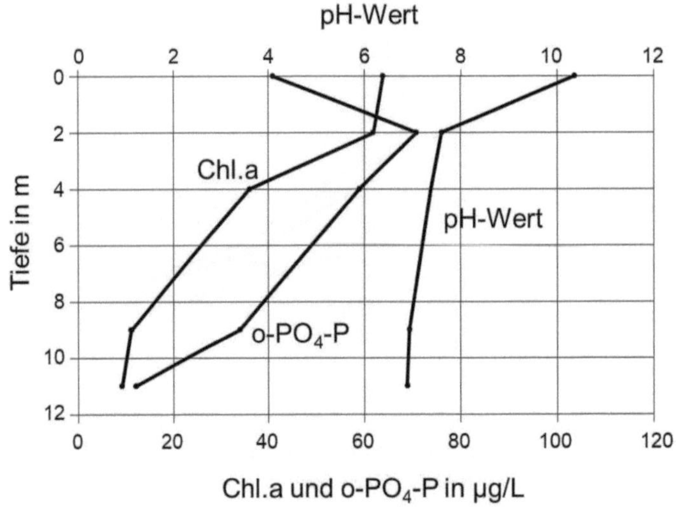

Abbildung 5.7-7: Beispiel einer eutrophen Talsperre, schwach gepuffertes Wasser Sommerstagnation

Handelt es sich um ein relativ weiches Wasser mit geringer Pufferungsintensität, so kann der pH-Wert bei intensiver Photosynthese bis über 10 ansteigen (Abbildung 5.7-7). Die pH-Wert-Erhöhung führt zu einer Verschiebung der Kohlensäureanteile hin zu Carbonat (Kap. 4.5), das von den Algen nicht genutzt werden kann. Es kommt durch diese Verschiebung zu einer Verarmung des Oberflächenwassers an HCO_3^-, wodurch die Primärproduktion durch Nährstoffmangel (CO_2) begrenzt werden kann.

Durch den Anstieg des pH-Wertes aufgrund intensiver Photosynthesevorgänge kommt es häufig zu einer Überschreitung des Löslichkeitsproduktes von Kalk und damit zu einer Calcitfällung, die besonders im Uferbereich (Litoral) durch einen weißen Calcitüberzug auf den Pflanzen sichtbar wird. Im Freiwasser (Pelagial) kommt es zum Absinken der Fällungsprodukte, die sich jedoch im CO_2-reichen Tiefenwasser wieder auflösen können. (Abbildung 5.7-8)

Kohlenstoffkreislauf im stehenden Gewässer

Der Kohlenstoffkreislauf in Gewässern beginnt damit, dass Kohlendioxid durch die Photosynthese in Form von organischer Substanz gebunden wird. Über Atmung der Organismen und über Abbauvorgänge wird CO_2 dann wieder freigesetzt. (Abbildung 5.7-8)

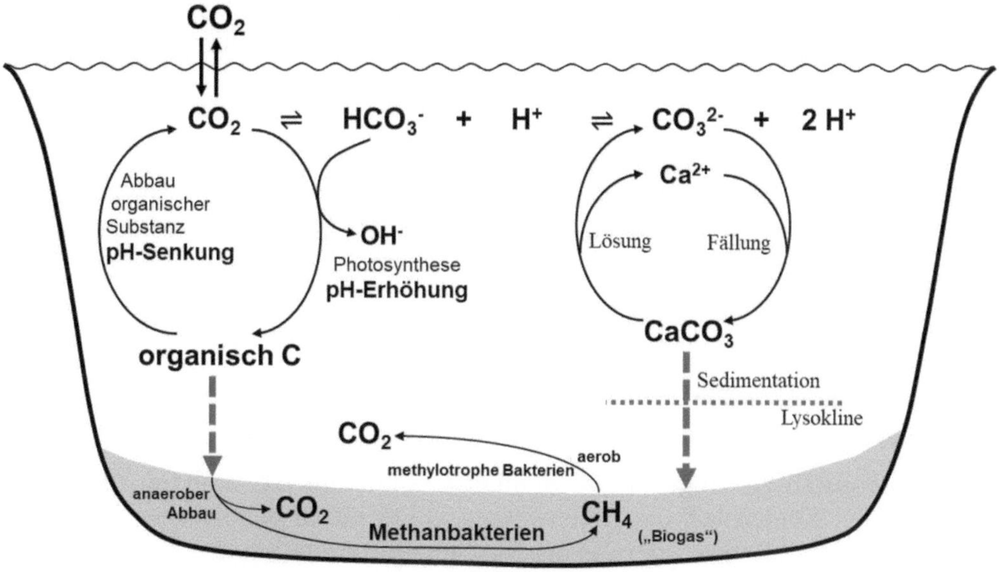

Abbildung 5.7-8: Der Kohlenstoff-Kreislauf in Seen

Ein Teil der im Gewässer produzierten organischen Substanz sedimentiert. Mikrobiologische Abbauvorgänge setzen bei abgestorbenem Material bereits während des Absinkens ein. Der Restabbau erfolgt im Sediment. Da dort aber zum Teil anaerobe Verhältnisse vorliegen, kann der weitere Abbau der organischen Substanz über Gärungsvorgänge verlaufen, bei denen primär organische Säuren, Alkohole, CO_2 und H_2 gebildet werden. Diese Substanzen können schließlich von Methanbakterien (z.B. Methanobacterium, Methanococcus) [60] weiter zu Methan umgesetzt werden.

Aerob (unter Luftzutritt) kann das Methan dann schließlich durch methylotrope Bakterien (z.B. Methylomonas, Methylococcus, Methylosinus) [60] wieder bis zum CO_2 oxidiert werden.

> Anmerkung:
> Methan kommt in Seesedimenten und Sümpfen (Sumpfgas) vor, aber auch in Faulbehältern von Kläranlagen und im Pansen der Wiederkäuer.
> Die Freisetzung des Treibhausgases Methan spielt vor allem beim überstauten Reisanbau und bei der Massentierhaltung (Wiederkäuer) eine bedeutende Rolle.

Bei zu starkem Anstieg des pH-Wertes im Freiwasser durch CO_2-Verbrauch durch Photosynthese wird das Kohlensäuresystem in Richtung CO_3^{2-} verschoben. Das Löslichkeitsprodukt von Kalk kann überschritten werden und Kalk kann ausfallen. Es kommt zur Sedimentation der Kalkpartikel. Im Tiefenwasser kann es durch hohe CO_2-Konzentrationen unterhalb der sogenannten Lysokline zur teilweisen Rücklösung des Kalks kommen.

5.8 Weltmeere

Die Meere verhalten sich prinzipiell entsprechend wie die Seen.
Das atmosphärische CO_2 löst sich in der Oberflächenschicht des Meerwassers. Gegenüber Süßwasser ist die Löslichkeit wegen des Salzgehaltes von 3,5 % (35 ‰) etwas geringer (Kapitel 4.1).

	„Süß"-Wasser	Meerwasser	
10 °C	0,99	0,82	mg/L CO_2

Durch die photosynthetische Aktivität wird CO_2 in der lichtdurchfluteten Zone in organischer Biomasse gebunden.

Mit unvollständig abgebauter Biomasse sedimentiert ständig organisch gebundener Kohlenstoff ins Tiefenwasser, wo er durch biologischen Abbau zu CO_2 umgewandelt wird oder als organischer Bestandteil in die Sedimente mit eingelagert wird.

Dem freien Wasser werden zusätzlich durch die Bildung und Ablagerung von Kalkskeletten (bes. Foraminiferen, Kalkalgen und Korallen) Carbonate entzogen. Ein Teil der Kalkpartikel und Kalk-Skelette löst sich unterhalb der sogenannten Lysokline wieder auf, der andere Teil jedoch führt zur Bildung von Kalksedimenten und Kalkgesteinen, die nur langsam in geologischen Zeiträumen über Gebirgsbildung und Verwitterung in den Gesamtkohlenstoff-Kreislauf zurückkehren (Kap. 3.1.2).

Die Weltmeere bilden insgesamt über die große Austauschfläche von 67 % der Erdoberfläche und durch ihr großes Volumen und die langen Austauschzeiten einen riesigen CO_2-Speicher und wirken damit ausgleichend auf den CO_2-Gehalt der Atmosphäre. Geringe Störungen des CO_2-Gehalts der Atmosphäre werden kurzfristig in der gut durchmischten Oberflächenschicht aufgefangen, die aber nur ein begrenztes Fassungsvermögen hat. Das Tiefenwasser dagegen hat ein sehr großes Fassungsvermögen, kann aber aufgrund des geringen Austausches durch die Meeresströmungen nur langsam reagieren.

Die Versauerung der Weltmeere hat keinen Einfluss auf die **physikalische Löslichkeit** des CO_2 im Meerwasser. Diese ist nur vom Druck und von der Temperatur abhängig. Aber die **Aufnahmekapazität** für CO_2 wird durch die pH-Senkung herabgesetzt. Der sinkende pH-Wert führt zu einer Verschiebung des Kohlensäure-Gleichgewichts zum CO_2 hin, so dass die CO_2-Konzentration im Wasser steigt und damit weniger aus der Luft aufgenommen werden kann.

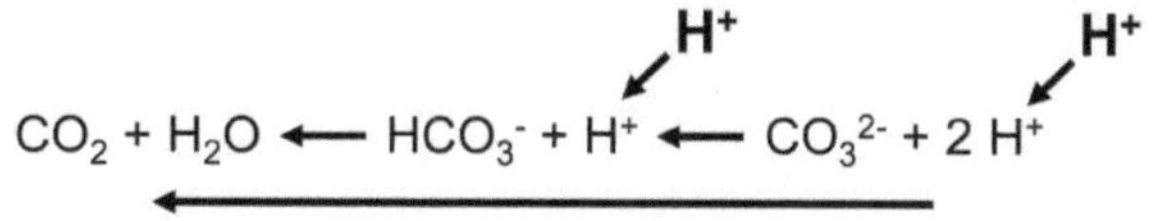

Abbildung 5.8-1: Verschiebung des Kohlensäuresystems durch Ansäuerung

Die Erwärmung des Oberflächenwassers führt jedoch zu einer Abnahme der physikalischen Löslichkeit des CO_2 in der Oberflächenschicht.

Durch den globalen Anstieg der Temperatur wird daher die Aufnahme von CO_2 in der Oberflächenschicht der Ozeane durch zwei Prozesse vermindert:

- Abnahme der physikalischen Löslichkeit durch Temperaturanstieg
- Abnahme der CO_2-Aufnahmekapaziät durch pH-Senkung

5.9 Rohwasser zur Trinkwasseraufbereitung

Grundwasser

Grundwasser, das zur Trinkwasseraufbereitung gefördert wird, wird in geschlossenen Leitungen unter Druck transportiert ohne Kontakt mit der Umgebungsluft. Die Zusammensetzung des Wassers bleibt erhalten, wie sie sich im Grundwasserleiter ausgeprägt hat.

Ist das Grundwasser kalklösend, so muss es in der Regel entsäuert werden, da einerseits Korrosionsvorgänge minimiert werden müssen und andererseits für Trinkwasser nach der deutschen Trinkwasser-Verordnung in gewissen Bereichen die Einstellung des Kalk-Kohlensäure-Gleichgewichtes verlangt wird (Kap. 9.1.1).

Quellwasser

Quellwasser, das in Quellfassungen gewonnen wird, ist zutage tretendes Grundwasser und hat daher im Wesentlichen die Eigenschaften eines Grundwassers.

Oberflächenwasser

In Deutschland wird an Oberflächenwasser Talsperrenwasser, Seewasser (z.B. Bodensee) oder auch Flusswasser (z.B. Donau) direkt zur Trinkwasseraufbereitung verwendet. Das Rohwasser wird bei den stehenden Gewässern stets aus der kalten Tiefenschicht (Hypolimnion) gefördert. Im Tiefenwasser hat sich CO_2 durch biologische Abbauvorgänge angereichert, so dass diese Wässer in der Regel kalklösende Eigenschaften haben und damit zu entsäuern sind.

Werden Fließgewässer als Rohwasser verwendet, so ist hier je nach Größe des Gewässers, Verunreinigung und Turbulenz des Fließgewässers mit angereichertem CO_2, vor allem nachts (Kap. 5.6), und damit mit kalklösenden Eigenschaften zu rechnen.
Auch hier wäre dann eine Entsäuerung des Wassers notwendig.

5.10 Kaltwasser-Geysire

Geysire sind Springquellen bei denen Grundwasser periodisch in Form einer Fontäne ausgestoßen wird. Bei Heißwasser-Geysiren ist die Erwärmung des Wassers bis zum Sieden und die Bildung von Dampf durch Magma in nicht allzu großer Tiefe der Auslöser für das Springen der Geysire.

Anders ist es bei den Kaltwasser-Geysiren. Dort ist das im Wasser gelöste CO_2 der Antrieb für das Springen des Geysirs. Ein Zusammenspiel von Gaslöslichkeit und Druck der Wassersäule löst das Springen des Geysirs aus. Die Intervalle zwischen den Eruptionen hängen von den speziellen geologischen Gegebenheiten ab. In Andernach am Rhein wurde der höchste Kaltwasser-Geysir der Welt erbohrt mit einer Springhöhe von bis zu 60 m mit einem Intervall von ca. 2 Stunden [61].

Abbildung 5.10-1: Kaltwassergeysir Andernach:
- austretende Gasblasen, - sich entwickelnd, - voller Ausbruch

Voraussetzung für einen Kaltwasser-Geysir ist die Freisetzung von gasförmigem CO_2 aus Magmavorkommen in tiefen Erdschichten und eine Erschließung durch eine Bohrung. Nach einem Ausbruch ist der Geysir weitgehend leer und wird dann durch unterirdisch seitlich zufließendes Grundwasser wieder bis zur druckbedingten Füllhöhe angefüllt. Wenn in den tiefen Erdschichten CO_2 aus Spalten und Rissen im Gestein austritt und auf Grundwasser trifft, löst es sich im

Wasser bis zur Sättigung. Da der Partialdruck des CO_2 in der Tiefe sehr hoch ist und der Gesamtdruck aufgrund der darüber stehenden Wassersäule ebenfalls sehr hoch ist, können sich große Mengen an CO_2 im Wasser lösen.

Weiter austretendes Gas kann sich jedoch im Gas-gesättigten Wasser nicht mehr lösen und Gasblasen steigen in der Wassersäule des Brunnenrohres auf.

Hier überlagern sich jetzt zwei Prozesse. Je höher die Gasblase in der Wassersäule steigt, desto mehr nimmt der Druck in der Säule ab und die Gasblase vergrößert ihr Volumen und verdrängt mehr Wasser.

Die Volumenzunahme und die damit verbundene Wasserverdrängung durch die Gasblasen führt zu einem Anstieg der Wassersäule bis zum Überlauf am Brunnenkopf. Durch das Überlaufen verringert sich das Gewicht der Wassersäule und damit auch der Druck in der Tiefe. Jetzt kommt der zweite Prozess in Gang. Durch den verringerten Druck sinkt die Löslichkeit des Gases im Wasser, es entsteht übersättigtes Wasser aus dem neue Gasblasen ausgasen können. Auch diese neu entstanden Gasblasen steigen auf und erweitern ihr Volumen. Es wird so viel CO_2 freigesetzt, dass sich große zusammenhängende Gasblasen bilden, die den gesamten Querschnitt füllen und die Wassersäule nach oben treiben und zum Ausbruch des Geysirs führen.

Da die Löslichkeit des CO_2 im Wasser linear vom Druck abhängig ist, sinkt durch die Abnahme des Drucks die Löslichkeit. Beim Beispiel Andernach mit einem Druck von ca. 35 bar in 350 m Tiefe sinkt die Gas-Löslichkeit beim Aufsteigen des Wassers und die dadurch bedingte Druckabnahme bis zur Oberfläche (ca. 1 bar) auf etwa ein 35'tel.

$c_W \sim p$ $\qquad$ $V \sim 1/p$

c_W Konzentration im Wasser
p Druck
V Volumen

Das Gasvolumen nimmt mit abnehmendem Druck zu und es kommt von ca. 35 bar in der Tiefe bis zum Umgebungsdruck beim Austreten der Wassersäule an der Oberfläche zu einer etwa 35-fachen Volumenzunahme.

5.11 Schwerlösliche Carbonate

Die schwerlöslichen Carbonate haben zum Teil eine große Bedeutung bei wasserchemischen Vorgängen.

Tabelle 5.11-1: Übersicht über die Löslichkeitsprodukte schwerlöslicher Carbonate

Verbindung	L in $(mol/L)^2$ bzw. $(mol/L)^5$	Temp. °C	Quelle
$CaCO_3$	$3{,}30 \cdot 10^{-9}$	25	[52]
$FeCO_3$	$1{,}99 \cdot 10^{-11}$	25	[44]
$MgCO_3$	$0{,}65 \cdot 10^{-5}$	25	[44]
$MnCO_3$	$3{,}98 \cdot 10^{-11}$	25	[44]
$PbCO_3$	$7{,}76 \cdot 10^{-14}$	25	[44]
$Pb_3(OH)_2(CO_3)_2$	$1{,}66 \cdot 10^{-47}$	25	[44]

Calciumcarbonat $CaCO_3$

Auf die Löslichkeit von $CaCO_3$ wird in den gesonderten Kapiteln zur Kalklösung und zum Kalk-Kohlensäure-Gleichgewicht eingegangen (Kapitel 4.7).

Kalkablagerungen in den Urmeeren haben zur Bildung mächtiger Kalksedimente geführt, die dann durch die Tektonik z.T. bis an die Erdoberfläche kamen (z. B. Dolomiten). Die heute vorhandenen Kalklagerstätten sind Sedimentgesteine und wurden durch Kalkfällung sowie durch sedimentierte Kalkschalen von kleinen Meeresorganismen gebildet.

Bleicarbonat $PbCO_3$

Über lange Zeit wurden durchaus in Hausinstallationen und in Hausanschlussleitungen zur Trinkwasserversorgung Bleileitungen installiert. Sie hatten den großen Vorteil, dass sie leicht zu verlegen waren. Aber obwohl bereits den Römern bekannt war, dass Blei die Gesundheit schädigt, gab es in der Fachwelt unterschiedliche Auffassungen zum Gefährdungspotential durch Bleileitungen. Erst die DIN 2000 [62] äußert 1973 eindeutig: "Für neue Trinkwasserleitungen sollen daher Bleirohre nicht verwendet werden". Auch heute sind noch nicht alle Blei-Hausanschlussleitungen ausgewechselt, auch wenn intensiv daran gearbeitet wird.

Besonders hohe Werte bei noch installierten Bleileitungen finden sich im Trinkwasser nach Stagnationszeiten im Hausinstallationsbereich. Entscheidend für die Höhe der Bleikonzentration ist hierbei die Löslichkeit der gebildeten Korrosionsprodukte, vor allem Bleicarbonat $PbCO_3$ und basisches Bleicarbonat $Pb_3(OH)_2(CO_3)_2$. Bei theoretischen Betrachtungen muss man die zusätzliche Bildung von verschiedenen Bleihydroxo- und Bleicarbonatkomplexen, wie zum Beispiel $PbCO_3^0$ und $Pb(CO_3)_2^{2-}$ berücksichtigen, um realistische Werte zu erhalten.

Eisen-II-carbonat $FeCO_3$ (Siderit)

Eisengehalt von Grundwässern

Die Lösung von Eisen-III-verbindungen wird durch das geringe Löslichkeitsprodukt von $Fe(OH)_3$ ($L=1{,}0\cdot10^{-38}$ $(mol/L)^4$) [63] begrenzt, so dass Fe^{3+}-Ionen in sauerstoffhaltigem Wasser nur in Spuren auftreten können. Bei Abwesenheit von Sauerstoff kommt es in reduzierten Grundwasserleitern jedoch zur Reduktion des dreiwertigen Eisens zu zweiwertigem Eisen. Fe-II-Verbindungen sind sehr viel besser löslich, so dass es in solchen Wässern zu hohen Konzentrationen an Fe^{2+} kommen kann. Doch auch hier besteht letztendlich eine Begrenzung der Löslichkeit, und zwar durch $FeCO_3$, das eine geringe Löslichkeit mit einem Löslichkeitsprodukt von $L = 1{,}99\cdot10^{-11}$ $(mol/L)^2$ besitzt.

Eisenkorrosion

Wenn das primäre Korrosionsprodukt Fe^{2+} zu dem schwerlöslichen $FeCO_3$ (Siderit) reagieren kann, bilden sich gut schützende Deckschichten aus. Die Korrosionsgeschwindigkeit wird vermindert. Ob sich Siderit bildet oder es zu einer direkten Eisenoxidation kommt, hängt von der Wasserbeschaffenheit ab, besonders vom pH-Wert und von der Hydrogencarbonat-Konzentration. (Siderit-Modell nach SONTHEIMER [49]).

6 Gedankenmodell zur Kohlensäure im Wasser

6.1 Offenes System

Bei der Betrachtung eines offenen Systems ist **Gasaustausch** mit der Umgebungsluft immer möglich. Als Voraussetzung soll gelten, dass bezüglich der Gaslösung **immer wieder** eine **Gleichgewichtseinstellung** erfolgt.

Diese Verhältnisse trifft man in der Natur am ehesten bei Regentropfen an, zum Teil kann man sie auch in sehr turbulent fließenden kleineren Fließgewässern erwarten, wo der Gasaustausch mit der Atmosphäre noch sehr groß ist.

Offenes System - immer Gasaustausch mit Luft und Gleichgewichtseinstellung

$$\downarrow\uparrow$$

$$CO_2 + H_2O \rightleftharpoons HCO_3^- + H^+ \rightleftharpoons CO_3^{2-} + 2\,H^+$$

Abbildung 6.1-1: Reaktionsgleichung für das offene Kohlensäure-System

Die Konzentration des gasförmig im Wasser gelösten CO_2 bleibt **konstant**, da sich auch bei Verschiebungen im Kohlensäuresystem, die durch pH-Änderungen verursacht werden, das Lösungsgleichgewicht mit der Luft immer wieder einstellen kann. Damit liegt immer die gleiche Konzentration im Wasser (c_W) vor:

$$c_W = c(CO_2) = \textbf{konstant} \qquad \text{(Gl. 6.1-1)}$$

Verändert man in diesem System den pH-Wert, so ändern sich in Abhängigkeit davon die Anteile der Kohlensäureformen, wobei die Konzentration des CO_2 durch die immer wieder erfolgende Gleichgewichtseinstellung bei der Gaslösung, die nur von der Temperatur und von der CO_2-Konzentration in der Luft abhängt, sich nicht verändert (die Ionenstärke bleibt zur Vereinfachung unberücksichtigt).

CO_2 liegt als bestimmter Anteil $x(CO_2)$ der Kohlensäuresumme $c(C)$ vor, der über die Dissoziationskonstanten berechnet werden kann und vom pH-Wert abhängig ist. Gleiches gilt für HCO_3^- ($x(HCO_3^-)$) und CO_3^{2-} ($x(CO_3^{2-})$) (Kapitel 4.5).

Da die Konzentration $c(CO_2)$ konstant und bekannt ist (siehe Berechnungs-Beispiel 10.3), lässt sich über $x(CO_2)$ in Abhängigkeit vom gelösten CO_2 die Kohlensäuresumme $c(C)$ berechnen:

$$c(CO_2) = x(CO_2) \cdot c(C) \quad \rightarrow \quad c(C) = \frac{c(CO_2)}{x(CO_2)} \qquad \text{(Gl. 6.1-2)}$$

Aus c(C) lassen sich dann wiederum die Konzentrationen $c(HCO_3^-)$ und $c(CO_3^{2-})$ über $x(HCO_3^-)$ und $x(CO_3^{2-})$ berechnen.

$$c(HCO_3^-) = x(HCO_3^-) \cdot c(C) \qquad \text{(Gl. 6.1-3)}$$

$$c(CO_3^{2-}) = x(CO_3^{2-}) \cdot c(C) \qquad \text{(Gl. 6.1-4)}$$

Die Beispielrechnung wurde für **400 ppmv** durchgeführt. Die Ergebnisse sind beispielhaft in Tabelle 6.1-1 aufgeführt. (Berechnungs-Beispiel 10.8)

Tabelle 6.1-1: Berechnungsbeispiel für das Gedankenmodell bei 10 °C. Konzentrationen in mmol/L (400 ppmv CO_2)

		CO_2	HCO_3^-	CO_3^{2-}	C
pH 5,6	Anteil	0,880	0,120	$0{,}155 \cdot 10^{-5}$	1
	Konzentration	0,0215	0,00293	$0{,}380 \cdot 10^{-7}$	0,0244
pH 7,0	Anteil	0,226	0,774	$0{,}251 \cdot 10^{-3}$	1
	Konzentration	0,0215	0,0737	$0{,}239 \cdot 10^{-4}$	0,0952
pH 8,0	Anteil	0,0283	0,969	0,00315	1
	Konzentration	0,0215	0,737	0,00239	0,761
pH 9,0	Anteil	0,00282	0,966	0,0314	1
	Konzentration	0,0215	7,37	0,239	7,63

Die für pH 5,6 berechneten Werte in Tabelle 6.1-1 geben die Verhältnisse zum Beispiel in einem Regenwasser wieder, das im Lösungsgleichgewicht mit der Luft liegt. Die Konzentration von 0,0215 mmol/L für CO_2 entspricht der Löslichkeit des CO_2. Es hat sich jedoch auch schon 0,00293 mmol/L HCO_3^- gebildet.

Liegt im Wasser ein höherer pH-Wert vor, so sinkt der **Anteil** des CO_2 an der Kohlensäuresumme und es bildet sich bei gleichbleibender Gaslöslichkeit für CO_2 (0,0215 mmol/L) vermehrt HCO_3^- und schließlich auch CO_3^{2-} in höheren Konzentrationen. Die Kohlensäuresumme C (Anteil = 1) wächst entsprechend an.

In der grafischen Darstellung des Gedankenmodells (Abbildung 6.1-2) erkennt man das steile Ansteigen der HCO_3^-- und der CO_3^{2-}-Konzentration mit zunehmendem pH-Wert, wobei der Anstieg der CO_3^{2-}-Konzentration steiler verläuft (Abhängigkeit umgekehrt proportional zum Quadrat der H^+-Konzentration, siehe auch Kap. 4.7 und Berechnungs-Beispiel 10.6).

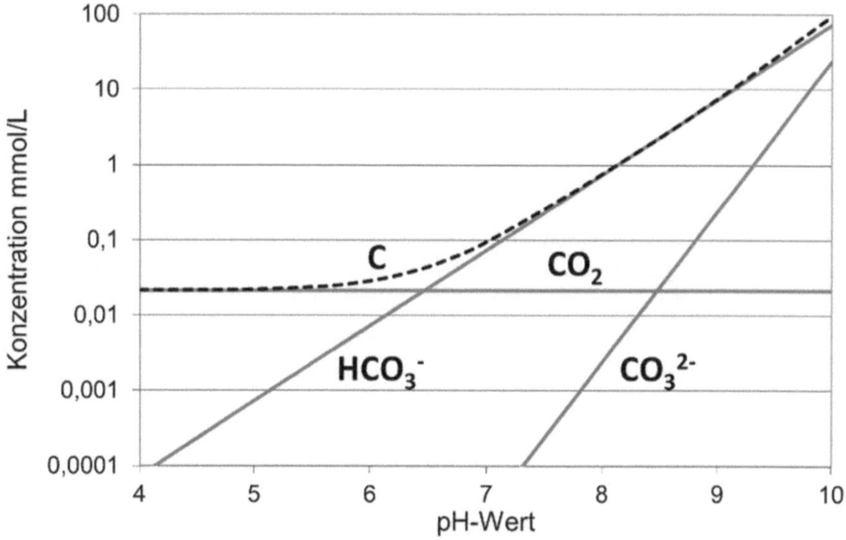

Abbildung 6.1-2: Halb-Logarithmische Darstellung der Konzentrationen der Kohlensäureformen in einem offenen System in Abhängigkeit vom pH-Wert (400 ppmv CO_2)

Eine erweiterte Darstellung des Gedankenmodells ist in Abbildung 6.1-3 dargestellt (Berechnungs-Beispiel 10.8).

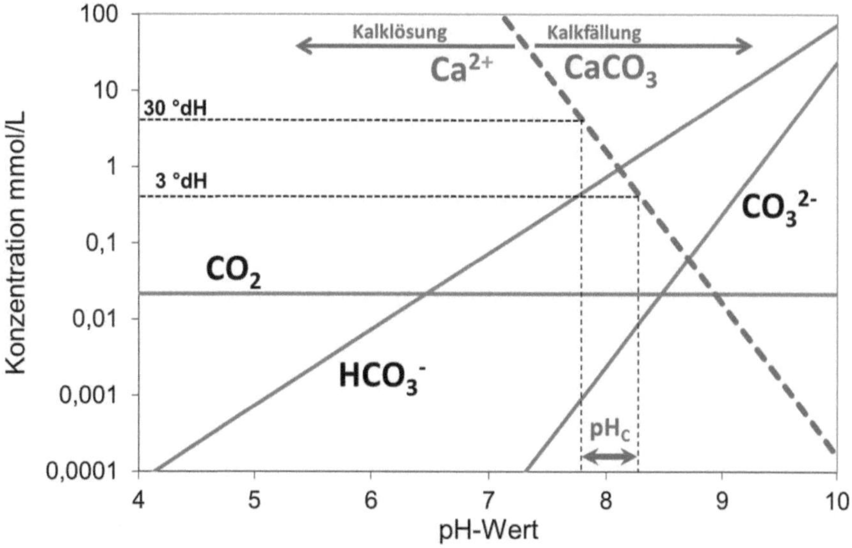

Abbildung 6.1-3: Gedankenmodell zum offenen Kohlensäuresystem im Austausch mit der Atmosphäre (400 ppmv CO_2)

Neben den Kohlensäureformen ist hier auch die Grenzlinie $Ca^{2+}/CaCO_3$ der Kalklösung bzw. der Kalkfällung eingezeichnet. Diese Linie stellt für jeden pH-Wert die maximale Konzentration an freiem Ca^{2+} in Abhängigkeit von der jeweils vorliegenden CO_3^{2-}-Konzentration dar (Erreichung des Löslichkeitsproduktes). Wird diese Linie überschritten, so kommt es zur Kalkfällung. Wird die Linie unterschritten, so hat das Wasser kalklösende Eigenschaften.

Als Hilfslinien zur Orientierung sind weiterhin zwei Härtegrade eingezeichnet. Wobei davon ausgegangen wird, dass die Wasserhärte natürlicherweise zu ca. 80 % durch Ca^{2+} gebildet wird. 30 °dH bilden allgemein die Obergrenze für Trinkwasser, 3 °dH in der Regel die Untergrenze (weichere Wässer müssen aufgehärtet werden), so dass der Abschnitt zwischen den beiden Härtelinien den theoretischen Bereich von Trinkwässern, aber auch den allgemein zu erwartenden Härtebereich von Oberflächengewässern darstellt.

Der Schnittpunkt dieser Härtelinien mit der Grenzlinie $Ca^{2+}/CaCO_3$ entspricht dem Punkt, wo die Ca^{2+}-Konzentration (als Anteil der Härte) dem Löslichkeitsprodukt entspricht. Projiziert man diese Punkte auf die pH-Achse, so wird deutlich, dass der pH-Wert der Calcitsättigung pH_C von Wässern, die einem solchen **offenen** System entsprechen, im Bereich von pH 7,8 bis etwa pH 8,25 liegt (Abbildung 6.1-3). In entsprechenden turbulenten Fließgewässern, die im Kalk-Kohlensäure-Gleichgewicht sind, misst man pH-Werte dieser Größenordnung (Kapitel 5.6).

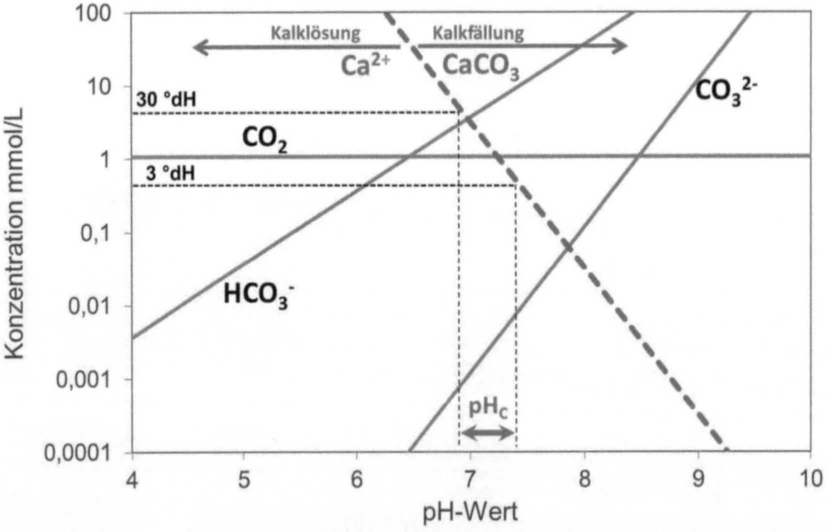

Abbildung 6.1-4: Veränderungen im offenen Kohlensäure-System durch höheren Partialdruck in der Bodenluft (2 Vol.-% CO_2)

Überträgt man dieses Gedankenmodell auf die Vorgänge bei der Versickerung des Wassers im Untergrund (Grundwasserneubildung), so kann man davon ausgehen, dass das System weiterhin offen bleibt, dass also Gasaustausch und Gleichgewichtseinstellung mit der Bodenluft möglich ist. Der Partialdruck des CO_2 in der Bodenluft ist jedoch erhöht (siehe auch Kap. 4.1), so dass sich im Wasser höhere Konzentrationen an CO_2 einstellen. In Abhängigkeit davon verändern sich auch die anderen Kohlensäurekomponenten im Gedankenmodell.

Für die Darstellung in Abbildung 6.1-4 wurde ein CO_2-Gehalt der Bodenluft von 2,0 Vol.-% zugrunde gelegt. Dadurch, dass eine vergleichbar höhere Konzentration an CO_3^{2-} vorliegt, wird die Grenze zur Kalkfällung schon bei geringeren pH-Werten erreicht. Bei der zur Berechnung verwendeten Bodenluft-Konzentration von 2 Vol.-% ergäbe sich im Gleichgewicht ein pH_C von ca. 6,9 – 7,4.

Betrachtet man in diesem System die Einzelwerte für ein Wasser mit pH 7 (Tabelle 6.1-2), so lassen sich die Konzentrationen der Kohlensäure-Formen den entsprechenden Analysenwerten (Kapitel 7.2) zuordnen. Die CO_2-Konzentration entspricht der Basekapazität 8,2 und die HCO_3^--Konzentration der Säurekapazität 4,3. Die Kohlensäuresumme wird über den TIC erfasst.

Tabelle 6.1-2: Werte des Kohlensäuremodells für Bodenluft mit 2,0 Vol.-% CO_2

pH 7,0		CO_2	HCO_3^-	CO_3^{2-}	C
	Anteil	0,226	0,774	$0{,}251 \cdot 10^{-3}$	1
	Konzentration	1,076	3,69	0,00120	4,76
		≈ $K_{B8,2}$!	≈ $K_{S4,3}$!		TIC !

Diese Werte entsprechen von der Größenordnung her den Werten einer Grundwasseranalyse.

6.2 Geschlossenes System

Betrachtet man dagegen ein **geschlossenes System**, so ist die bedeutendste Veränderung zu der vorhergehenden Betrachtung, dass **kein Gasaustausch** mit der Umgebung möglich ist.

Diese Vorstellung ist z.B. gegeben, wenn das Sickerwasser bei der Grundwasserneubildung den Grundwasserhorizont erreicht hat und sich eingeschlossen in den Gesamt-Grundwasserkörper horizontal fließend weiterbewegt. Ein Gasaustausch mit der Bodenluft ist allenfalls an der

Grundwasseroberfläche gegeben. Der Rest des Grundwasserkörpers ist vom Gasaustausch abgeschlossen.

Ebenfalls ist diese Situation bei der Wassergewinnung zur Trinkwasseraufbereitung gegeben. Das Wasser aus dem natürlichen Wasserkreislauf wird mit einer bestimmten, der Herkunft entsprechenden Menge an Kohlensäure c(C) und einem entsprechenden pH-Wert gefasst, das heißt, in Leitungen aufgenommen und gefördert. Ein Gasaustausch ist unterbunden.

Geschlossenes System - kein Gasaustausch mit der Umgebung möglich

$$CO_2 + H_2O \rightleftharpoons HCO_3^- + H^+ \rightleftharpoons CO_3^{2-} + 2\,H^+$$

Das Kennzeichen des geschlossenen Systems ist, dass die Kohlensäuresumme c(C) konstant bleibt, während sich die Anteile der Kohlensäureformen und damit deren Konzentrationen in Abhängigkeit vom pH-Wert verändern.

$$\mathbf{c(C)} = c(CO_2) + c(HCO_3^-) + c(CO_3^{2-}) \quad = \mathbf{konstant} \qquad \text{(Gl. 6.2-1)}$$

Im Vergleich zum offenen System verändert sich hier die CO_2-Konzentration bei Änderung des pH-Wertes, da hier keine Gleichgewichtseinstellung durch Gasaustausch mit der Umgebung möglich ist.

Die grafische Darstellung der Verhältnisse im geschlossenen System entspricht der relativen Verteilung der Kohlensäureformen, wie in Kapitel 4.5.3 dargestellt (Abbildung 4.5-3).

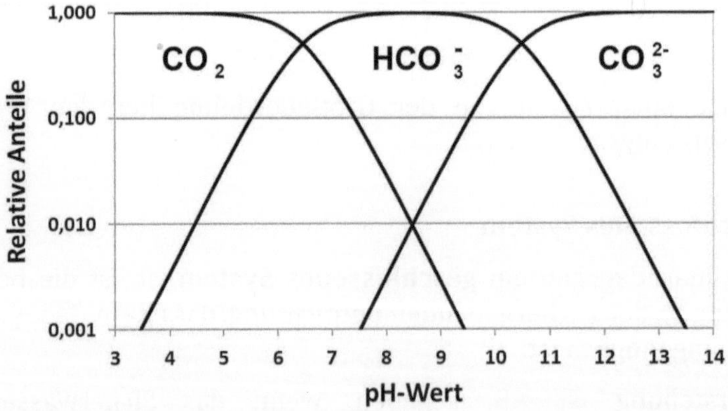

Abbildung 4.5-3: Relative Anteile der Kohlensäureformen in Abhängigkeit vom pH-Wert (10 °C) (I=0), halblogarithmische Darstellung

7 Grundlagen für Berechnungen

Das Kohlensäuresystem ist bei hoher geforderter Genauigkeit sehr komplex. Jeder Anwender muss für sich entscheiden, welche Genauigkeit und welchen Umfang er benötigt.

7.1 Berechnung der Konstanten im Kohlensäuresystem

Bei Berechnungen im Kohlensäuresystem benötigt man als Grundlage für quantitative Aussagen zugeordnete exakte Analysendaten (Kap. 7.2) sowie die Kenntnis der Werte für die den Reaktionen zugeordneten Massenwirkungskonstanten.

Je nach Genauigkeitsanspruch wächst der Aufwand. Häufig reichen Betrachtungen im Basis-System der Kohlensäure aus (ohne Komplexbildung).

Für genaue Berechnungen müssen die Komplexbildungen und die entsprechenden Komplexbildungsfaktoren zusätzlich berücksichtigt werden. Dies erhöht den Rechenaufwand erheblich.

Grundsätzlich muss man unterscheiden, ob man die Berechnungen für ein zur Atmosphäre/Gasphase offenes System mit möglichem Gasaustausch durchführt oder für ein geschlossenes System ohne Möglichkeit des Gasaustausches. Im offenen System benötigt man zusätzlich zu den anderen Gleichgewichtskonstanten (Kap. 7.1.2) noch die Löslichkeitskonstante (HENRY-Konstante) (Kap. 7.1.1) für den Austausch von CO_2 mit der Gasphase.

7.1.1 Löslichkeitskonstanten für CO_2

Für die Berechnung der Löslichkeit von CO_2 in Wasser gilt das HENRY'sche Gesetz.

$$c_W = K_H \cdot p \qquad \text{(Gl. 7.1-1)}$$

$$p = \frac{Vol.\text{–}\%}{100} \cdot p_{ges} \qquad \text{(Gl. 7.1-2)}$$

c_W	Konzentration Gas im Wasser [mol/m³]
K_H	HENRY-Konstante [mol/(m³·bar)]
p	Partialdruck [bar]
p_{ges}	Gesamtdruck [bar]

<u>Anmerkung:</u> Die HENRY-Konstante wird in der Literatur immer noch mit der Einheit bar angegeben (1 bar = 10^5 Pa ; 1 mbar = 1 hPa)

Die Temperaturabhängigkeit der HENRY-Konstanten K_H kann über Algorithmen berechnet werde. Man muss bei der Berechnung zwischen Süß- und Salzwasser unterscheiden. Bei Süßwasser berücksichtigt man die Ionenstärke im Allgemeinen nicht (I=0), bei Salzwasser muss diese berücksichtigt werden. Die

Löslichkeitskonstanten gelten für das **erweiterte CO_2** = $CO_{2(w)}$ + H_2CO_3 (Kap. 4.3).

HENRY-Konstante K_H für Süßwasser (Ionenstärke I = 0)

Berechnung nach PLUMMER und BUSENBERG [6]:

$$\lg(K_H)=108{,}3865+0{,}01985076\cdot T-6919{,}53/T-40{,}45154\cdot \lg(T)+669365/(T)^2 \quad \text{(Gl. 7.1-3)}$$

T Temperatur in K ; T = t + 273,15
t Temperatur in °C

$$K_H = 10^{\lg KH} \quad [\text{mol}/(\text{L}\cdot\text{atm})] \quad \text{(Gl. 7.1-4)}$$

Umrechnung der Einheiten:

$$[K_H] = [\text{mol}/(\text{L}\cdot\text{atm})] \cdot (10^3/(1{,}01325\ \text{bar/atm})) = [\text{mol}/(\text{m}^3\cdot\text{bar})] \quad \text{(Gl. 7.1-5)}$$

K_H für Salzwasser (Ionenstärke I wird berücksichtigt)

Für die Berechnung der HENRY-Konstanten für Salzwasser haben EDMOND und GIESKES [64] einen Algorithmus unter Berücksichtigung der Ionenstärke angegeben. Die Ionenstärke I kann dabei über den Gehalt an Chlorid *Cl*(‰) (Chlorinität) berechnet werden.

$$-\log K_H=-2385{,}73/T+14{,}0184-0{,}0152642\cdot T+I(0{,}28596-6{,}167\cdot 10^{4}\cdot T) \quad \text{(Gl. 7.1-8)}$$

$$I = 0{,}00147 + 0{,}03592\cdot Cl + 0{,}000068\cdot Cl^2 \quad \text{(Gl. 7.1-9)}$$

Für den Zusammenhang zwischen Salzgehalt (Salinität *S*) und Chlorgehalt (Chlorinität *Cl*) gilt nach einer UNESCO-Empfehlung:

$$\text{Salinität}[‰] = 1{,}80655 \cdot \text{Chlorinität}[‰] \quad \text{(Gl. 7.1-10)}$$

Der mittlere Salzgehalt der Ozeane wird mit 35‰ angegeben, damit beträgt die mittlere Chlorinität 19,37‰.

Tabelle 7.1-1: HENRY-Konstante K_H von CO_2 für Süßwasser [6] und für Salzwasser (*S*=35,0‰ und *Cl*=19,37‰) in Abhängigkeit von der Temperatur (siehe auch Tabelle Kap. 12.1)

Temperatur °C		0	10	20
K_H [mol/(m³·bar)]	Süßwasser	76,895	53,077	38,674
	Salzwasser	62,303	43,969	32,571

Tabelle 7.1-2: HENRY -Konstante K_H (25°C) in Abhängigkeit vom Salzgehalt sowie Gleichgewichtskonzentration von CO_2 in Salzwasser mit unterschiedlichem Salzgehalt

Meeres-Bereich	*S* [‰]	*Cl* [‰]	K_H [mol/(m³·bar)]	CO_2 [mg/L]
Durchschnitt	35,0	19,37	28,503	0,508
Mittelmeer	37,4	20,70	28,161	0,502
Atlantik	35,4	19,60	28,444	0,507
Nordsee	35,0	19,37	28,503	0,508
Pazifik	34,5	19,10	28,573	0,510
Ostsee	8,0	4,43	32,520	0,580

BUNSEN'scher Absorptionskoeffizienten α

Die Lösung von CO_2 in Wasser kann auch über den **BUNSEN'schen Absorptionskoeffizienten α** berechnet werden. Durch ihn wird die Verteilung zwischen den Phasen (Gas und Wasser) deutlich. Bei Berechnungen muss jedoch berücksichtigt werden, dass α auf den physikalischen Normzustand (273,15 K und 101.325 Pa) bezogen ist! α ist wie die HENRY -Konstante K_H von der Temperatur abhängig!

BUNSEN'scher Absorptionskoeffizient α

$$\frac{c_W}{c_G} = \text{konstant} = \alpha \qquad \text{(Gl. 7.1-11)}$$

c_W : Stoffmengenkonzentration im Wasser
c_G : Stoffmengenkonzentration im Gas

Der BUNSEN'sche Absorptionskoeffizient für CO_2

$$\alpha(CO_2) = 1{,}205 \qquad \text{bei } 10\,°C$$

zeigt, dass CO_2 sehr gut in Wasser löslich ist. Zum Vergleich ist Sauerstoff mit einem Koeffizienten von $\alpha(O_2) = 0{,}038$ schlecht löslich.

Ist α nicht direkt bekannt, kann er aus K_H berechnet werden [49].

<u>Umrechnungen:</u>

$$K_H = \frac{\alpha \cdot 10^3}{22{,}414 \cdot 1{,}01325} \qquad \alpha\ [1/\text{atm}] \qquad \text{(Gl. 7.1-12)}$$

$$K_H = 44{,}03 \cdot \alpha \qquad [\text{mol}/(\text{m}^3 \cdot \text{bar})] \qquad \text{(Gl. 7.1-13)}$$

In dieser Abhandlung wird für die Berechnungen der Gaslöslichkeit nur die HENRY-Konstante verwendet.

7.1.2 Die Gleichgewichts-Konstanten im Basis-System

Für Berechnungen im Basis-System der Kohlensäure (ohne Berücksichtigung der Komplexbildung) werden die Dissoziationskonstanten K_1 und K_2 sowie das Ionenprodukt des Wassers K_W und das Löslichkeitsprodukt K_C von $CaCO_3$ benötigt. In einem offenen System muss zusätzlich die Löslichkeit für CO_2 berücksichtigt werden (s.o. Kap. 7.1.1)

Dissoziationskonstante 1: $\frac{a(H^+)\cdot a(HCO_3^-)}{a(CO_2)} = K_1$ [(mol/L)] (Gl. 7.1-11)

Dissoziationskonstante 2: $\frac{a(CO_3^{2-})\cdot a(H^+)}{a(HCO_3^-)} = K_2$ [(mol/L)] (Gl. 7.1-12)

Ionenprodukt des Wassers: $a(H^+)\cdot a(OH^-) = K_W$ [(mol/L)²] (Gl. 7.1-13)

Löslichkeitsprodukt ($CaCO_3$): $a(Ca^{2+})\cdot a(CO_3^{2-}) = K_C$ [(mol/L)²] (Gl. 7.1-14)

(Zum Ionenprodukt des Wassers siehe Kap. 11.4)

Die Abhängigkeit der Konstanten von der Temperatur wird allgemein durch die sogenannte Van't-Hoff-Gleichung dargestellt [65]. Basis der Berechnungen ist jeweils die für jede Reaktion spezifische Konstante K_0 (bzw. $\lg K_0$) bei 25 °C unter Berücksichtigung der Temperaturabhängigkeit der Reaktionsenthalpie ΔH und der Wärmekapazität C_p [66] [44] [65].

> *<u>Anmerkung:</u> Die Werte für $\lg K_0$ gehören zur jeweils angegebenen Reaktionsgleichung. Kehrt man die Richtung der Reaktion um, so ändert $\lg K_0$ das Vorzeichen.*

$$\lg(K) = \lg(K_0) + \frac{\Delta H}{\ln(10)\cdot R}\cdot\left(\frac{1}{T_0} - \frac{1}{T}\right) + \frac{C_P}{\ln(10)\cdot R}\cdot\left[\ln\left(\frac{T}{T_0}\right) + \frac{T_0}{T} - 1\right] \qquad \text{(Gl. 7.1-15)}$$

Hierbei bedeuten:

lg(K)	Dekad. Log. der Gleichgewichtskonstanten bei der Temperatur T
$\lg(K_0)$	Dekad. Log. der Gleichgewichtskonstanten bei der Bezugstemperatur T_0
T	Temperatur in K ; T = t[°C] + 273,15
T_0	Bezugstemperatur 298,15 K (25 °C)
ΔH	Reaktionsenthalpie, J/mol
C_P	Wärmekapazität der Reaktion, J/(mol·K)
R	Universelle Gaskonstante 8,314 J/(mol·K)
ln(10)	= 2,302585

Für die benötigten Konstanten findet man in der Literatur Werte mit leichten Abweichungen, vor allem die Daten für ΔH und Cp variieren [63] [65] [66] [67] [68] .

Zur Vereinfachung kann man unter Einführung von zwei Konstanten A und B schreiben:

$$\lg(K) = \lg(K_0) + A \cdot \left(\frac{1}{T_0} - \frac{1}{T}\right) + B \cdot \left[\ln\left(\frac{T}{T_0}\right) + \frac{T_0}{T} - 1\right] \qquad \text{(Gl. 7.1-16)}$$

Mit: $$A = \frac{\Delta H}{\ln(10) \cdot R} \qquad \text{(Gl. 7.1-17)}$$

$$B = \frac{C_P}{\ln(10) \cdot R} \qquad \text{(Gl. 7.1-18)}$$

Tabelle 7.1-2: Konstanten im Basis-System [63] [66] [67] [68]

Reaktionsgleichungen			Formel-zeichen	$\lg(K_0)$ bei 25 °C	A	B
$CO_2 + H_2O$	⇌	$HCO_3^- + H^+$	K_1	-6,356	483,19	-17,238
HCO_3^-	⇌	$CO_3^{2-} + H^+$	K_2	-10,329	780,94	-15,149
H_2O	⇌	$H^+ + OH^-$	K_W	-13,996	2953,0	-10,291
$CaCO_3$	⇌	$Ca^{2+} + CO_3^{2-}$	K_C	-8,481	-522,37	-13,059

Anmerkung: Eventuell in Literaturquellen abweichende Vorzeichen ergeben sich aus der unterschiedlichen Darstellung der Reaktionsgleichungen.

Zur Berechnung der Temperaturabhängigkeit wurden die folgenden Gleichungen mit den entsprechenden Konstanten verwendet.

$\lg(K_1)= -6{,}356 + 483{,}19 \cdot [(1/T_0)-(1/T)]-17{,}238 \cdot [\ln(T/T_0)+(T_0/T)-1]$ (Gl. 7.1-19)

$\lg(K_2)= -10{,}329+780{,}94 \cdot [(1/T_0)-(1/T)] -15{,}149 \cdot [\ln(T/T_0)+(T_0/T)-1]$ (Gl. 7.1-20)

$\lg(K_W)=-13{,}996+2953{,}0 \cdot [(1/T_0)-(1/T)] -10{,}291 \cdot [\ln(T/T_0)+(T_0/T)-1]$ (Gl. 7.1-21)

$\lg(K_C)= -8{,}481 - 522{,}37 \cdot [(1/T_0)-(1/T)] - 13{,}059 \cdot [\ln(T/T_0)+(T_0/T)-1]$ (Gl. 7.1-22)

Tabelle 7.1-3: Werte für die Konstanten im Basis-System

Temperatur °C	K_1 mol/L	K_2 mol/L	K_W $(mol/L)^2$	K_C $(mol/L)^2$
0	$2{,}677 \cdot 10^{-7}$	$2{,}352 \cdot 10^{-11}$	$1{,}140 \cdot 10^{-15}$	$4{,}244 \cdot 10^{-9}$
5	$3{,}054 \cdot 10^{-7}$	$2{,}788 \cdot 10^{-11}$	$1{,}847 \cdot 10^{-15}$	$4{,}100 \cdot 10^{-9}$
10	$3{,}426 \cdot 10^{-7}$	$3{,}249 \cdot 10^{-11}$	$2{,}920 \cdot 10^{-15}$	$3{,}927 \cdot 10^{-9}$
15	$3{,}781 \cdot 10^{-7}$	$3{,}725 \cdot 10^{-11}$	$4{,}510 \cdot 10^{-15}$	$3{,}733 \cdot 10^{-9}$
20	$4{,}110 \cdot 10^{-7}$	$4{,}209 \cdot 10^{-11}$	$6{,}817 \cdot 10^{-15}$	$3{,}524 \cdot 10^{-9}$
25	$4{,}406 \cdot 10^{-7}$	$4{,}688 \cdot 10^{-11}$	$1{,}009 \cdot 10^{-14}$	$3{,}304 \cdot 10^{-9}$

In Tabelle 7.1-3 sind berechnete Werte für die Konstanten im Basis-System dargestellt. Weitere Daten für andere Temperaturen sind in Kapitel 12.2 aufgeführt. Die berechneten Konstanten entsprechen den Werten, die nach DIN berechnet werden. Bei Berechnungen nach DIN 38404-10 (2012) [66] sollten genau die in der DIN angeführten Konstanten verwendet werden um mit den Musterberechnungen vergleichbare Ergebnisse zu erhalten.

7.2 Analytische Erfassung der Kohlensäureformen

7.2.1 TIC und DIC

TIC = Total Inorganic Carbon = Gesamter anorganischer Kohlenstoff

DIC = Dissolved Inorganic Carbon = Gelöster anorganischer Kohlenstoff

Der direkte Weg zur Analytik der Kohlensäure ist die Erfassung der Kohlensäuresumme c(C) durch die Bestimmung des TIC.

Es ist eine akademische Diskussion, ob man den Parameter als DIC oder TIC bezeichnet. Formal müsste bei Bestimmung des DIC per Definition bei der Analyse vorher die Probe über 0,45 µm filtriert werden, um sicher zu stellen, dass kein partikulärer Kohlenstoff gemessen wird. Eine Filtration ist jedoch wegen des CO_2 nicht möglich, da sich dessen Konzentration durch Ausgasung oder durch Eintrag aus der Luft verändern könnte, so dass der DIC aus technischen Gründen analytisch nicht erfassbar ist. Daher sollte der

Analysenparameter wegen der fehlenden Filtration streng genommen als TIC bezeichnet werden.

Die DIN 38404(10) [66] verwendet jedoch die Bezeichnung c(DIC) zur Bezeichnung der Kohlensäuresumme c(C).

Probenentnahme:

Bei der Probenentnahme zur TIC-Analytik sind die allgemeinen Vorschriften für Probenentnahmen zur Gasanalytik einzuhalten. Es sollten zweckmäßigerweise 100-ml-Sauerstoff-Flaschen mit abgeschrägtem Glasstopfen verwendet werden. Das Probenwasser wird mittels eines Schlauches tief in die Flasche eingeleitet. Durch Überlaufenlassen der Flasche wird sämtliche Luft aus der Flasche verdrängt, so dass das danach in der Flasche befindliche Probenwasser keinen Kontakt mit der Luft hatte. Mit Hilfe der Schrägstopfen wird die Flasche luftblasenfrei verschlossen.

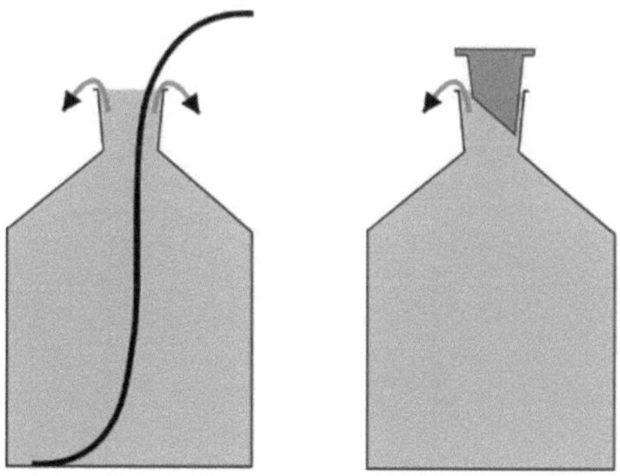

Abbildung 7.2-1: Probenahmeflasche mit Schrägstopfen

Der Transport der Flaschen muss unbedingt gekühlt erfolgen, um Ausgasungen durch Temperaturanstieg zu vermeiden. Die Analysen sollten möglichst sofort erfolgen. Als vorteilhaft erweisen sich dabei selbstansaugende Analysengeräte, die die Probe direkt aus der Probenahmeflasche entnehmen, da dann ein weiteres Manipulieren mit dem Wasser entfällt, was zu weiteren Fehlern durch Gasaustausch führen könnte. Der pH-Wert des Wassers muss direkt bei der Probenentnahme gemessen werden!

Messprinzip :

Durch Ansäuern der Probe (in der Regel bis auf pH 2) wird das Gleichgewichtssystem der Kohlensäureformen völlig auf die Seite des CO_2 verschoben (Abbildung 7.2-2) (Kap. 4.5). Das heißt, die gesamte Kohlensäure liegt als CO_2

vor. Das (gasförmige) CO_2 wird anschließend mit Hilfe eines CO_2-freien Gases ausgetrieben und quantitativ erfasst.

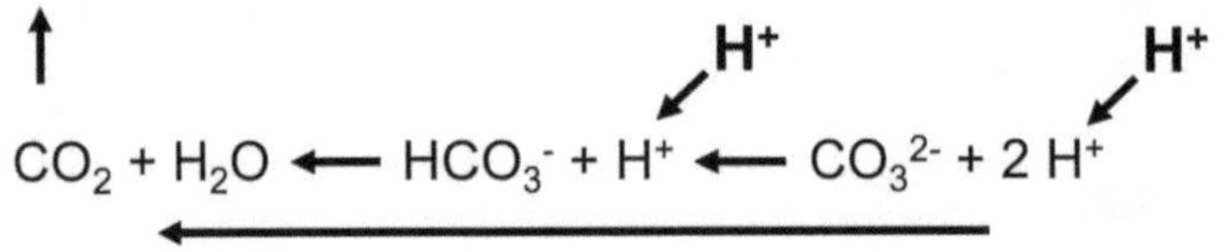

Abbildung 7.2-2: Verschiebung der Kohlensäureformen durch Ansäuerung

In der Regel wird das CO_2 in der Gasphase durch Absorption im Infrarotbereich gemessen. Diese Bestimmung wird üblicherweise mit TOC/TIC-Messapparaturen durchgeführt, wobei dann die Oxidationsstufe ausgeschaltet ist beziehungsweise umgangen wird (Abbildung 7.2-3).

(TOC = Total Organic Carbon = Gesamter organischer Kohlenstoff)

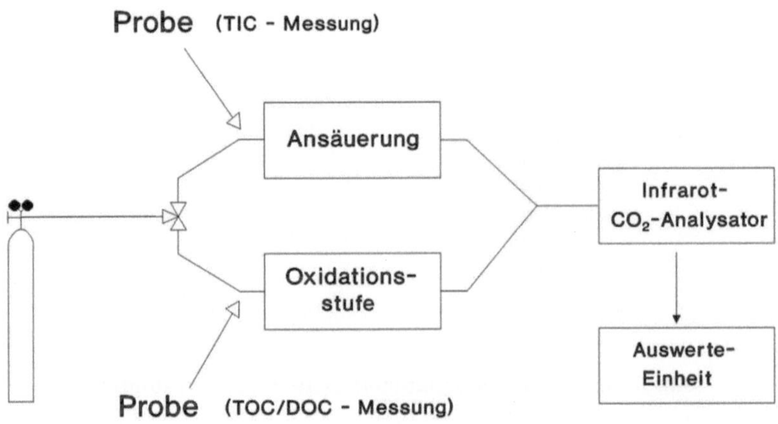

Abbildung 7.2-3: Prinzipschema einer TOC/TIC - Messapparatur

Die Stoffmengenanteile x(i) der entsprechenden Kohlensäureformen werden in Abhängigkeit vom pH-Wert über die Gleichgewichtskonstanten berechnet (Berechnungs-Beispiel 10.7). Multipliziert man die Stoffmengenanteile mit der Kohlensäuresumme c(C) (TIC), so erhält man die jeweiligen molaren Konzentrationen der Kohlensäureformen (Berechnungs-Beispiel 10.9).

$$c(C) = TIC \quad \rightarrow \quad c(CO_2) = x(CO_2) \cdot c(C) \qquad \text{(Gl. 7.2-1)}$$

$$c(HCO_3^-) = x(HCO_3^-) \cdot c(C) \qquad \text{(Gl. 7.2-2)}$$

$$c(CO_3^{2-}) = x(CO_3^{2-}) \cdot c(C) \qquad \text{(Gl. 7.2-3)}$$

7.2.2 Bestimmung von Säure- und Basekapazität

Der im Vergleich zur direkten Bestimmung des TIC in der Praxis häufigere Weg zur Erfassung der Kohlensäuresumme ist die indirekte Bestimmung durch Berechnung aus der Säure- und Basekapazität eines Wassers.

Bei der Bestimmung der Säure- und Basekapazität muss jedoch sicher sein, dass im Wasser außer der Kohlensäure keine anderen schwachen Säuren oder Basen (zum Beispiel Huminsäuren) in höheren Konzentrationen vorhanden sind, die über ihr Pufferungsverhalten den Verbrauch an Säure bzw. Base erhöhen würden (dann muss für genaue Messungen der TIC bestimmt werden!).

Liegt als Wasserprobe reinstes Wasser vor, so muss durch die Titration mit H^+ bzw. OH^- nur das Dissoziationsgleichgewicht des Wassers verschoben werden. Liegen im Wasser Stoffe vor, die als schwache Säuren oder Basen reagieren, so werden diese Stoffe durch die Titration erfasst, da sie mit H^+ bzw. mit OH^- reagieren und damit zu einem höheren Verbrauch bei der Titration führen.

In Tabelle 7.2-1 sind beispielhaft schwache Basen dargestellt, die, wenn sie im Wasser vorliegen, bei der Titration mit Säure zu einem erhöhten H^+-Verbrauch führen.

Tabelle 7.2-1: Reaktionen schwacher Basen mit H^+

Bezeichnung	schwache Base	Reaktion unter H^+-Verbrauch zur konjugierten Säure
Kohlensäure	HCO_3^-	$+ H^+ \longrightarrow H_2CO_3$
	CO_3^{2-}	$+ H^+ \longrightarrow HCO_3^-$
Phosphat	$H_2PO_4^-$	$+ H^+ \longrightarrow H_3PO_4$
	HPO_4^{2-}	$+ H^+ \longrightarrow H_2PO_4^-$
Ammoniak	NH_3	$+ H^+ \longrightarrow NH_4^+$
Borsäure	$B(OH)_4^-$	$+ H^+ \longrightarrow H_3BO_3 + H_2O$
Organ. Säuren	$R\text{-}COO^-$	$+ H^+ \longrightarrow R\text{-}COOH$

Im Allgemeinen geht man davon aus, dass in natürlichen Wässern außer der Kohlensäure alle anderen schwachen Basen/Säuren nur in geringen Konzentrationen vorliegen und vernachlässigt werden können. Unter dieser Annahme verwendet man den Messwert der Säurekapazität 4,3 als quantitative Bestimmung der HCO_3^-- und CO_3^{2-}-Ionen und den Messwert der Basekapazität 8,2 als quantitative Bestimmung des CO_2 im Wasser.

Anmerkungen:

- Im Meerwasser muss der Gehalt von Borsäure berücksichtigt werden, wenn m-Wert und c(C) mit einer Genauigkeit besser als 2% bestimmt werden sollen [63].
- Bei der Titration in Regenwasser muss Ammonium berücksichtigt werden.
- Bei phosphatierten Trinkwässern müssen die Phosphatgehalte ermittelt werden.
- In Wässern mit geringen Kohlensäure-Gehalten kann die Pufferung durch Kieselsäure bei pH > 9 eine Rolle spielen, z.B. bei der biogenen Entkalkung oder in Kesselspeisewässern [63].

7.2.2.1 Säurekapazität

Das Hydrogencarbonat-Ion kann sowohl als schwache Säure oder als schwache Base reagieren. Diese Eigenschaft wird als amphoter bezeichnet.

Titriert man ein Wasser mit Säure, so reagiert das Hydrogencarbonat als schwache Base mit den H^+-Ionen zur schwachen Säure CO_2 (Gl. 7.2-4).

Diese Säurekapazität (Alkalinität, Säurebindungsvermögen SBV) eines Wassers sagt aus, wieviel Säure (H^+ [mmol/L]) bei einer Titration zu einer Wasserprobe zugegeben werden muss, um den pH-Wert der Probe auf einen bestimmten Wert abzusenken. In der Wasseranalytik wird allgemein die Säurekapazität bis zum pH-Wert 4,3 bestimmt. Bei diesem pH-Wert liegt die Kohlensäure fast vollständig als CO_2 vor. Historisch verwendete man zur Anzeige des Endpunktes der Titration den pH-Indikator Methylorange mit dem Umschlagspunkt bei pH 4,3.
Durch Zugabe von Säure (H^+-Ionen) kann man das Hydrogencarbonat im Wasser in CO_2 überführen (Ausgangs-pH-Wert unter 8,2):

pH < 8,2: $$CO_2 + H_2O \longleftarrow HCO_3^- + H^+ \swarrow H^+ \qquad \text{(Gl. 7.2-4)}$$

Man titriert daher das Wasser mit Säure bis zum pH-Wert 4,3 (ursprünglich Umschlagpunkt des Indikators **M**ethylorange) und nennt diesen Wert die

$$\text{Säurekapazität bis pH 4,3} = K_{S4,3}$$

Angenähert wird dieser Wert auch häufig dem **m**-Wert (siehe Kap. 7.2.3) gleichgesetzt.

$$K_{S4,3} \approx m \qquad \text{(Gl. 7.2-5)}$$

Die Bestimmung der Säurekapazität ist im Kontakt mit der Luft unter starkem Rühren der Probe auszuführen, damit das entstehende CO_2 ausgasen kann.

Bei pH-Werten des Wassers unter 8,2 erfasst man im Wesentlichen die Hydrogencarbonat-Ionen.

pH < 8,2 : $n(H^+)_{titriert} \approx n(HCO_3^-)$ (Gl. 7.2-6)

$K_{S4,3} \approx c(HCO_3^-)$ (Gl. 7.2-7)

Liegt der pH-Wert der Probe über 8,2, so liegen dann auch Carbonationen in höheren Konzentrationen im Wasser vor. Zur Überführung der Carbonationen in CO_2 sind dann zwei H^+-Ionen notwendig.

pH > 8,2: $HCO_3^- \longleftarrow CO_3^{2-} + H^+$ (Gl. 7.2-8)

$CO_2 + H_2O \longleftarrow HCO_3^- + H^+$ (Gl. 7.2-9)

bzw. $CO_2 + H_2O \longleftarrow CO_3^{2-} + \mathbf{2\,H^+}$ (Gl. 7.2-10)

Bei pH-Werten des Wassers über 8,2 erfasst man also die Hydrogencarbonat-Ionen und die Carbonat-Ionen.

pH > 8,2 : $n(H^+)_{titriert} \approx n(HCO_3^-) + \mathbf{2n}(CO_3^{2-})$ (Gl. 7.2-11)

Daraus folgt : $K_{S4,3} \approx c(HCO_3^-) + 2c(CO_3^{2-})$ (Gl. 7.2-12)

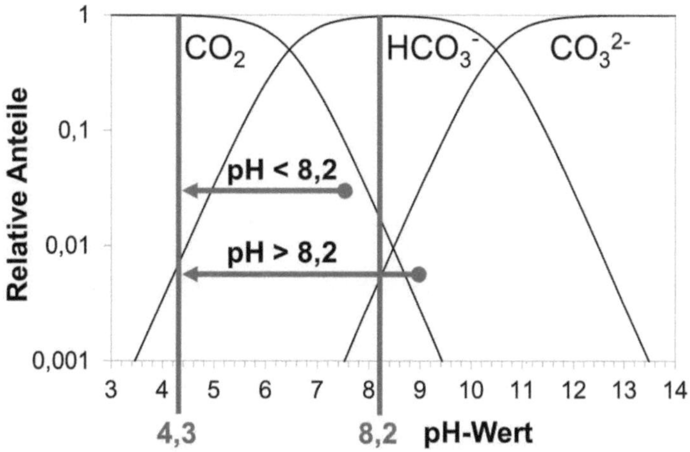

Abbildung 7.2-4: Darstellung der Titrationsmöglichkeiten für die Säurekapazität 4,3

Liegt der pH-Wert des Probenwassers oberhalb von pH 8,2, so kann auch eine Säurekapazität bis pH 8,2 ($K_{S8,2}$) ermittelt werden. Das Titrationsergebnis entspricht in etwa der Konzentration der Carbonationen (Abbildung 7.2-5).

$$K_{S8,2} \approx c(CO_3^{2-}) \qquad \text{(Gl. 7.2-13)}$$

Da diese Titration in natürlichen Wässern wegen des geringen Titrationsvolumens in der Regel zu ungenau ist, bestimmt man überwiegend auch bei pH-Werten über 8,2 nur die Säurekapazität 4,3 und erfasst Hydrogencarbonat und Carbonat zusammen.

7.2.2.2 Basekapazität

Analog zur Bestimmung der Säurekapazität kann man das Wasser mit einer Base (Lauge) bis zum pH-Wert 8,2 (Umschlagspunkt des Indikators **P**henolphthalein) titrieren und nennt diesen Wert die

$$\text{Basekapazität bis pH 8,2} = K_{B8,2}$$

Angenähert wird dieser Wert auch häufig dem **-p**-Wert gleichgesetzt (Kap. 7.2.3).

$$K_{B8,2} \approx -p \qquad \text{(Gl. 7.2-14)}$$

Man erfasst damit im Wesentlichen das im Wasser gelöste CO_2. Durch die Titration überführt man das gasförmig gelöste CO_2 in HCO_3^-.

vereinfachte Darstellung : $CO_2 + OH^- \longrightarrow HCO_3^-$ (Gl. 7.2-15)

tatsächliche Reaktionsfolge:

$$CO_2 + H_2O \longrightarrow HCO_3^- + H^+ \qquad \mathbf{OH^-} \qquad \text{(Gl. 7.2-16)}$$

$$\downarrow \qquad \swarrow$$

$$H_2O \longleftarrow H^+ + OH^- \qquad \text{(Gl. 7.2-17)}$$

Der Titrationswert entspricht angenähert dem Gehalt des Wassers an CO_2:

$$n(OH^-)\text{titriert} \approx n(CO_2) \qquad \text{(Gl. 7.2-18)}$$

Daraus folgt : $K_{B8,2} \approx c(CO_2)$ (Gl. 7.2-19)

Bei der Bestimmung der Basekapazität muss der Kontakt mit dem Kohlendioxid der Luft möglichst vermieden werden, da sich sonst unter der Titration ständig CO_2 aus der Luft nachlöst (nur sehr vorsichtig und langsam rühren !). Unter

Umständen - vor allem bei weichen Wässern - besteht hier eine große Fehlerquelle. Dann ist es besser und genauer, die Basekapazität aus Säurekapazität und pH-Wert zu berechnen.

Bezüglich der verzögerten Reaktionsgeschwindigkeit siehe Kap. 4.3.

In Abbildung 7.2-5 sind die für das Kohlensäuresystem relevanten Säure- und Basekapazitäten in einer Übersicht dargestellt. Betrachtet man als Beispiel ein Wasser 1 (X) mit pH < 8,2 , so könnten in diesem Wasser $K_{S4,3}$ und $K_{B8,2}$ bestimmt werden.

Bei einem Wasser 2 (Y) mit pH > 8,2 wären $K_{S4,3}$ und $K_{S8,2}$ bestimmbar, wobei auf die Bestimmung von $K_{S8,2}$ in der Regel verzichtet wird, wie bereits oben dargestellt wurde.

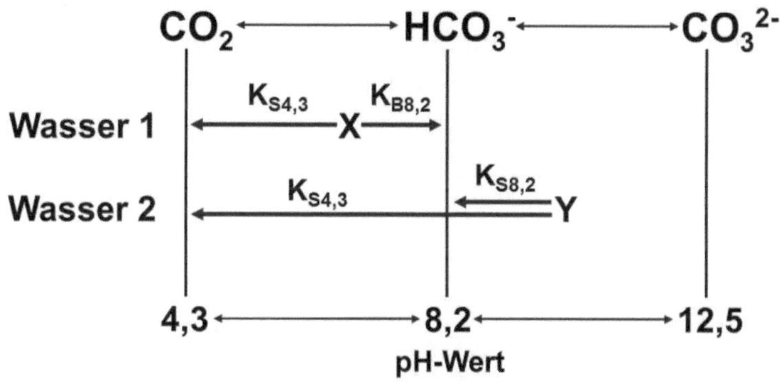

Abbildung 7.2-5: Übersicht über die für das Kohlensäuresystem relevanten Säure- und Basekapazitäten

7.2.2.3 Praktische Bestimmung der Säure- und Basekapazität

Anwendungsbereich

$K_{S4,3}$	nur bestimmbar, wenn	pH > 4,3
$K_{B8,2}$	nur bestimmbar, wenn	pH < 8,2
$K_{S8,2}$	nur bestimmbar, wenn	pH > 8,2

Probenahme

Die Probenentnahme für die Säurekapazität kann normal ohne besondere Vorsichtsmaßnahme erfolgen (siehe auch Definition des m-Wertes Kap. 7.2.3.1).

Für die Bestimmung der Basekapazität muss eine Veränderung der CO_2-Konzentration vermieden werden. Die Wasserprobe wird mit einem Schlauch in die Glasflasche eingefüllt. Dabei muss der Schlauch bis auf den Boden des Gefäßes reichen. Das Probenwasser darf keinen Kontakt mit der Luft haben ! (Siehe auch Probenahme beim TIC, Kap. 7.2.1)

Man lässt mindestens ein Flaschenvolumen Wasser überfließen und verschließt das Gefäß anschließend blasenfrei mit einem Glasstopfen.

Da bei erhöhter Temperatur die Ausgasung von Kohlenstoffdioxid erleichtert wird, sollten die Wasserproben möglichst in Kühltaschen transportiert werden.

Bei der Probenentnahme werden vor Ort pH-Wert und Temperatur des Wassers gemessen.

Bestimmung von $K_{S4,3}$

Die Bestimmung der Säurekapazität bis pH 4,3 erfolgt durch Titration der Probe (100 ml) mit Salzsäure (0,1 mol/L) bis pH 4,3.

Auf die Bestimmung der Säurekapazität hat das Kohlendioxid der Luft (Eintrag/Ausgasung) keinen Einfluss! (Siehe auch 7.2.3.1)

Die Temperatur wird am Ende der Titration gemessen.

Bestimmung von $K_{B8,2}$

Die Bestimmung der Basekapazität bis pH 8,2 erfolgt durch Titration der Probe (100 ml) mit Natronlauge (0,1 mol/L oder 0,02 mol/L) bis pH 8,2.
Um Einflüsse des Kohlendioxids der Luft (Eintrag/Ausgasung) zu vermeiden, darf die Wasserprobe nur langsam gerührt werden.
Die Einstellung des pH-Wertes bei der Titration erfolgt verzögert (siehe auch Kap. 4.5), daher muss bei den Titrationsschritten immer etwas abgewartet werden.
Die Temperatur wird am Ende der Titration gemessen.

Angabe der Ergebnisse

Die Titrationsergebnisse werden auf maximal 2 Stellen hinter dem Komma gerundet in mmol/L angegeben. Die am Ende der Titration gemessene Temperatur ist ebenfalls anzugeben.

Bsp.: $K_{S4,3}$ = 3,20 mmol/L bei 16 °C

$K_{B8,2}$ = 0,85 mmol/L bei 15°C

(Beispiel eines Grundwassers)

In Deutschland ist für diese Bestimmung die DIN 38 409-7 "Summarische Wirkungs- und Stoffkenngrößen (Gruppe H): Bestimmung der Säure- und Basekapazität (H7)" [69] maßgeblich.

7.2.3 m-Wert und p-Wert

Die Definition des m- und des p-Wertes erfolgen hier zunächst ohne die Berücksichtigung von Komplexierungsreaktionen, um das Verständnis zu erleichtern. Bei hohem Anspruch an die Genauigkeit – und nur dann – müssen die Komplexierungsreaktionen (Kap. 7.6) berücksichtigt werden.

m- und p-Wert sind reine **Rechengrößen** und können nicht direkt analytisch erfasst werden. Die Bezeichnung von **m**-Wert und **p**-Wert muss man historisch verstehen, da diese früher den Titrationsergebnissen der Säurekapazität 4,3 bzw. der Basekapazität 8,2 eines Wassers gleichgesetzt wurden. Die Anfangsbuchstaben der zur Titration verwendeten Indikatoren, **M**ethylorange für $K_{S4,3}$ und **P**henolphthalein für $K_{B8,2}$, führten zur Namensgebung. Die früher übliche Gleichsetzung von $K_{S4,3}$ und m-Wert sowie von $K_{B8,2}$ und (-)p-Wert ist nach den heutigen Definitionen nur näherungsweise möglich, da die jeweilige Veränderung der Dissoziation des Wassers durch die Titration berücksichtigt werden muss.

$$K_{S4,3} \approx m \qquad \text{(Gl. 7.2-20)}$$

$$K_{B8,2} \approx -p \qquad \text{(Gl. 7.2-21)}$$

Das negative Vorzeichen für p in Gleichung 7.2-21 ergibt sich aus der Definition des p-Wertes (Kap. 7.2.3.2).

7.2.3.1 m-Wert

Der m-Wert einer Lösung wird über die Ladungsbilanz der Ionen eines Wassers definiert (Gl. 7.2-23 und Gl. 7.2-24). [49] [50]

In einer wässerigen Lösung entsprechen die positiven Ladungen der Kationen in ihrer Summe der Summe der negativen Ladungen der Anionen, so dass sich die Lösung als Gesamtsystem elektrisch neutral verhält (Elektroneutralitätsbedingung). Dies stellt man formelmäßig in einer Ladungsbilanz dar.

Σ molare Ladungskonz. Kationen = **Σ** molare Ladungskonz. Anionen (Gl. 7.2-22)

$$\sum_i z(i^+) \cdot c(x_i^+) = \sum_i z(i^-) \cdot c(y_i^-) \qquad \text{(Gl. 7.2-23)}$$

z(i) = Ladungszahl
x_i^+ = Kation
y_i^- = Anion

In der hier dargestellten Ladungsbilanz (Gl. 7.2-24) sind die üblichen Hauptinhaltsstoffe eines Wassers und die Ionen der Kohlensäure sowie die Ionen aus der Dissoziation des Wassers berücksichtigt. (Bei zweifach geladenen Ionen entspricht die Zahl der Ladungen der doppelten Stoffmengenkonzentration)

Ladungsbilanz:

$$2c(Ca^{2+})+2c(Mg^{2+})+c(Na^{+})+c(K^{+})+c(H^{+})$$
$$=2c(SO_4^{2-})+2c(CO_3^{2-})+c(HCO_3^{-})+c(NO_3^{-})+c(Cl^{-})+c(OH^{-}) \quad \text{(Gl. 7.2-24)}$$

Anmerkung: Man verwendet Ladungsbilanzen in der Regel auch zur Überprüfung von Analysenergebnissen, da sich bei richtigen Analysenwerten die Summen der Konzentrationen der Ladungen gleichen müssen. Für diese praktischen Betrachtungen kann auf $c(CO_3^{2-})$, $c(H^+)$ und $c(OH^-)$ verzichtet werden, da ihre Werte vergleichsweise klein sind.

Wenn man die Ladungsbilanz gezielt so umordnet, dass auf der einen Gleichungsseite diejenigen Ionen zusammengefasst werden, die aus der Dissoziation der Kohlensäure und des Wassers hervorgegangen sind, so erhält man :

Umgeordnete Ladungsbilanz:

$$2c(Ca^{2+})+2c(Mg^{2+})+c(Na^{+})+c(K^{+})-2c(SO_4^{2-})-c(NO_3^{-})-c(Cl^{-})$$
$$= c(HCO_3^{-})+2c(CO_3^{2-})+c(OH^{-})-c(H^{+}) \quad \text{(Gl. 7.2-25)}$$

Ionen aus der Dissoziation der Kohlensäure und des Wassers !

Die Summe der Ionen aus der Dissoziation des Wassers und der Kohlensäure, also die **rechte Seite** der Gleichung (7.2-25), wird als m-Wert definiert. [49] [50]

Definition: $$m = c(HCO_3^{-}) + 2c(CO_3^{2-}) + c(OH^{-}) - c(H^{+}) \quad \text{(Gl. 7.2-26)}$$

In dieser Darstellung ist der m-Wert von Temperatur und Ionenstärke unabhängig ! [49]

In einer erweiterten Definition ordnet man auf der rechten Seite der Ladungsbilanz die Ionen der schwachen Elektrolyte an (schwache Säuren und schwache Basen). Diese Definition ist sinnvoll, wenn neben der Kohlensäure noch andere schwache Elektrolyte im Wasser vorliegen, deren Konzentrationen sich durch Titrationen verändern und die bei genauen Berechnungen berücksichtigt werden müssen.

Andere schwache Elektrolyte wären z.B. Phosphate.

$$m=c(HCO_3^-)+2c(CO_3^{2-})+c(OH^-)-c(H^+)+c(H_2PO_4^-)+2c(HPO_4^{2-})+3c(PO_4^{3-}) \quad \text{(Gl. 7.2-27)}$$

Da in der Gleichung (7.2-25) naturgemäß die rechte Seite gleich der linken Seite ist, folgt zwangsläufig, dass der m-Wert auch der linken Seite entspricht.

auch: $m=2c(Ca^{2+})+2c(Mg^{2+})+c(Na^+)+c(K^+)-2c(SO_4^{2-})-c(NO_3^-)-c(Cl^-)$ (Gl. 7.2-28)

Diese Betrachtungsweise ist grundsätzlich bedeutend für die Beurteilung bei Veränderungen der Wasserzusammensetzung, zum Beispiel bei der Wasseraufbereitung.

So wird deutlich, dass der Zusatz eines Neutralsalzes, zum Beispiel Natriumchlorid, den m-Wert des Wassers nicht verändert, da sich die Zugabe von Na^+ und Cl^- in der Gleichung bilanzmäßig aufhebt [$+c(Na^+) - c(Cl^-)$].

Auch Veränderungen der CO_2-Konzentration im Wasser (Zugabe oder Entzug) haben keinen Einfluss auf den m-Wert, da das CO_2 in dieser Gleichung nicht enthalten ist. Bei Betrachtung der rechten Gleichungsseite (Gl. 7.2-25) wäre diese Aussage nicht so einfach zu treffen. (Diese Feststellung gilt jedoch nur, wenn es durch die Konzentrationsänderung des CO_2 nicht zur Fällung oder Auflösung von $CaCO_3$ kommt.)

Bei der Beurteilung der Mischbarkeit von Wässern lässt sich dieser m-Wert durch einfache Mischungsrechnung ermitteln.

Mischt man zum Beispiel zwei Wässer A und B mit den Anteilen a und b (a+b=1) miteinander, so kann der m-Wert der Mischung aus den Ausgangs-m-Werten berechnet werden.

$$m_{neu} = a \cdot m_A + b \cdot m_B \quad \text{(Gl. 7.2-29)}$$

7.2.3.2 p-Wert

Der m-Wert und die Kohlensäuresumme c(C) wären neben der Temperatur und der Ionenstärke hinreichend zur Beschreibung des Kohlensäuresystems. Darüber hinaus hat man in Analogie zur Analytik ($K_{B8,2}$) den p-Wert als Verknüpfung zwischen Ladungsbilanz und Stoffmengenbilanz definiert.

Subtrahiert man die Kohlensäuresumme c(C) vom m-Wert, so erhält man definitionsgemäß den p-Wert (Gl. 7.2-34).

Definition: $p = m - c(C)$ (Gl. 7.2-30)

M	=	$c(HCO_3^-) + 2c(CO_3^{2-}) + c(OH^-) - c(H^+)$	(Gl. 7.2-31)
(-) c(C)	=	$c(CO_2) + c(HCO_3^-) + c(CO_3^{2-})$	(Gl. 7.2-32)
m - c(C) = **p**	=	$- c(CO_2) + c(CO_3^{2-}) + c(OH^-) - c(H^+)$	(Gl. 7.2-33)

$$p = - c(CO_2) + c(CO_3^{2-}) + c(OH^-) - c(H^+) \quad \text{(Gl. 7.2-34)}$$

Aus dieser Definition ergibt sich für die Kohlensäuresumme:

$$c(C) = m - p \quad \text{(Gl. 7.2-35)}$$

Durch diese Definition wird auch das negative Vorzeichen bei der Verknüpfung zwischen p und $K_{B8,2}$ deutlich.

$$K_{B8,2} \approx - p \quad \text{(Gl. 7.2-21)}$$

denn: $K_{B8,2} \approx c(CO_2)$ (Gl. 7.2-19)

und: $p = - c(CO_2) + c(CO_3^{2-}) + c(OH^-) - c(H^+)$ (Gl. 7.2-34)

Bei Vorliegen anderer schwacher Elektrolyte ergibt sich entsprechend:

$$p=-c(CO_2)+c(CO_3^{2-})+c(OH^-)-c(H^+)+c(H_2PO_4^-)+2c(HPO_4^{2-})+3c(PO_4^{3-}) \quad \text{(Gl. 7.2-36)}$$

7.2.3.3 Berechnung von m und p aus $K_{S4,3}$ und $K_{B8,2}$

Wenn die Voraussetzung erfüllt ist, dass außer der Kohlensäure keine anderen schwachen Säuren oder Basen in nennenswerter Konzentration im Wasser vorliegen, kann man den m-Wert aus der Säurekapazität 4,3 und den p-Wert aus der Basekapazität 8,2 berechnen.

Die Verdünnung durch die Titration bei der Bestimmung der Säure- und Basekapazität wird durch Wahl einer geeigneten Normalität der Titrationslösung sehr gering gehalten, so dass diese nicht berücksichtigt werden muss.

Berechnung von m aus $K_{S4,3}$

a) Näherungsweise Berechnung des m-Wertes aus der Säurekapazität:

Die auch bei pH 4,3 noch vorliegenden Anteile an HCO_3^- (< 1 %) (siehe Kap. 4.5 und Tabelle 7.2-2) werden wegen des geringen Wertes bei der näherungsweisen Berechnung vernachlässigt.

Tabelle 7.2-2: Relative Anteile der Kohlensäureformen bei pH 4,3 (10 °C) (I=0)

	Relative Anteile der Kohlensäureformen		
	$x(CO_2)$	$x(HCO_3^-)$	$x(CO_3^{2-})$
pH 4,3	0,993	0,007	$0{,}4 \cdot 10^{-8}$

Da durch die Titration des Wassers mit Säure ein Teil der zugegebenen Protonen für die Änderung des pH-Wertes verbraucht werden, muss dieser Anteil des für die pH-Änderung verbrauchten Titriermittels berücksichtigt werden (siehe auch Kap. 10.10).

Näherungsweise gilt [49]:

bei Ionenstärken unter $8{,}3 \cdot 10^{-3}$ mol/L: $m = K_{S4,3} - 5{,}0 \cdot 10^{-5}$ [mol/L] (Gl. 7.2-37)

bei Ionenstärken über $8{,}3 \cdot 10^{-3}$ mol/L: $m = K_{S4,3} - 6{,}0 \cdot 10^{-5}$ [mol/L] (Gl. 7.2-38)

b) Genaue Umrechnung

Da auch das bis pH 4,3 titrierte Wasser noch einen restlichen m-Wert hat $(m\text{-Wert})_{4,3}$, muss dieser zum Titrationsergebnis ($K_{S4,3}$) hinzugerechnet werden.

$$m = K_{S4,3} + (m\text{-Wert})_{4,3} \quad \text{(Gl. 2.2-39)}$$

Der m-Wert bei pH 4,3 erfasst die oben betrachtete pH-Verschiebung und die Restkonzentration an HCO_3^- bei pH-Wert 4,3. Die Carbonatkonzentration spielt bei pH 4,3 keine Rolle mehr (Tabelle 7.2-2).

Bei **Vorliegen einer Vollanalyse** kann der m-Wert(4,3) aus dem Titrationsergebnis (hier Titration mit HCl) berechnet werden (abgeleitet aus Gleichung 7.2-28).

$$(m\text{-Wert})_{4,3} = 2c(Ca) + 2c(Mg) + c(Na) + c(K) - 2c(SO_4) - c(NO_3) - c(Cl) - c(Cl)_{\mathbf{titriert}} \quad \text{(Gl. 2.2-40)}$$

Ohne Vollanalyse kann der m-Wert(4,3) aus dem Titrationsergebnis abgeleitet werden.

$$K_{S4,3} \approx c(HCO_3^-) \qquad \text{(Gl. 7.2-7)}$$

$$\rightarrow \quad c(C) = \frac{c(HCO_3^-)}{x(HCO_3^-)} \qquad \text{(Gl. 7.2-41)}$$

$$\rightarrow \quad c(C) \approx \frac{K_{S4,3}}{x(HCO_3^-)} \qquad \text{(Gl. 7.2-42)}$$

$$(\text{m-Wert})_{4,3} \approx c(C) \cdot x(HCO_3^-)_{4,3} + 2c(C) \cdot x(CO_3^{2-})_{4,3} + c(OH^-)_{4,3} - c(H^+)_{4,3} \qquad \text{(Gl. 7.2-43)}$$

Die Genauigkeit dieses Ergebnisses kann durch Iteration erhöht werden.

Berechnung von p aus $K_{B8,2}$

Häufig wird der p-Wert aus m und c(C) berechnet, da bei der Bestimmung der Basekapazität bis pH 8,2 die Fehlermöglichkeit höher ist als bei der Säurekapazität.

Für die **exakte** Berechnung des p-Wertes aus der Basekapazität folgt entsprechend der Ableitung aus dem m-Wert:

$$p = -K_{B8,2} + K_{S8,2} + (\text{p-Wert})_{8,2} \qquad \text{(Gl. 2.2-44)}$$

Als Analysengrößen sind alternativ $K_{B8,2}$ oder $K_{S8,2}$ einzusetzen. Liegt der pH-Wert unter 8,2 , so kann nur $K_{B8,2}$ bestimmt werden, liegt der pH-Wert über 8,2 , so kann nur $K_{S8,2}$ bestimmt werden.

$$(\text{p-Wert})_{8,2} = c(CO_2)_{8,2} + 2 \cdot c(CO_3^{2-})_{8,2} + c(OH^-)_{8,2} - c(H^+)_{8,2} \qquad \text{(Gl. 2.2-45)}$$

Eine **näherungsweise** Umrechnung der Basekapazität in den p-Wert ist nicht so einfach möglich wie beim m-Wert, da beim p-Wert definitionsgemäß auch die Konzentration an CO_3^{2-} berücksichtigt werden muss, die in einer Näherung nicht so einfach zu ermitteln ist.

Daher gilt näherungsweise:

$$p \approx -K_{B8,2} \qquad \text{(Gl. 2.2-46)}$$

7.2.4 Äquivalenzfaktor φ

Es hat sich für die Darstellung und für die Berechnungen im Kohlensäuresystem als zweckmäßig erwiesen, einen Äquivalenzfaktor φ zu definieren [49] [50].

φ wird definiert als der Anteil der Ladungsäquivalente der Ionen HCO_3^- und CO_3^{2-} an der Kohlensäuresumme c(C).

Definition:
$$\varphi = \frac{c(HCO_3^-) + 2c(CO_3^{2-})}{c(C)} \quad \text{(Gl. 7.2-47)}$$

Da nach Kap. 2.1.2 gilt:

$$\frac{c(HCO_3^-)}{c(C)} = x(HCO_3^-) \quad \text{(Gl. 7.2-48)}$$

und

$$\frac{c(CO_3^{2-})}{c(C)} = x(CO_3^{2-}) \quad \text{(Gl. 7.2-49)}$$

gilt damit:
$$\varphi = x(HCO_3^-) + 2 \cdot x(CO_3^{2-}) \quad \text{(Gl. 7.2-50)}$$

Führt man eine weitere Vereinfachung ein,

$$\Delta = c(OH^-) - c(H^+) \quad \text{(Gl. 7.2-51)}$$

so kann man den m-Wert in Kurzschreibweise darstellen:

$$m = \varphi \cdot c(C) + \Delta \quad \text{(Gl. 7.2-52)}$$

7.3 Berechnung der Pufferungsintensität

Die Pufferungsintensität wird abgeleitet aus der Steigung der Titrationskurve, die die Intensität der pH-Änderung durch zugegebene Säure oder Base widerspiegelt.

Der Wert der Pufferungsintensität wird dabei definiert als die differentielle Änderung der zugegeben Base dc(B) bzw. Säure dc(S) im Verhältnis zur differentiellen Änderung des pH-Wertes dpH:

$$PI = \frac{dc(B)}{dpH} \quad \text{bzw.:} \quad PI = -\frac{dc(S)}{dpH} \qquad \text{(Gl. 7.3-1)}$$

Die zugegebene Menge an Base/Säure kann auch durch die Veränderung des m-Wertes dm dargestellt werden:

$$PI = \frac{dm}{dpH} \qquad \text{(Gl. 7.3-2)}$$

Nach STUMM + MORGAN gilt für eine zweiprotonige Säure wie die Kohlensäure [44]:

$$PI = 2{,}3 \cdot [c(C) \cdot K_1 \cdot c(H^+) \frac{c(H^+)^2 + 4K_2 \cdot c(H^+) + K_1 \cdot K_2)}{(c(H^+)^2 + K_1 \cdot c(H^+) + K_1 \cdot K_2)^2} + c(H^+) + c(OH^-)] \qquad \text{(Gl. 7.3-3)}$$

Unter Verwendung des Äquivalenzfaktors φ (Kap. 7.2.4) gilt [49]:

$$PI = [c(C)(\varphi + 2x(CO_3^{2-}) - \varphi^2) + (c(OH^-) + c(H^+))] \cdot \ln 10 \qquad \text{(Gl. 7.3-4)}$$

Die Pufferungsintensität bei Wässern im pH-Bereich von 4,3 bis 8,2 kann über eine Näherungsgleichung [50]berechnet werden:

$$PI = 2{,}3 \cdot \frac{(K_{S4,3} - 0{,}05) \cdot K_{B8,2}}{K_{S4,3} + K_{B8,2} - 0{,}05} \quad [\text{mmol/L}] \qquad \text{(Gl. 7.3-5)}$$

7.4 Die Bedeutung der Temperatur

Chemische Reaktionen und ihre Konstanten sind von der Temperatur abhängig. Will man also ein Wasser in seinen Eigenschaften korrekt beschreiben und beurteilen, so muss sich diese Aussage immer auf einen bestimmten Zustand - also auf eine bestimmte Temperatur - beziehen. In der Regel ist dies die Temperatur, die man bei der Probenentnahme vorfindet (Entnahmetemperatur t_e). Es kann aber für die Bewertung des Wassers bezüglich des Kalk-Kohlensäure-Systems auch eine andere Temperatur als die Entnahmetemperatur von Interesse sein. Daher muss eine Berechnung für eine bestimmte Bewertungstemperatur t_b, für die man die Bewertung des Wassers bezüglich des Verhaltens gegenüber Kalk durchführen möchte, möglich sein.

Erforderlich sind die Angaben der Temperaturen bei der Probenentnahme, bei der pH-Wert-Messung und bei der Titration von Säure- und Basekapazität (Tabelle 7.4-1).

Tabelle 7.4-1: Zu berücksichtigende Temperaturangaben

Bezeichnung	Formelzeichen
Temp. bei Probenentnahme	t_e
Temp. bei pH-Messung	t_{pH}
Temp. bei Titration K_S/K_B	t_{tit}
Bewertungstemperatur	t_b

Der pH-Wert des Wassers sollte zur Beurteilung des Kalk-Kohlensäuresystems direkt bei der Probenentnahme bei der entsprechenden Temperatur gemessen werden, ohne dass große Transportwege und wechselnde Probengefäße zwischen Probenentnahme und Messung liegen. Da dies jedoch nicht in jedem Fall gegeben ist, muss die Temperatur beim Zeitpunkt der pH-Messung berücksichtigt werden. In der Regel wird dann die Temperatur bei der Probenentnahme zur Bewertungstemperatur, weil man die Kohlensäure-Verteilung bei der ursprünglichen Temperatur beurteilen will und nicht die Verteilung, die bei der Temperatur der pH-Messung im Wasser vorliegt.

Der pH-Wert ist stark von der Temperatur abhängig und nimmt mit zunehmender Temperatur ab (Abbildung 7.4-1). Daher muss hier eine rechnerische Korrektur erfolgen, wenn der pH-Wert nicht direkt bei der Entnahme gemessen wird.

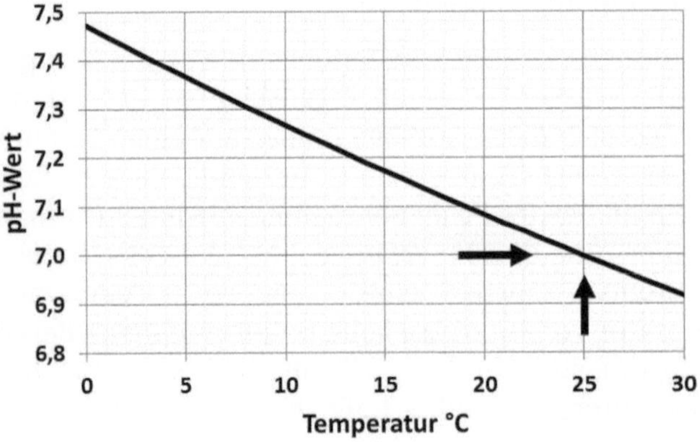

Abbildung 7.4-1: Temperaturabhängigkeit des pH-Wertes (pH=7 bei 25 °C)

Weicht die Temperatur (t_{pH}) bei der Messung des pH-Wertes von der Bewertungstemperatur (t_b) ab, so muss der bei dieser Temperatur gemessene pH-Wert (pH) auf die Bewertungstemperatur (pH_{tb}) umgerechnet werden.

$$pH_{tb} = pH + 0{,}011 \cdot (t_{pH} - t_b) \quad [52] \qquad \text{(Gl. 7.4-1)}$$

Die Temperaturabhängigkeit der Leitfähigkeitsmessung wird analytisch dadurch berücksichtigt, dass die Messwerte stets für 25 °C angegeben werden. Bei der vereinfachten Berechnung der Ionenstärke über die Leitfähigkeit (Kap. 7.5) wird der Messwert für 25 °C verwendet.

Bei der Bestimmung der Säurekapazität ist der Temperatureinfluss gering und kann in der Regel vernachlässigt werden [49]. Verwendet man die Basekapazität als Grundlage für die Berechnungen im Kohlensäuresystem, so ist die Titrationstemperatur zu berücksichtigen und rechnerisch zu kompensieren.

7.5 Berücksichtigung von Ionenstärke und Aktivität

(Ergänzende Grundlagen in Kapitel 11.2)

Die Ionenstärke I eines Wassers ist definiert als die Hälfte der Summe der Produkte der einzelnen Ionenkonzentrationen mit den Quadraten der zugehörigen Ladungszahlen [49]:

$$I = 0{,}5 \cdot \sum_{j=1}^{j}[c(i) \cdot (z(i)^2)] \qquad \text{(Gl. 7.5-1)}$$

c(i) = Konzentration des Ions (i) [mol/L]
z(i) = Ladungszahl
j = Anzahl der Ionen

Die Ionenstärke wird in der Regel mit den Daten aus einer Vollanalyse mit Gl. 7.5-1 berechnet.

Eine näherungsweise Berechnung der Ionenstärke ist mit der gemessenen Leitfähigkeit (κ_{25}, 25°C) möglich [70]:

$$I = \frac{\kappa_{25}}{6200} \ [\text{mol/L}] \quad (\kappa_{25} \text{ in mS/m}) \qquad \text{(Gl. 7.5-2)}$$

Man beachte die angegebene Einheit der Leitfähigkeit. Bei der auch häufig verwendeten Einheit µS/cm verändert sich der Umrechnungs-Faktor auf 62.000.

Auch eine näherungsweise Berechnung aus dem Abdampfrückstand R kann erfolgen [71]. Bedingung: Abdampfrückstand R < 0,5 g/L .

$$I = 2{,}5 \cdot 10^{-2} \cdot R \quad [\text{mol/L}] \qquad \text{(Gl. 7.5-3)}$$

Aktivitätskoeffizient

Der Aktivitätskoeffizient f(i) ist die Verbindung zwischen der Stoffmengenkonzentration c(i) und der Aktivität a(i):

$$a(i) = c(i) \cdot f(i) \qquad \text{(Gl. 7.5-4)}$$

Die Berechnung des Aktivitätskoeffizienten erfolgt in Abhängigkeit von der Ionenstärke I nach DEBEYE-HÜCKEL [49] [66]:

$$\lg(f(i)) = -A \cdot (z(i))^2 \cdot \frac{\sqrt{I}}{1+B \cdot g(i) \cdot \sqrt{I}} \qquad I \text{ in mol/L} \qquad \text{(Gl. 7.5-5)}$$

I = Ionenstärke des Wassers
z(i) =Ladungszahl
g(i) = Ionsizeparameter

Näherungsweise kann man für die Faktoren einsetzen [52]:

$$A = 0{,}5 \qquad B \cdot g(i) = 1{,}4 \qquad \text{(Gl. 7.5-6)}$$

Für genaue Berechnungen muss man die folgenden Zusammenhänge berücksichtigen [66].

$$A = \frac{1{,}823 \cdot 10^6}{(T \cdot DK)^{1{,}5}} \quad \text{(Gl. 7.5-7)}$$

$$B = \frac{50{,}248}{(T \cdot DK)^{0{,}5}} \quad \text{(Gl. 7.5-8)}$$

$$DK = 87{,}74 - 400{,}08 \cdot 10^{-3} \cdot t + 0{,}9398 \cdot 10^{-3} \cdot t^2 - 0{,}00141 \cdot 10^{-3} \cdot t^3 \quad \text{(Gl. 7.5-9)}$$

DK = Dielektrizitätskonstante des Wassers
T = Temperatur in Kelvin
t = Temperatur in °C

Den Wert für die entsprechenden Ionsize-Parameter kann man Tabellen in der Literatur entnehmen [67] [66].

Mit den Faktoren nach Gleichung 7.5-6 ergeben sich die folgenden Betrachtungen und Berechnungen.

$$\lg(f(i)) = -0{,}5 \cdot (z(i))^2 \cdot \frac{\sqrt{I}}{1+1{,}4 \cdot \sqrt{I}} \quad \text{(Gl. 7.5-10)}$$

Für **einwertige** Ionen $\{(z(i))^2 = 1\}$ gilt dann:

einwertige Ionen: $$\lg(f) = -0{,}5 \cdot \frac{\sqrt{I}}{1+1{,}4 \cdot \sqrt{I}} \quad \text{(Gl. 7.5-11)}$$

Für **zwei-** (f_2) und **dreiwertige** (f_3) Ionen $(z(i))^2 = 4$ bzw. 9 wird entsprechend abgeleitet:

zweiwertige Ionen: $$\lg(f_2) = -0{,}5 \cdot (2)^2 \cdot \frac{\sqrt{I}}{1+1{,}4 \cdot \sqrt{I}} \quad \text{(Gl. 7.5-12)}$$

$$\lg(f_2) = 4 \cdot \lg(f) \quad \text{(Gl. 7.5-13)}$$

dreiwertige Ionen: $$\lg(f_3) = -0{,}5 \cdot (3)^2 \cdot \frac{\sqrt{I}}{1+1{,}4 \cdot \sqrt{I}} \quad \text{(Gl. 7.5-14)}$$

$$\lg(f_3) = 9 \cdot \lg(f) \quad \text{(Gl. 7.5-15)}$$

gleichbedeutend mit:

zweiwertige Ionen: $f_2 = f^4$ (Gl. 7.5-16)

dreiwertige Ionen: $f_3 = f^9$ (Gl. 7.5-17)

zB.: $a(HCO_3^-) = c(HCO_3^-) \cdot f$ (Gl. 7.5-18)

$a(CO_3^{2-}) = c(CO_3^{2-}) \cdot f^4$ (Gl. 7.5-19)

Um den Einfluss der Ionenstärke zu verdeutlichen, sind in Tabelle 7.5-1 die Ionenstärken und die Aktivitätskoeffizienten dargestellt. Die Berechnung erfolgte für die Ionenstärke über die elektrische Leitfähigkeit und für die Aktivitätskoeffizienten mit den Faktoren aus Gleichung 7.5-6.

Tabelle 7.5-1: Aktivitätskoeffizienten in Abhängigkeit von der Ionenstärke

Leitfähigkeit mS/m	Ionenstärke I mol/L	f_1	$f_2 = f^4$	$f_3 = f^9$
20	0,0032	0,94	0,78	0,58
40	0,0065	0,92	0,72	0,47
60	0,0097	0,91	0,67	0,41
80	0,0129	0,89	0,64	0,36
100	0,0161	0,88	0,61	0,33

Bei Verbindungen ohne Ladungen ist die Aktivität a(x) gleich der Stoffmengenkonzentration c(x). Der zugehörige Aktivitätskoeffizient ist dann gleich 1.

$$a(x) = c(x) \quad \longrightarrow \quad f(x) = 1 \qquad \text{(Gl. 7.5-20)}$$

Für die Gleichgewichtskonstanten ergibt sich:

$$K = K^* \cdot (f)^{Sz^2} \qquad \text{(Gl. 7.5-21)}$$

bzw:

$$\lg(K) = \lg(K^*) + Sz^2 \cdot \lg(f) \qquad \text{(Gl. 7.5-22)}$$

Sz^2 Summe der Ladungsquadrate der an der Reaktion beteiligten Ionen
K Gleichgewichtskonstante, nur von Temperatur und Druck abhängig {K(T,p)}
K* Gleichgewichtskonstante, abhängig von Temperatur, Druck und Ionenstärke {K(T,p,I)}

<u>Verdeutlichung am Beispiel</u> der zweiten Dissoziationskonstante der Kohlensäure:

$$HCO_3^- \rightleftharpoons CO_3^{2-} + H^+ \qquad \text{(Gl. 7.5-23)}$$

$$\frac{a(CO_3^{2-}) \cdot a(H^+)}{a(HCO_3^-)} = K_2 \qquad \text{(Gl. 7.5-24)}$$

$$\frac{c(CO_3^{2-}) \cdot c(H^+)}{c(HCO_3^-)} = K_2^* \qquad \text{(Gl. 7.5-25)}$$

Die Aktivitäten in Gl. 7.5-24 werden durch die entsprechenden Konzentrationen und Aktivitätskoeffizienten ersetzt.

$$a(H^+) = c(H^+) \cdot f \qquad \text{(Gl. 7.5-26)}$$

$$a(HCO_3^-) = c(HCO_3^-) \cdot f \qquad \text{(Gl. 7.5-27)}$$

$$a(CO_3^{2-}) = c(CO_3^{2-}) \cdot f^4 \qquad \text{(Gl. 7.5-28)}$$

$$\frac{c(CO_3^{2-})\cdot f^4 \cdot c(H^+)\cdot f}{c(HCO_3^-)\cdot f} = K_2 \qquad \frac{c(CO_3^{2-})\cdot c(H^+)}{c(HCO_3^-)} \cdot f^4 = K_2 \qquad \text{(Gl. 7.5-29)}$$

Daraus folgt: $K_2^* \cdot f^4 = K_2$ bzw. $K_2^* = K_2/f^4$ (Gl. 7.5-30)

Achtung !

Für Berechnungen im Kohlensäuresystem werden analytisch die Konzentrationen der Stoffe ermittelt und entsprechend in die Formeln unter Berücksichtigung der Aktivitätskoeffizienten eingesetzt. Da aber mit der pH-Elektrode direkt die **Aktivität** der H^+-Ionen erfasst wird, kann $a(H^+)$ direkt aus dem pH-Wert abgeleitet werden und muss bei der Berechnung des Aktivitätskoeffizienten nicht berücksichtigt werden!

$$a(H^+) = 10^{-pH} \quad [mol/L] \qquad \text{(Gl. 7.5-31)}$$

So dass für diese praktischen Berechnungen gilt:

$$\frac{c(CO_3^{2-})\cdot f^4 \cdot a(H^+)}{c(HCO_3^-)\cdot f} = K_2 \qquad \text{(Gl. 7.5-32)}$$

Daraus folgt: $K_2^* \cdot f^3 = K_2$ (mit $a(H^+)$!) (Gl. 7.5-33)

Für die anderen hauptsächlich verwendeten Konstanten gilt dann entsprechend:

$$K_1^* \cdot f = K_1 \qquad \text{(Gl. 7.5-34)}$$

$$K_C^* \cdot f^8 = K_C \qquad \text{(Gl. 7.5-35)}$$

7.6 Komplexierungsreaktionen

Über die bisher in den allgemeinen Grundlagen dargestellten Gleichgewichtsreaktionen hinaus kommt es in geringen Anteilen zur Bildung von Ionenkomplexen [63] [44]. An diesen für das Kohlensäuresystem relevanten Komplexierungs-Reaktionen sind Calcium- und Magnesium-Ionen sowie Hydroxid-, Hydrogencarbonat-, Carbonat-, Sulfat- und Phosphat-Ionen beteiligt. Natrium-, Kalium-, Chlorid- und Nitrat-Ionen gelten als voll dissoziiert und sind nicht an der Komplexbildung beteiligt.

Tabelle 7.6-1: Für das Kohlensäuresystem relevante Komplexe des Calciums und Magnesiums

Ca-Komplexe	Mg-Komplexe
$CaHCO_3^+$	$MgHCO_3^+$
$CaCO_3^0$	$MgCO_3^0$
$Ca(OH)^+$	$Mg(OH)^+$
$CaH_2PO_4^+$	$MgH_2PO_4^+$
$CaHPO_4$	$MgHPO_4$
$CaPO_4^-$	$MgPO_4^-$
$CaSO_4^0$	$MgSO_4^0$

Die Komplexe liegen entweder als geladene Komplex-Ionen (z.B. $CaHCO_3^+$) oder als neutrale Ionenpaare (z.B. $CaCO_3^0$) im Wasser vor und wirken sich auf die bisher beschriebenen Reaktionsgleichgewichte im Kohlensäuresystem aus. Daher müssen diese Reaktionen bei genauen Berechnungen berücksichtigt werden. Eine Nichtberücksichtigung führt nach einer Abschätzung von HÖLZEL [72] je nach Zusammensetzung des Wassers zu Fehlern zwischen etwa 0,02 und 0,05 pH-Einheiten. Für das grundsätzliche Verständnis des Kohlensäuresystems sind die Komplexierungs-Reaktionen jedoch nicht unbedingt erforderlich.

Über die entsprechenden Massenwirkungsgleichungen ergeben sich die zugehörigen Massenwirkungskonstanten. Die Berechnung der Konstanten in Abhängigkeit von der Temperatur erfolgt nach der der Van't-Hoff-Gleichung (gemäß Kap. 7.1.2). Zahlenwerte für die Konstanten sind im Anhang aufgeführt (Kap. 12.4 und 12.5).

Anmerkung: Die Nummerierung der Konstanten K_3 bis K_{16} in Tabelle 7.6-2 und Tabelle 7.6-3 sind nur auf diese Abhandlung bezogen.

Tabelle 7.6-2: Komplexbildungen des Calciums mit Konstanten gemäß Kap. 7.1.2 [63] [66] [67] [68]

				lg(K_0)	A	B	
$Ca^{2+} + HCO_3^-$	⇌	$CaHCO_3^+$	K_3	1,121	415,3	0	(Gl. 7.6-1)
$Ca^{2+} + CO_3^{2-}$	⇌	$CaCO_3^0$	K_4	3,200	835,8	22,46	(Gl. 7.6-2)
$Ca^{2+} + OH^-$	⇌	$Ca(OH)^+$	K_5	1,340	679,1	2,612	(Gl. 7.6-3)
$Ca^{2+} + H_2PO_4^-$	⇌	$CaH_2PO_4^+$	K_6	1,006	681,7	-39,70	(Gl. 7.6-4)
$Ca^{2+} + HPO_4^{2-}$	⇌	$CaHPO_4$	K_7	2,572	646,2	-26,64	(Gl. 7.6-5)
$Ca^{2+} + PO_4^{3-}$	⇌	$CaPO_4^-$	K_8	6,462	600,7	0	(Gl. 7.6-6)
$Ca^{2+} + SO_4^{2-}$	⇌	$CaSO_4^0$	K_9	2,310	397,0	8,880	(Gl. 7.6-7)

Tabelle 7.6-3: Komplexbildungen des Magnesiums mit Konstanten gemäß Kap. 7.1.2 [63] [66] [67] [68]

				lg(K_0)	A	B	
$Mg^{2+} + HCO_3^-$	⇌	$MgHCO_3^+$	K_{10}	1,068	378,7	0	(Gl. 7.6-8)
$Mg^{2+} + CO_3^{2-}$	⇌	$MgCO_3^0$	K_{11}	2,947	679,1	3,657	(Gl. 7.6-9)
$Mg^{2+} + OH^-$	⇌	$Mg(OH)^+$	K_{12}	2,220	365,7	5,224	(Gl. 7.6-10)
$Mg^{2+} + H_2PO_4^-$	⇌	$MgH_2PO_4^+$	K_{13}	1,521	744,4	-38,66	(Gl. 7.6-11)
$Mg^{2+} + HPO_4^{2-}$	⇌	$MgHPO_4$	K_{14}	2,878	724,5	-26,64	(Gl. 7.6-12)
$Mg^{2+} + PO_4^{3-}$	⇌	$MgPO_4^-$	K_{15}	6,589	679,1	0	(Gl. 7.6-13)
$Mg^{2+} + SO_4^{2-}$	⇌	$MgSO_4^0$	K_{16}	2,263	940,3	0,5224	(Gl. 7.6-14)

Tabelle 7.6-4: Kohlensäureformen bei Berücksichtigung der Komplexbildung

Kohlensäure – Formen mit Komplexen :		
Basis-System	CO_2	gasförmig gelöstes Kohlendioxid
(vereinfachtes System)	HCO_3^-	Hydrogencarbonat-Ion
	CO_3^{2-}	Carbonat-Ion
um Ionenkomplexe erweitertes System	$CaHCO_3^+$	
	$CaCO_3^0$	
	$MgHCO_3^+$	
	$MgCO_3^0$	

Durch die Berücksichtigung der Komplexbildung wird das Basis-System der Kohlensäure (Kap. 4.3) erweitert (Tabelle 7.6-4).

Die Erweiterung des Kohlensäuresystems um die Komplexierungs-Reaktionen führt zu einer erweiterten Stoffmengenbilanz für die Kohlensäuresumme. Unter Berücksichtigung der Ionenkomplexe ist es sinnvoll die Gesamtkonzentrationen c(**ti**) der Species zu betrachten.

Erweiterte Stoffmengenbilanz:

$$\mathbf{c(tC)} = c(CO_2) + c(\mathbf{t}HCO_3^-) + c(\mathbf{t}CO_3^{2-}) \qquad \text{(Gl. 7.6-15)}$$

mit: $$c(tHCO_3^-) = c(HCO_3^-) + c(CaHCO_3^+) + c(MgHCO_3^+) \qquad \text{(Gl. 7.6-16)}$$

$$c(tCO_3^{2-}) = c(CO_3^{2-}) + c(CaCO_3^0) + c(MgCO_3^0) \qquad \text{(Gl. 7.6-17)}$$

Komplexbildungsfaktoren F_{C1} und F_{C2}

Zur Vereinfachung bei Berechnungen und bei der Darstellung von Reaktionsgleichungen werden Komplexbildungsfaktoren F_{C1} und F_{C2} eingeführt.

$$F_{C1} = \frac{c(tHCO_3^-)}{c(HCO_3^-)} = \frac{c(HCO_3^-)+c(CaHCO_3^+)+c(MgHCO_3^+)}{c(HCO_3^-)} \qquad \text{(Gl. 7.6-18)}$$

$$c(tHCO_3^-) = c(HCO_3^-) \cdot F_{C1}$$

$$F_{C2} = \frac{c(tCO_3^{2-})}{c(CO_3^{2-})} = \frac{c(CO_3^{2-})+c(CaCO_3^0)+c(MgCO_3^0)}{c(CO_3^{2-})} \qquad \text{(Gl. 7.6-19)}$$

$$c(tCO_3^{2-}) = c(CO_3^{2-}) \cdot F_{C2}$$

Damit ergibt sich für die Gesamtgleichung der Kohlensäuresumme c(tC):

$$c(tC) = c(CO_2) + c(HCO_3^-) \cdot F_{C1} + c(CO_3^{2}) \cdot F_{C2} \qquad \text{(Gl. 7.6-20)}$$

Berechnung von F_{C1} und F_{C2} in Abhängigkeit der Ca- und Mg-Konzentration

Durch Umformungen ergeben sich für die Komplexbildungsfaktoren F_{C1} und F_{C2} die folgenden Gleichungen zur Berechnung in Abhängigkeit von der Ca- und Mg-Konzentration.

$$F_{C1} = \frac{c(HCO_3^-)+c(CaHCO_3^+)+c(MgHCO_3^+)}{c(HCO_3^-)}$$ (Gl. 7.6-18)

$Ca^{2+} + HCO_3^- \rightleftharpoons CaHCO_3^+$

$$\frac{a(CaHCO_3^+)}{a(Ca^{2+})\cdot a(HCO_3^-)} = K_3 \quad \rightarrow \quad \frac{c(CaHCO_3^+)\cdot f}{c(Ca^{2+})\cdot f^4\cdot c(HCO_3^-)\cdot f} = K_3$$

$$\Rightarrow \quad c(CaHCO_3^+) = c(Ca^{2+}) \cdot c(HCO_3^-) \cdot f^4 \cdot K_3$$

$Mg^{2+} + HCO_3^- \rightleftharpoons MgHCO_3^+$

$$\frac{a(MgHCO_3^+)}{a(Mg^{2+})\cdot a(HCO_3^-)} = K_{10} \quad \rightarrow \quad \frac{c(MgHCO_3^+)\cdot f}{c(Mg^{2+})\cdot f^4\cdot c(HCO_3^-)\cdot f} = K_{10}$$

$$\Rightarrow \quad c(MgHCO_3^+) = c(Mg^{2+}) \cdot c(HCO_3^-) \cdot f^4 \cdot K_{10}$$

$$F_{C1} = \frac{c(HCO_3^-)+c(Ca^{2+})\cdot c(HCO_3^-)\cdot f^4\cdot K_3+c(Mg^{2+})\cdot c(HCO_3^-)\cdot f^4\cdot K_{10}}{c(HCO_3^-)}$$

$$\Rightarrow \quad F_{C1} = 1 + c(Ca^{2+}) \cdot f^4 \cdot K_3 + c(Mg^{2+}) \cdot f^4 \cdot K_{10}$$ (Gl. 7.6-20)

$$F_{C2} = \frac{c(CO_3^{2-})+c(CaCO_3^0)+c(MgCO_3^0)}{c(CO_3^{2-})}$$ (Gl. 7.6-19)

$Ca^{2+} + CO_3^{2-} \rightleftharpoons CaCO_3^0$

$$\frac{a(CaCO_3^0)}{a(Ca^{2+})\cdot a(CO_3^{2-})} = K_4 \quad \rightarrow \quad \frac{c(CaCO_3^0)}{c(Ca^{2+})\cdot f^4\cdot c(CO_3^{2-})\cdot f^4} = K_4$$

$$\Rightarrow \quad c(CaCO_3^0) = c(Ca^{2+}) \cdot c(CO_3^{2-}) \cdot f^8 \cdot K_4$$

$Mg^{2+} + CO_3^{2-} \rightleftharpoons MgCO_3^0$

$$\frac{a(MgCO_3^0)}{a(Mg^{2+})\cdot a(CO_3^{2-})} = K_{11} \quad \rightarrow \quad \frac{c(MgCO_3^0)}{c(Mg^{2+})\cdot f^4\cdot c(CO_3^{2-})\cdot f^4} = K_{11}$$

$$\Rightarrow \quad c(MgCO_3^0) = c(Mg^{2+}) \cdot c(CO_3^{2-}) \cdot f^8 \cdot K_{11}$$

$$F_{C2} = \frac{c(CO_3^{2-})+c(Ca^{2+})\cdot c(CO_3^{2-})\cdot f^8\cdot K_4+c(Mg^{2+})\cdot c(CO_3^{2-})\cdot f^8\cdot K_{11}}{c(CO_3^{2-})}$$

$$\Rightarrow \quad F_{C2} = 1 + c(Ca^{2+}) \cdot f^8 \cdot K_4 + c(Mg^{2+}) \cdot f^8 \cdot K_{11}$$ (Gl. 7.6-21)

Weitere sinnvolle Komplexbildungsfaktoren

Über die Komplexe der Kohlensäureformen hinaus sind auch noch die Komplexe von Ca und Mg mit Hydroxidionen und Sulfat von Bedeutung. Denn dadurch werden die Calcium- und Magnesiumkonzentration in den anderen Reaktionen beeinflusst.

$$c(tCa) = c(Ca^{2+}) + c(CaHCO_3^+) + c(CaCO_3^0) + c(CaOH^+) + c(CaSO_4^0) \quad \text{(Gl. 7.6-22)}$$

$$c(tMg) = c(Mg^{2+}) + c(MgHCO_3^+) + c(MgCO_3^0) + c(MgOH^+) + c(MgSO_4^0) \quad \text{(Gl. 7.6-23)}$$

$$c(tSO_4) = c(SO_4^{2-}) + c(CaSO_4^0) + c(MgSO_4^0) \quad \text{(Gl. 7.6-24)}$$

$$c(tOH) = c(OH^-) + c(CaOH^+) + c(MgOH^+) \quad \text{(Gl. 7.6-25)}$$

$$F_{Ca} = \frac{c(tCa^{2+})}{c(Ca^{2+})} = \frac{c(Ca^{2+}) + c(CaOH^+) + c(CaHCO_3^+) + c(CaCO_3^0) + c(CaSO_4^0)}{c(Ca^{2+})} \quad \text{(Gl. 7.6-26)}$$

$$Ca^{2+} + HCO_3^- \rightleftharpoons CaHCO_3^+ \qquad \frac{c(CaHCO_3^+) \cdot f}{c(Ca^{2+}) \cdot f^4 \cdot c(HCO_3^-) \cdot f} = K_3$$

$$c(CaHCO_3^+) = c(Ca^{2+}) \cdot c(HCO_3^-) \cdot f^4 \cdot K_3$$

$$Ca^{2+} + CO_3^{2-} \rightleftharpoons CaCO_3^0 \qquad \frac{c(CaCO_3^0)}{c(Ca^{2+}) \cdot f^4 \cdot c(CO_3^{2-}) \cdot f^4} = K_4$$

$$c(CaCO_3^0) = c(Ca^{2+}) \cdot c(CO_3^{2-}) \cdot f^8 \cdot K_4$$

$$Ca^{2+} + OH^- \rightleftharpoons Ca(OH)^+ \qquad \frac{c(CaOH^+) \cdot f}{c(Ca^{2+}) \cdot f^4 \cdot \mathbf{a}(OH^-)} = K_5$$

$$c(CaOH^+) = c(Ca^{2+}) \cdot \mathbf{a}(OH^-) \cdot f^3 \cdot K_5$$

$$Ca^{2+} + SO_4^{2-} \rightleftharpoons CaSO_4^0 \qquad \frac{c(CaSO_4^0)}{c(Ca^{2+}) \cdot f^4 \cdot c(SO_4^{2-}) \cdot f^4} = K_9$$

$$c(CaSO_4^0) = c(Ca^{2+}) \cdot c(SO_4^{2-}) \cdot f^8 \cdot K_9$$

$$F_{Ca} = \frac{c(Ca^{2+}) + c(Ca^{2+}) \cdot c(HCO_3^-) \cdot f^4 \cdot K_3 + c(Ca^{2+}) \cdot c(CO_3^{2-}) \cdot f^8 \cdot K_4}{c(Ca^{2+})} + \frac{c(Ca^{2+}) \cdot \mathbf{a}(OH^-) \cdot f^3 \cdot K_5 + c(Ca^{2+}) \cdot c(SO_4^{2-}) \cdot f^8 \cdot K_9}{c(Ca^{2+})}$$

$$F_{Ca} = 1 + c(HCO_3^-) \cdot f^4 \cdot K_3 + c(CO_3^{2-}) \cdot f^8 \cdot K_4 + \mathbf{a}(OH^-) \cdot f^3 \cdot K_5 + c(SO_4^{2-}) \cdot f^8 \cdot K_9 \quad \text{(Gl. 7.6-27)}$$

$$c(tCa) = c(Ca^{2+}) \cdot F_{Ca} \quad \text{(Gl. 7.6-28)}$$

Mit analoger Ableitung folgt:

$$F_{Mg} = \frac{c(tMg^{2+})}{c(Mg^{2+})} = \frac{c(Mg^{2+})+c(MgHCO_3^+)+c(MgCO_3^0)+c(MgOH^+)+c(MgSO_4^0)}{c(Mg^{2+})} \quad \text{(Gl. 7.6-29)}$$

$$F_{Mg} = 1 + c(HCO_3^-) \cdot f^4 \cdot K_{10} + c(CO_3^{2-}) \cdot f^8 \cdot K_{11} + \mathbf{a}(OH^-) \cdot f^3 \cdot K_{12} + c(SO_4^{2-}) \cdot f^8 \cdot K_{16} \quad \text{(Gl. 7.6-30)}$$

$$c(tMg)=c(Mg^{2+}) \cdot F_{Mg} \quad \text{(Gl. 7.6-31)}$$

$$F_{SO4} = \frac{c(tSO_4^{2-})}{c(SO_4^{2-})} = \frac{c(SO_4^{2-})+c(CaSO_4^0)+c(MgSO_4^0)}{c(SO_4^{2-})} \quad \text{(Gl. 7.6-32)}$$

$$F_{SO4} = 1 + c(Ca^{2+}) \cdot f^8 \cdot K_9 + c(Mg^{2+}) \cdot f^8 \cdot K_{16} \quad \text{(Gl. 7.6-33)}$$

$$c(tSO_4)=c(SO_4^{2-}) \cdot F_{SO4} \quad \text{(Gl. 7.6-34)}$$

$$F_{OH} = \frac{c(tOH^-)}{c(OH^-)} = \frac{c(OH^-)+c(CaOH^+)+c(MgOH^+)}{c(OH^-)} \quad \text{(Gl. 7.6-35)}$$

$$F_{OH} = 1 + c(Ca^{2+}) \cdot f^4 \cdot K_5 + c(Mg^{2+}) \cdot f^4 \cdot K_{12} \quad \text{(Gl. 7.6-36)}$$

$$c(tOH)=c(OH^-) \cdot F_{OH} \quad \text{(Gl. 7.6-37)}$$

7.7 Betrachtung des m-Wertes mit Komplexbildung

Auch beim m-Wert muss die Komplexbildung für genaue Berechnungen berücksichtigt werden. Durch Einführung der Gesamtkonzentrationen c(ti) erhält man entsprechend:

$$m=c(tHCO_3^-)+2c(tCO_3^{2-})+c(tOH^-)-c(H^+) \quad \text{(Gl. 7.7-1)}$$

$$c(tHCO_3^-)= c(HCO_3^-)+c(CaHCO_3^+)+c(MgHCO_3^+) \quad \text{(Gl. 7.7-2)}$$

$$c(tCO_3^{2-}) = c(CO_3^{2-})+c(CaCO_3^0)+c(MgCO_3^0) \quad \text{(Gl. 7.7-3)}$$

$$c(tOH^-) = c(OH^-) + c(Ca(OH)^+) + c(Mg(OH)^+) \quad \text{(Gl. 7.7-4)}$$

In Schreibweise mit den Komplexbildungsfaktoren gilt:

$$m = c(HCO_3^-)\cdot F_{C1} +2c(CO_3^{2-})\cdot F_{C2} + c(OH^-)\cdot F_{OH} - c(H^+) \quad \text{(Gl. 7.7-5)}$$

Entsprechend gilt auch:

$$(\text{m-Wert})_{4,3}=c(HCO_3^-)_{4,3}\cdot F_{C1}+2c(CO_3^{2-})_{4,3}\cdot F_{C2}+c(OH^-)_{4,3}\cdot F_{OH}-c(H^+)_{4,3} \quad \text{(Gl. 7.7-6)}$$

$$(\text{p-Wert}) = c(CO_2) + 2\cdot c(CO_3^{2-})\cdot F_{C2} + c(OH^-)\cdot F_{OH} - c(H^+) \quad \text{(Gl. 7.7-7)}$$

$$(\text{p-Wert})_{8,2} = c(CO_2)_{8,2} + 2\cdot c(CO_3^{2-})_{8,2}\cdot F_{C2} + c(OH^-)_{8,2}\cdot F_{OH}-c(H^+)_{8,2} \quad \text{(Gl. 7.7-8)}$$

Für den m-Wert, berechnet über die linke Seite der Ladungsbilanz (Kap. 7.2.3), muss dann ebenfalls die Komplexbildung berücksichtigt werden.

Auch hier macht es Sinn, Gesamtkonzentrationen c(ti) einzuführen, da sich die Gesamtkonzentrationen der Parameter im Wasser durch die Komplexbildung nicht verändern. Bei Na, K, NO_3 und Cl kann man die einfache Stoffmengenkonzentration verwenden, da diese keine bedeutsamen Komplexe bilden.

$$m=2c(tCa)+2c(tMg)+c(Na)+c(K)-2c(tSO_4)-c(NO_3)-c(Cl) \quad \text{(Gl. 7.7-9)}$$

$$m=2c(Ca)\cdot F_{Ca}+2c(Mg)\cdot F_{Mg}+c(Na)+c(K)-2c(SO_4)\cdot F_{SO4}-c(NO_3)-c(Cl) \quad \text{(Gl. 7.7-10)}$$

Bei Vorliegen von Phosphat kommen entsprechende Komplexbildungsfaktoren hinzu:

$$F_{H2PO4} = 1 + c\left(Ca^{2+}\right)\cdot f^4\cdot K_6 + c\left(Mg^{2+}\right)\cdot f^4\cdot K_{13} \quad \text{(Gl. 7.7-11)}$$

$$F_{HPO4} = 1 + c\left(Ca^{2+}\right)\cdot f^8\cdot K_7 + c\left(Mg^{2+}\right)\cdot f^8\cdot K_{14} \quad \text{(Gl. 7.7-12)}$$

$$F_{PO4} = 1 + c\left(Ca^{2+}\right)\cdot f^{12}\cdot K_8 + c\left(Mg^{2+}\right)\cdot f^{12}\cdot K_{15} \quad \text{(Gl. 7.7-13)}$$

$$c(tH_2PO_4) = c(H_2PO_4^-)\cdot F_{H2PO4} \quad \text{(Gl. 7.7-14)}$$

$$c(tHPO_4) = c(HPO_4^{2-})\cdot F_{HPO4} \quad \text{(Gl. 7.7-15)}$$

$$c(tPO_4) = c(PO_4^{3-})\cdot F_{PO4} \quad \text{(Gl. 7.7-16)}$$

7.8 Zusammenfassung der benötigten Analysendaten

Analysenwerte

Vollanalyse - für die Ionenstärke und genaue Berechnungen

t_e Entnahmetemperatur in °C

t_b Bewertungstemperatur in °C

t_{pH} Temperatur bei pH-Messung in °C

pH

$KS_{4,3}$

$KB_{8,2}$ / t_{tit}

2 Parameter notwendig, Kombinationsmöglichkeiten siehe Kap. 4.5.2

oder alternativ:

TIC und pH

Ionenstärke (berechnet aus Vollanalyse)

alternativ:

Leitfähigkeit (25 °C) (zur Berechnung der Ionenstärke)

Im offenen System zusätzlich:

c_G CO_2-Konzentration in der Gasphase

8 Bewertungsgrößen für das Kohlensäuresystem

Um die Abweichung eines Wassers vom Kalk-Kohlensäure-Gleichgewicht zu kennzeichnen, hat man bestimmte Bewertungsgrößen geschaffen (Tabelle 7.8-1).

Tabelle 7.8-1: Bewertungsgrößen für das Kohlensäuresystem

pH-Wert der Calcitsättigung (eingestellt mit Calcit)	pH_C	
pH-Wert der Calcitsättigung (eingestellt mit Kohlendioxid)	pH_A	
pH-Wert der Calcitsättigung (nach STROHECKER und LANGELIER)	pH_L	
Delta-pH-Wert	ΔpH	
Sättigungsindex	SI	
Calcitlösekapazität	D	$D > 0$
Calcitabscheidekapazität	D	$D < 0$

Der pH-Wert der Calcitsättigung (Sättigungs-pH-Wert) stellt sich ein, wenn sich ein Wasser im Kalk-Kohlensäure-Gleichgewicht befindet und damit weder kalklösende noch kalkabscheidende Tendenzen vorliegen. Im Zustand der Calcitsättigung gilt:

$$pH = pH_A = pH_L = pH_C \quad \text{(Gl. 8-1)}$$

sowie

$$SI = 0 \quad ; \quad D = 0 \quad ; \quad \Delta pH = 0 \quad \text{(Gl. 8-2)}$$

Bei der Wasseraufbereitung ergeben sich bei der Entsäuerung eines Wassers je nach verwendetem Entsäuerungsmittel unterschiedliche pH-Werte, bei denen die Calcitsättigung erreicht wird (siehe auch Kap. 9.1.7). Daher werden je nach Verfahren verschiedene Sättigungs-pH-Werte unterschieden.

8.1 Sättigungs-pH-Wert nach Einstellung mit Calcit (pH_C)

Der pH-Wert der Calcitsättigung pH_C eines Wassers ist nur für den Fall definiert, dass die Sättigung mit Calcit eingestellt wurde. pH_C kann durch praktische Versuche ermittelt (Kap. 8.4.1) oder über ein Berechnungsprogramm unter Verwendung iterativer Berechnungsschritte berechnet werden. Eine Aussage zur Calcitsättigung ergibt sich durch Vergleich des pH-Wertes mit dem pH_C :

$pH < pH_C$: Das Wasser ist calcitlösend

$pH = pH_C$: Das Wasser ist im Zustand der Calcitsättigung

$pH > pH_C$: Das Wasser ist calcitabscheidend

Um das Ausmaß der Abweichung des pH-Wertes vom pH_C zu erfassen und als Wert angeben zu können, ist es sinnvoll, die pH-Wert-Differenz als Delta-pH-Wert (ΔpH) zu definieren (siehe Kap. 8.4)

8.2 Sättigungs-pH-Wert nach Austausch von Kohlendioxid (pH_A)

Der Sättigungs-pH-Wert eines Wassers, der sich nach Austausch von Kohlenstoffdioxid (Gasaustauschverfahren) im Wasser einstellt, wird als pH_A bezeichnet.

Der m-Wert bleibt bei diesem Verfahren unverändert. (Kap. 7.2.3.1)

Auch der Calciumgehalt des Wassers ändert sich durch Austausch von CO_2 nicht, solange es nicht zur Fällung von Kalk kommt. Daher können m-Wert und Calciumgehalt als Bestimmungsgrößen von pH_A verwendet werden.

pH_A kann über ein iteratives Berechnungsprogramm berechnet werden. Der Vergleich von pH_A mit dem pH-Wert des Wassers ergibt eine Aussage zur Calcitsättigung:

$pH < pH_A$:	Das Wasser ist calcitlösend
$pH = pH_A$:	Das Wasser ist im Zustand der Calcitsättigung
$pH > pH_A$:	Das Wasser ist calcitabscheidend

8.3 Sättigungs-pH-Wert nach STROHECKER und LANGELIER (pH_L)

Der Sättigungs-pH-Wert eines Wassers, der sich ohne Änderung seiner Calcium- und Hydrogencarbonat-Konzentration **rechnerisch** ergäbe, wird als pH_L bezeichnet. Dieser Wert wurde eher historisch verwendet.

Formt man die Gleichung für die 2. Gleichgewichtskonstante der Kohlensäure um, so lässt sich bei bekannten Aktivitäten an HCO_3^- und CO_3^{2-} über die Konstante K_2 die zugehörige H^+-Aktivität und damit der pH-Wert eines solchen Wassers errechnen:

$$\frac{a(CO_3^{2-}) \cdot a(H^+)}{a(HCO_3^-)} = K_2 \quad \rightarrow \quad a(H^+) = \frac{a(HCO_3^-)}{a(CO_3^{2-})} \cdot K_2 \qquad \text{(Gl. 8.3-1)}$$

Die Aktivität der Carbonat-Ionen im Zustand der Calcitsättigung lässt sich durch eine Umstellung der Definitionsgleichung für das Löslichkeitsprodukt berechnen.

$$K_C = a(Ca^{2+}) \cdot a(CO_3^{2-}) \qquad \text{(Gl. 8.3-2)}$$

$$a(CO_3^{2-}) = \frac{K_C}{a(Ca^{2+})} \qquad \text{(Gl. 8.3-3)}$$

Setzt man diese Gleichung in (Gl. 8.3-1) ein, so berechnet man die H^+-Aktivität für die Konzentration der Carbonat-Ionen im Zustand der Sättigung.

(Gl. 8.3-3) in (Gl. 8.3-1):

$$a(H^+) = \frac{K_2}{K_C} \cdot a(HCO_3^-) \cdot a(Ca^{2+}) \qquad \text{(Gl. 8.3-4)}$$

Die Berechnung basiert auf der tatsächlichen Menge an Hydrogencarbonat-Ionen des Ausgangs-Wassers und die für die Sättigung berechnete Carbonat-Ionen-Konzentration. Man berücksichtigt dabei nicht, dass sich die Menge der Hydrogencarbonat-Ionen durch die pH-Verschiebung bis zur Erreichung der Sättigung verändern und dann einen anderen Wert aufweisen würde!

Umformung von (Gl. 8.3-4):

$$-\lg(a(H^+)) = -\lg(K_2) + \lg(K_C) - \lg(a(HCO_3^-)) - \lg(a(Ca^{2+})) \qquad \text{(Gl. 8.3-5)}$$

Unter Berücksichtigung der Definition des pH-Wertes ($pH = -\lg(a(H^+))$ ergibt sich die Gleichung nach STROHECKER und LANGELIER ($pH = pH_L$).

$$pH_L = -\lg(K_2) + \lg(K_C) - \lg(a(HCO_3^-)) - \lg(a(Ca^{2+})) \qquad \text{(Gl. 8.3-6)}$$

Verwendet man bei Berechnungen die Konzentrationen der Verbindungen, dann müssen die Aktivitätskoeffizienten berücksichtigt werden. In der Summe ergibt sich für diese Gleichung ein Aktivitätskoeffizient von f^5, wobei der negative dekadische Logarithmus als ($-5\cdot\lg(f)$) eingesetzt wird.

$$pH_L = \lg(K_C/K_2) - \lg(c(HCO_3^-)) - \lg(c(Ca^{2+})) - 5\cdot\lg(f) \qquad \text{(Gl. 8.3-7)}$$

Der Vergleich von pH_L mit dem pH-Wert des Wassers ergibt eine Aussage zur Calcitsättigung:

$pH < pH_L$:	Das Wasser ist calcitlösend
$pH = pH_L$:	Das Wasser ist im Zustand der Calcitsättigung
$pH > pH_L$:	Das Wasser ist calcitabscheidend

Bei einem pH-Wert des Wassers unter 9 hat pH_L annähernd den Wert von pH_A [52].

8.4 Delta-pH-Wert (ΔpH)

Der Delta-pH-Wert wird definiert als die pH-Differenz zwischen dem pH-Wert (pH) eines Wassers und dem pH-Wert nach Einstellung der Calcitsättigung mit Calcit (pH_C).

$$\Delta pH = pH - pH_C \qquad \text{(Gl. 8.4-1)}$$

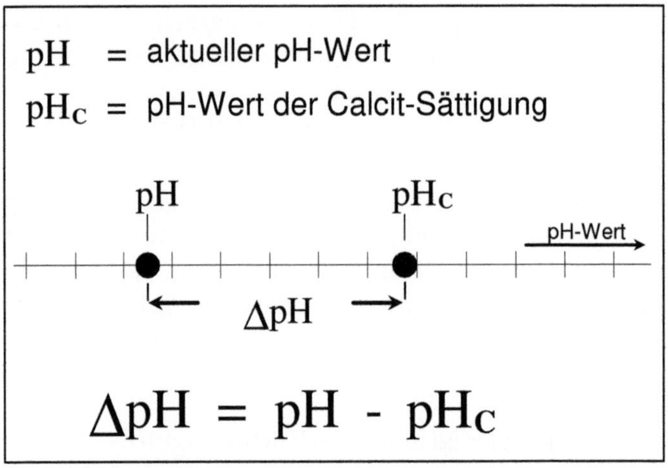

Abbildung 8.4-1: Definition des ΔpH-Wertes

Ist der tatsächliche pH-Wert kleiner als Sättigungs-pH-Wert

$$pH < pH_C$$

dann kann sich in diesem Wasser noch Kalk lösen, der ΔpH-Wert wird negativ !

Ist $pH > pH_C$

so liegt eine kalkübersättigte Lösung vor, das Wasser ist kalkabscheidend, der ΔpH-Wert wird positiv !

Ist $pH = pH_C$

so wird weder Kalk gelöst noch abgeschieden, es herrscht das Kalk-Kohlensäure-Gleichgewicht.

Tabelle 8.4-1: Übersicht über mögliche ΔpH-Werte

Übersicht ΔpH-Werte		
$pH < pH_C$	ΔpH = (-)	kalklösend
$pH > pH_C$	ΔpH = (+)	kalkabscheidend
$pH = pH_C$	ΔpH = 0	Kalk-Kohlensäure-Gleichgewicht

In Analogie zur Calcitlösekapazität (s.u.) wurde auch eine pH-Differenz zum pH_C als ΔDpH_C definiert [51]:

$$\Delta DpH_C = pH_n - pH_v \qquad \text{(Gl. 8.4-2)}$$

v = vor Calcitsättigung
n = nach Calcitsättigung

Im Vergleich zur obigen Definition des ΔpH-Wertes kommt es zu einer Umkehr des Vorzeichens, das aber mit der Calcitlösekapazität übereinstimmt (Tabelle 8.4-2).

Tabelle 8.4-2: Größen zur Beschreibung des Maßes der Calcitsättigung

Größen zur Beschreibung des Maßes der Calcitsättigung					
	ΔpH	SI	DpH_C	D	
$pH < pH_C$	(-)	(-)	(+)	(+)	kalklösend
$pH > pH_C$	(+)	(+)	(-)	(-)	kalkabscheidend
$pH = pH_C$	= 0	= 0	= 0	= 0	Calcitsättigung

Die Vorzeichen-Analogie des ΔpH-Wertes zum Sättigungsindex ist sinnvoll, weswegen auf den Gebrauch des DpH_C verzichtet werden sollte um Verwirrungen zu vermeiden.

Nach der deutschen Trinkwasser-Verordnung (TVO) von 1990 durfte der pH-Wert eines Trinkwassers nicht unter dem pH-Wert der Calcitsättigung liegen, wobei Schwankungen bis zu 0,2 pH-Einheiten unberücksichtigt bleiben sollten [73]. Für den ΔpH-Wert bedeutete dies:

Grenzwert nach TVO 1990: $\Delta pH \geq -0{,}2$

Dieser Grenzwert ist jedoch nicht mehr aktuell.

Der ΔpH-Wert kann entweder direkt gemessen werden oder bei Kenntnis der Kohlensäureparameter über Rechenprogramm ermittelt werden.

8.4.1 Messung des ΔpH-Wertes

Die analytische Erfassung des ΔpH-Wertes beruht auf dem Prinzip, dass sich beim Kontakt von Wasser mit Calcit der pH-Wert, der Gehalt an Calcium, der gesamte anorganische Kohlenstoff (TIC) und die Säurekapazität verändern.

Ist das Wasser kalklösend, so steigen die Werte dieser Parameter durch Lösung von Calcit an. Ist es kalkabscheidend, so fallen die Werte durch Abscheidung von Calcit.

Dieser Vorgang kann durch das Vorhandensein von Kristallisationsinhibitoren wie z.B. Huminstoffe oder auch Polyphosphate beeinflusst werden. Der Vergleich von gemessenen Werten und berechneten Werten für pH_C kann Hinweise auf solche Substanzen geben.

In DIN 38404-10 (Ausgabe 1995) [52] wurde vermerkt, dass dieses Verfahren nicht dafür geeignet sei, den pH_C zu bestimmen. Zur Bestimmung von pH_C solle ein Rechenverfahren verwendet werden.

Messapparatur zur Vorort-Messung

Die entscheidende Voraussetzung für eine Apparatur zur Vorort-Messung des ΔpH-Wertes ist, dass die Wassertemperatur über die Messzeit konstant gehalten und unter Luftabschluss gemessen werden muss. (Versuchsaufbau analog zu [74])

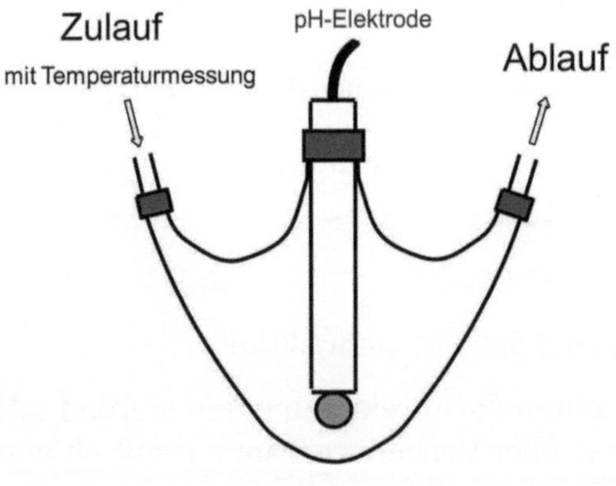

Abbildung 8.4-2: Messapparatur zur Vorort-Messung des ΔpH-Wertes

In einen Dreihalskolben mit Zulauf und Ablauf (Abbildung 8.4-2) wird eine pH-Elektrode so eingesetzt, dass sich die Elektrodenspitze knapp über dem Boden des Kolbens befindet. Im Zulauf erfolgt die Temperaturmessung des Wassers mit dem Temperaturfühler des pH-Gerätes. Der Ablauf wird in das Wasserbad geleitet, in das der Kolben eingetaucht ist, so dass sich die Temperatur des Wassers im Kolben während der Versuchszeit nicht verändert.

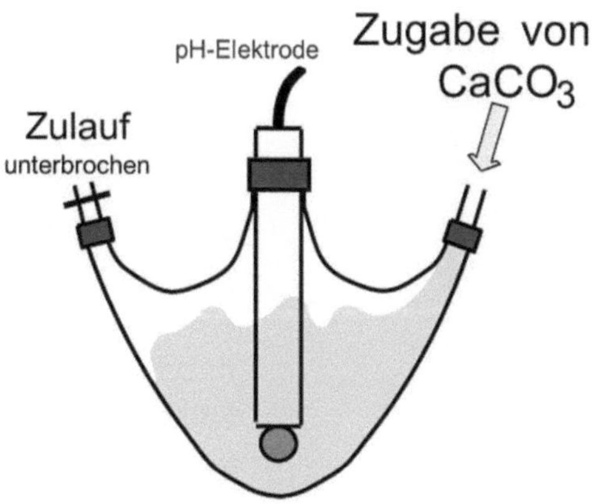

Abbildung 8.4-3: Durchführung der ΔpH-Messung

Das Probenwasser wird so lange durch den Kolben geleitet, bis Temperatur und pH-Wert konstant bleiben. Dann wird der Wasserzulauf geschlossen. (Der pH-Wert kann durch Wegfall der Strömung erfahrungsgemäß um bis zu 0,02 Einheiten ansteigen.)

Der pH-Wert wird abgelesen.

Direkt anschließend wird durch die Auslauföffnung feinkristallines $CaCO_3$-Pulver hinzugegeben (Abbildung 8.4-3) (bewährt hat sich hier ein Wägeschiffchen aus Glas mit langem Hals), bis die pH-Elektrode von einer $CaCO_3$-Pulver-Wolke umgeben ist.

Verändert sich daraufhin der pH-Wert, so war das Wasser nicht im Kalk-Kohlensäure-Gleichgewicht.

Steigt er, so war das Wasser kalklösend, fällt er, so war es kalkabscheidend. Nach 2 Minuten wird der pH-Wert der Calcitsättigung abgelesen und der ΔpH-Wert berechnet.

Kontinuierliche Messung des ΔpH-Wertes

Zur Kontrolle von Wasseraufbereitungsverfahren ist es sinnvoll, den ΔpH-Wert kontinuierlich zu messen. Hierzu werden Durchflussmessgeräte verwendet.

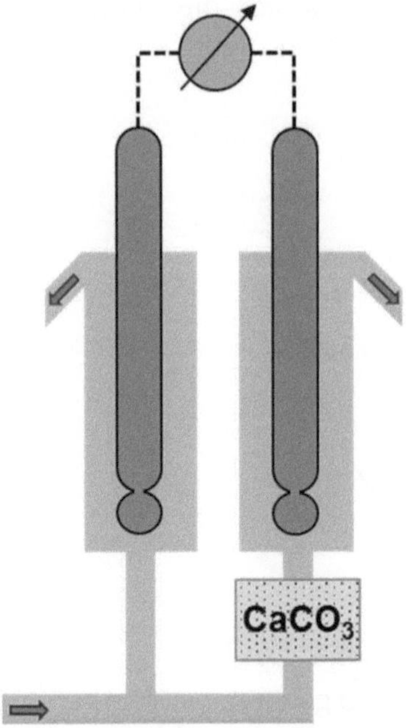

In diesen Geräten sind zwei pH-Elektroden vorhanden. Die eine wird von unbehandeltem Wasser umströmt und misst den Ausgangs-pH-Wert. Die andere Elektrode misst den pH-Wert in dem Wasser, das eine mit $CaCO_3$ gefüllte Patrone durchflossen hat und daher kalkgesättigt ist. Die Differenz der beiden Messwerte ergibt den ΔpH-Wert. Dieser Wert wird direkt angezeigt.

Abbildung 8.4-4: Schema der kontinuierlichen Messung des ΔpH-Wertes

Bestimmung der Calcitsättigung durch Marmorlöseversuch

Die DIN 38404-10 (Ausgabe 1995) [52] sah einen Marmorlöseversuch zur Bestimmung der Calcitsättigung vor.

Zur Bestimmung der Calcitsättigung durch Marmorlöseversuch werden die Änderung des pH-Wertes und der Säurekapazität 4,3 durch die Sättigung des Wassers mit Calcit bestimmt.

Es werden zwei Flaschen (250 ml) mit dem Probenwasser gefüllt. Um den Kontakt des Probenwassers mit der Umgebungsluft auszuschließen ist dabei zu beachten, dass der Füllschlauch bis auf den Boden der Flasche reicht und dass das Probenwasser etwa eine Minute überläuft und die Flasche Luftblasenfrei geschlossen wird.

Um die Temperatur konstant zu halten werden beide Flaschen in ein Wasserbad gestellt. Soll die Bestimmung vor Ort durchgeführt werden, so wird das Wasserbad durch Wasser aus dem Probenahmehahn durchflossen. Soll die Messung erst im Labor erfolgen, dann werden die Flaschen in einer Kühltasche transportiert und das Wasserbad über einen Thermostaten gekühlt und die Temperatur auf ±1 K konstant gehalten.

In die erste Flasche werden ein Magnetrührstab und 2 bis 3 g Calcitpulver gegeben. Die Rührzeit beträgt zwei Stunden. Nach einer weiteren Wartezeit von 5 Minuten werden pH, Temperatur und $K_{S4,3}$ in beiden Flaschen bestimmt.

Der in der Flasche mit Calcitpulver gemessene pH-Wert ist der pH_C-Wert, bestimmt durch Marmorlöseversuch.

Zusätzlich sollte der pH_C-Wert rechnerisch ermittelt werden. Liegt der rechnerisch ermittelte pH_C-Wert über dem durch Marmorlöseversuch ermittelten, so ist dies ein Hinweis auf die Gegenwart von Kristallisationsinhibitoren.

Über den Marmorlöseversuch kann die Calcitlösekapazität des Wassers ermittelt werden (siehe Kap. 8.6).

8.5 Sättigungsindex SI

Der Sättigungsindex SI ist eine reine Rechengröße und ist nicht durch direkte Analytik ermittelbar. Er dient zur Beurteilung des Verhaltens von Wasser gegenüber Kalk.

Der ΔpH-Wert, der ebenfalls zur Beurteilung des Verhaltens von Wasser gegenüber Kalk dient, ist im Gegensatz hierzu ein Messwert, der die Abweichung des tatsächlichen pH-Wertes vom pH-Wert der Calcitsättigung (Kalk-Kohlensäure-Gleichgewicht) angibt. Der Betrag des Sättigungsindexes ist stets größer als der des ΔpH-Wertes. Die Vorzeichen entsprechen sich (Lösung von Kalk: (-) ; Abscheidung von Kalk: (+))!

Der Sättigungsindex gibt die Abweichung des Produktes der tatsächlich vorhandenen Aktivitäten von Ca^{2+} und CO_3^{2-} vom theoretischen Wert des Löslichkeitsprodukts $K_C(CaCO_3)$ wieder.

Definition:

$$SI = \lg \frac{a(Ca^{2+}) \cdot a(CO_3^{2-})}{K_C} \qquad \text{(Gl. 8.5-1)}$$

$$K_C = a(Ca^{2+}) \cdot a(CO_3^{2-}) \quad \text{(an der Löslichkeitsgrenze!)} \qquad \text{(Gl. 8.5-2)}$$

Ist das Produkt der Aktivitäten

$a(Ca^{2+}) \cdot a(CO_3^{2-}) > K_C$ Löslichkeit von Calcit überschritten, SI ist positiv (**+**)
➔ **das Wasser ist kalkabscheidend !**

$a(Ca^{2+}) \cdot a(CO_3^{2-}) < K_C$ $CaCO_3$ kann sich noch lösen, SI ist negativ (-)
➔ **das Wasser ist kalklösend !**

$a(Ca^{2+}) \cdot a(CO_3^{2-}) = K_C$ dann ist SI = **0**
➔ **das Wasser ist im Gleichgewicht!**

Die Konzentration des Carbonats kann analytisch nicht hinreichend genau ermittelt werden und muss über die Konzentration des Hydrogencarbonats berechnet werden. Die Definitionsgleichung muss daher für die Berechnung entsprechend umgestellt werden.

Die Berechnung der CO_3^{2-}-Aktivität erfolgt über die zweite Massenwirkungsgleichung.

$$\frac{a(CO_3^{2-}) \cdot a(H^+)}{a(HCO_3^-)} = K_2 \qquad \text{(Gl. 8.5-3)}$$

$$\Rightarrow \quad a(CO_3^{2-}) = \frac{a(HCO_3^-) \cdot K_2}{a(H^+)} \qquad \text{(Gl. 8.5-4)}$$

(Gl. 8.5-4) in (Gl. 8.5-1):

$$SI = \lg\left(\frac{a(Ca^{2+}) \cdot a(HCO_3^-) \cdot K_2}{K_C \cdot a(H^+)}\right) \qquad \text{(Gl. 8.5-5)}$$

Da bei der Analyse die Stoffmengenkonzentrationen ermittelt werden, muss die Ionenstärke berücksichtigt werden:

$$SI = \lg\left(\frac{c(Ca^{2+}) \cdot f^4 \cdot c(HCO_3^-) \cdot f \cdot K_2}{K_C \cdot a(H^+)}\right) \qquad \text{(Gl. 8.5-6)}$$

Es folgt

$$SI = \lg\left(\frac{c(Ca^{2+}) \cdot c(HCO_3^-) \cdot K_2}{K_C \cdot a(H^+)} \cdot f^5\right) \qquad \text{(Gl. 8.5-7)}$$

Anmerkung: Da mit der pH-Elektrode direkt die Aktivität der H^+-Ionen erfasst wird, kann $a(H^+)$ direkt aus dem pH-Wert abgeleitet werden und muss bei der Berechnung des Aktivitätskoeffizienten nicht berücksichtigt werden!

Der Sättigungsindex kann auch mit dem pH-Wert nach STROHECKER und LANGELIER pH_L (siehe Kap. 8.3) berechnet werden:

$$SI = pH - pH_L \qquad \text{(Gl. 8.5-8)}$$

Ableitung der formelmäßigen Zusammenhänge:

Umformung von Gleichung 8.5-6:

$$SI = -\lg(a(H^+) + \lg\{c(Ca^{2+})\cdot c(HCO_3^-)\cdot(K_2/K_C)\cdot f^5\} \qquad \text{(Gl. 8.5-9)}$$

mit $pH=-\lg(a(H^+)$:

$$\rightarrow SI=pH+\lg\{c(Ca^{2+})\cdot c(HCO_3^-)\cdot(K_2/K_C)\cdot f^5\} \qquad \text{(Gl. 8.5-10)}$$

Definitionsgleichung für pH_L:

(Gl. 8.3-7) $$pH_L=-\lg(K_2)+\lg(K_C)-\lg(c(Ca^{2+}))-\lg(c(HCO_3^-))-5\cdot\lg(f) \qquad \text{(Gl. 8.5-11)}$$

umgeformt: $$-pH_L = \lg\{c(Ca^{2+})\cdot c(HCO_3^-)\cdot(K_2/K_C)\, f^5\} \qquad \text{(Gl. 8.5-12)}$$

(Gl. 8.5-12) in (Gl. 8.5-10): $$\rightarrow \quad SI = pH - pH_L \qquad \text{(Gl. 8.5-13)}$$

8.6 Calcitlösekapazität und Calcitabscheidekapazität

Als **Calcitlösekapazität D** bezeichnet man die Stoffmenge bzw. Masse Calcit, die ein calcitlösendes Wasser je Liter zu lösen vermag. Die Calcitlösekapazität kann mit Rechenprogramm berechnet oder mit dem Marmorlöseversuch praktisch bestimmt werden (siehe Kap. 8.4.1).

Ihrem eigentlichen Sinn nach ist die Calcitlösekapazität definiert durch die Differenz des Calciumgehaltes eines calcitlösenden Wassers vor und nach der Zugabe von Calcit.

$$D = c(Ca)_n - c(Ca)_v \qquad \text{(Gl. 8.6-1)}$$

$(\,)_v$ = vor Zugabe von Calcit
$(\,)_n$ = nach Reaktion mit Calcit

Man kann aber ebenso definieren:

$$D = \tfrac{1}{2}\,(K_{S4,3})_n - \tfrac{1}{2}\,(K_{S4,3})_v \qquad \text{(Gl. 8.6-2)}$$

Setzt man die Säurekapazität mit dem m-Wert gleich und betrachtet die Definition des m-Wertes (Kap. 7.2.3.1) über die Ladungsbilanz, so wird deutlich, dass die Hälfte der Änderung der Säurekapazität (des m-Wertes) der Änderung der Ca-Ionenkonzentration entspricht.

Für die Definition der Calcitlösekapazität über die Säurekapazitäten gilt die gleiche Voraussetzung wie für die Bestimmung von Säure- und Basekapazität: Andere schwache Säuren und Basen außer den Kohlensäureformen dürfen allenfalls in geringen Konzentrationen vorhanden sein !

Ist in Gleichung 8.6-1 $c(Ca)n < c(Ca)v$, dann hat sich die Konzentration an Calcit im Wasser durch Fällung (Kalkabscheidung) vermindert. Das Ergebnis der Differenz wird negativ ($D < 0$). Man spricht dann von der Calcitabscheidekapazität.

Als **Calcitabscheidekapazität D** bezeichnet man die Stoffmenge bzw. Masse Calcit, die ein calcitabscheidendes Wasser je Liter abscheiden kann.

Tabelle 8.6-1: Calcitlösekapazität und Calcitabscheidekapazität D

Calcitlösekapazität	$D > 0$
Calcitabscheidekapazität	$D < 0$

In der deutschen Trinkwasserverordnung (TVO) vom Mai 2001 [75] wurde die Calcitlösekapazität als Grenzwert eingeführt und ersetzte den vorher geltenden Grenzwert für den ΔpH-Wert.

Grenzwert nach TVO : $D \leq 5$ mg/L

Bei einem $pH \geq 7{,}7$ muss dieser Grenzwert gemäß Trinkwasserverordnung nicht mehr berücksichtigt werden.

9 Wasseraufbereitung

9.1 Entsäuerung bei der Trinkwasseraufbereitung

9.1.1 Gesetzliche Vorschriften

Ursprünglich wurde eine Entsäuerung allgemein aus Gründen des Korrosionsschutzes durchgeführt, ohne dass hierzu eine gesetzliche Vorschrift Anlass gab. Seit 1986 ist die Entsäuerung nach der deutschen Trinkwasser-Verordnung in bestimmten Fällen jedoch vorgeschrieben. Der Hintergrund für die Einführung eines Grenzwertes in die Trinkwasserverordnung war die Befürchtung, dass sich bei einem stark kalklösenden Wasser bei Faserzementwerkstoffen Fasern lösen und ins Trinkwasser gelangen könnten.

Dieses ursprünglich rein technische Problem bekam auch gesundheitliche Relevanz durch Berichte, dass Asbestfasern, die durch kalklösende Wässer aus Faserzement-Rohren ausgewaschen werden können, bei oraler Aufnahme auch im Magen-Darm-Trakt Krebs auslösen können. Diese Aussage wird in der Fachwelt nach wie vor diskutiert [76] [77].

Aus Vorsorgegründen wurde jedoch 1986 ein Grenzwert neu in die deutsche Trinkwasserverordnung [78] aufgenommen. Danach durfte der pH-Wert des abgegebenen Wassers bei metallischen oder zementhaltigen Werkstoffen im pH-Bereich 6,5 - 8,0 , und bei Faserzementwerkstoffen im pH-Bereich 6,5 - 9,5 nicht unter dem pH-Wert der Calciumcarbonat-Sättigung liegen. In einer Anmerkung wurde bemerkt, dass Schwankungen des pH-Wertes des Wassers unter den pH-Wert der Calciumcarbonat-Sättigung bis zu 0,2 pH-Einheiten unberücksichtigt blieben.

Zur Darstellung der Einhaltung des Grenzwertes wurde die Differenz von pH_C und pH als ΔpH-Wert (siehe 8.4) verwendet, der danach größer oder gleich -0,2 sein musste.

$$\Delta pH = pH - pH_C \geq -0{,}2 \qquad \text{(Gl. 9.1-1)}$$

Dieser Grenzwert wurde bei späteren Revisionen der deutschen Trinkwasserverordnung geändert.

Der aktuell gültige Grenzwert (2022) der deutschen Trinkwasserverordnung lautet, dass die berechnete Calcitlösekapazität am Ausgang des Wasserwerks 5 mg/L $CaCO_3$ nicht überschreiten darf. Diese Forderung gilt als erfüllt, wenn der pH-Wert am Wasserwerksausgang ≥ 7,7 ist. [75]

Tabelle 9.1-1: Relevante Grenzwerte nach Anlage 3 der TVO 2001 [75]

Wasserstoffionen-Konzentration	pH-Einheiten	≥ 6,5 und ≤ 9,5
Calcitlösekapazität D	mg/L $CaCO_3$	5

Sollte der pH-Wert am Wasserwerksausgang also ≥ 7,7 sein, so gilt der Grenzwert als eingehalten. Das bedeutet, eine Bestimmung der Calcitlösekapazität ist dann nicht erforderlich.

Bei Mischung von Trinkwässern im Verteilungsnetz darf die Calcitlösekapazität maximal 10 mg/L betragen.

Kann der Grenzwert nicht eingehalten werden, so muss das Wasser entsäuert werden. Bei der Beurteilung, ob ein Trinkwasser entsäuert werden muss, kann ein Entscheidungsschema helfen (Abbildung 9.1-1).

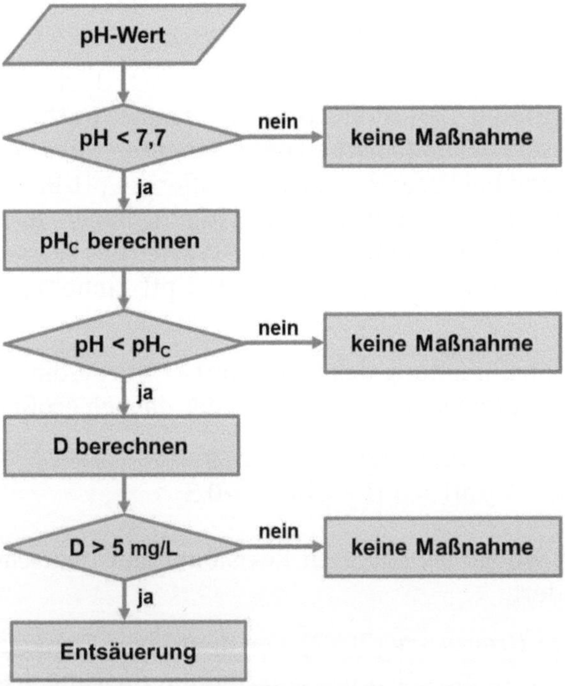

Abbildung 9.1-1: Entscheidungsschema Entsäuerung

9.1.2 Grundlagen der Entsäuerung

Wässer, die entsäuert werden müssen, sind **kalklösend** und haben einen in Bezug auf das Kalk-Kohlensäure-Gleichgewicht **zu niedrigen pH-Wert**.

$$pH < pH_C$$

Entsäuerungsverfahren führen ihrem Sinn nach also immer zu einer Erhöhung des pH-Wertes des Wassers.

Definition der Entsäuerung:

Erhöhung des pH-Wertes zur Erreichung der Calcit-Sättigung

Vom verfahrenstechnischen Prinzip her gibt es zwei grundsätzliche Möglichkeiten, ein Wasser zu entsäuern (Tabelle 9.1-2).

Tabelle 9.1-2: Übersicht über die Verfahrenstechnik der Entsäuerung

Verfahrenstechnisches Prinzip	Verfahren
Physikalische Entsäuerung	- Gasaustauschverfahren
Chemische Entsäuerung	- Dosierverfahren (Chemikaliendosierung) - Filterverfahren (Entsäuerungsfilter)

Dabei sind die in Tabelle 9.1-3 angeführten Mittel in Deutschland für die Entsäuerung von Trinkwasser zugelassen [79].

Tabelle 9.1-3: Übersicht über zugelassene Entsäuerungsmittel

Gasaustausch	Kohlenstoffdioxid (Austrag)	$- CO_2$
Dosierverfahren	Natronlauge	$NaOH$
	Natriumcarbonat = Soda	Na_2CO_3
	Kalkhydrat	$Ca(OH)_2$
Filterverfahren	Kalkstein (Marmor)	$CaCO_3$
	halbgebrannter Dolomit	$MgO / CaCO_3$

9.1.3 Physikalische Entsäuerung

Das Ziel der physikalischen Entsäuerung ist die pH-Erhöhung durch Entzug von Kohlensäure (-CO_2) durch Gasaustausch mit Luft.

Da der Gasaustausch offen gegen die Atmosphäre durchgeführt wird, ist das Wasser nach der Aufbereitung immer drucklos und muss danach durch Pumpen weiter gefördert werden.

Verfahrenstechnisches Prinzip des Gasaustausches

Alle Gasaustauschvorgänge streben einer Sättigungskonzentration zu, die durch das HENRY-DALTON'sche Gesetz beschrieben wird (siehe Kapitel 4.1).

Der BUNSEN'sche Absorptionskoeffizient α (siehe Kapitel 4.1) beschreibt direkt das Verhältnis zwischen der CO_2-Konzentration im Wasser zur Konzentration in der Luft.

$$\frac{c_W}{c_G} = \text{konstant} = \alpha \qquad \text{(Gl. 9.1-2)}$$

c_W : Stoffmengenkonzentration im Wasser
c_G : Stoffmengenkonzentration im Gas

Der BUNSEN'sche Absorptionskoeffizient für CO_2 für 10 °C ($\alpha(CO_2) = 1{,}205$) zeigt, dass CO_2 sehr gut in Wasser löslich ist. Zum Vergleich ist Sauerstoff mit einem Koeffizienten von $\alpha(O_2) = 0{,}038$ schlecht löslich.

Durch die gute Löslichkeit von CO_2 in Wasser lässt sich dieses aber auch relativ schwer aus dem Wasser wieder entfernen. Dies kann man mit Hilfe eines Flaschenversuchs für den Gasaustrag von CO_2 im Austausch mit der Atmosphäre verdeutlichen.

Flaschenversuch

Eine Flasche wird halb mit Wasser gefüllt, in der anderen Hälfte ist Umgebungsluft. Die CO_2-Konzentration im Wasser wird mit 40 mg/L angenommen. Die verschlossene Flasche wird bis zur Gleichgewichtseinstellung geschüttelt (Abbildung 9.1-2).

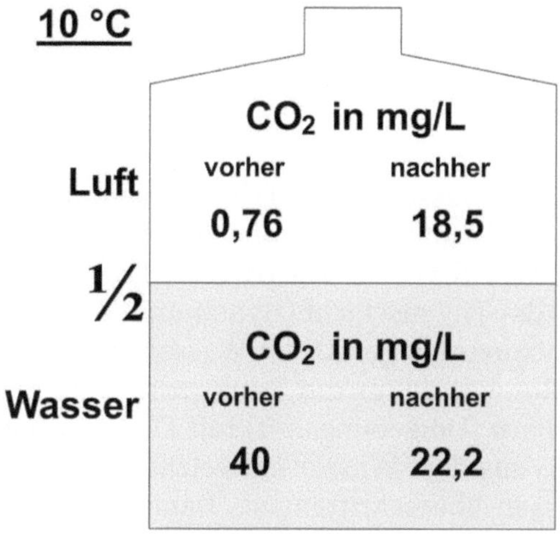

Abbildung 9.1-2: Flaschenversuch zum CO_2-Austrag aus Wasser

Nach dem Schütteln hat sich die CO_2-Konzentration im Wasser fast halbiert. CO_2 hat sich aber in der Luft stark angereichert.

Wollte man die CO_2-Konzentration im Wasser stärker vermindern, so müsste man die Luft in der Flasche gegen frische Luft austauschen und den Vorgang wiederholen (Abbildung 9.1-3).

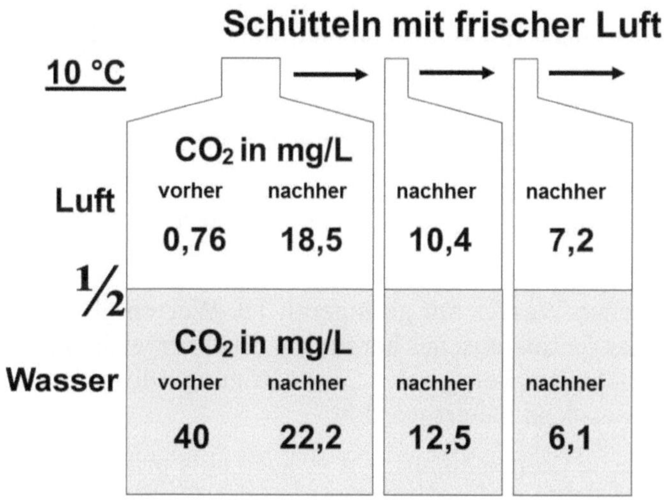

Abbildung 9.1-3: Flaschenversuch zum mehrstufigen CO_2-Austrag aus Wasser

Man würde aber wiederum die CO_2-Konzentration des Wassers nur etwa halbieren auf 12,5 mg/L. Wollte man den völligen Ausgleich mit der Luft erreichen (Gleichgewichtskonzentration 0,99 mg/L), müsste man den Vorgang mehrfach wiederholen.

Betrachtet man die Rohwässer zur Trinkwasseraufbereitung, so sind Grundwässer durch die Bodenpassage bei der Versickerung des Regenwassers mit CO_2 angereichert (Kap. 5.4). Bei Talsperrenwässern und Seen wird das Wasser in der Regel aus der Tiefenschicht (Hypolimnion) entnommen, wo durch das Überwiegen der Abbauvorgänge CO_2 im Wasser angereichert wurde (Kap. 5.7). Beide Arten von Rohwasser für die Trinkwasseraufbereitung sind daher gegenüber der Atmosphäre (Umgebungsluft) mit CO_2 angereichert. In Kontakt mit Luft wird daher CO_2 aus dem Wasser entweichen, da die Gaslöslichkeit im druckentspannten Wasser überschritten ist. Daher ist es möglich, solchen Wässern durch Gasaustausch mit der Umgebungsluft CO_2 zu entziehen und damit zu entsäuern.

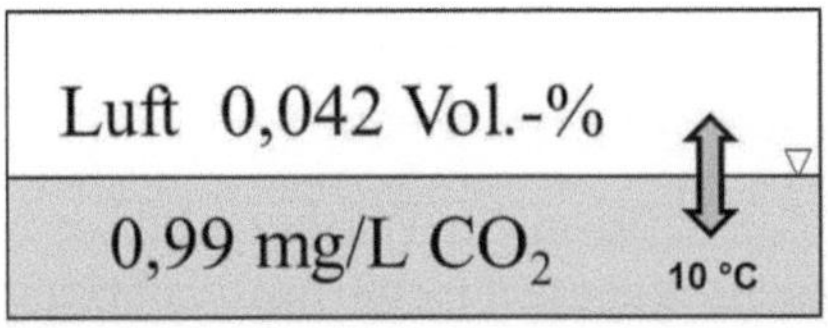

Abbildung 9.1-4: Schema der Verteilung von CO_2 zwischen Luft und Wasser

CO_2 kann im Gasaustausch mit der Umgebungsluft aber maximal bis auf die Gleichgewichtskonzentration der Gaslöslichkeit (0,99 mg/L bei 10 °, siehe 4.1) aus dem Wasser entfernt werden (Abbildung 9.1-4). Dann ist das System im Gleichgewicht und es ist kein Austausch mehr gegen die Umgebungsluft möglich.

Diese theoretische Obergrenze wird je nach Ausgangskonzentration an CO_2 bzw. TIC bei unterschiedlichen pH-Werten erreicht, wie aus Tabelle 9.1-4 abzulesen ist.

Bei einem sehr weichen Wasser mit geringeren TIC-Werten (TIC 0,5 mmol/L) wird diese Grenze des Gasaustausches bereits bei pH 7,8 erreicht. Erst bei pH 8,9 wäre dieses Wasser aber im Bereich der Calcitsättigung. Dieses Wasser könnte nicht durch Gasaustausch entsäuert werden.

Über diese theoretische Grenze hinaus gibt es auch eine praktische Grenze, bis zu der Gasaustausch mit einem „vertretbaren" Aufwand betrieben werden kann. Sie wird mit etwa 3 mg/L CO_2-Restkonzentration angegeben [80].

Tabelle 9.1-4: Obergrenze der physikalischen Entsäuerung (berechnete Werte, 10 °C)

	TIC in mmol/L					
	0,5	1	2	3	4	5
pH	**CO_2-Konzentration im Wasser in mg/L**					
9,0	0,062	0,12	0,25	0,37	0,50	0,62
8,9	0,079	0,16	0,31	0,47	0,63	0,79
8,8	0,099	0,20	0,40	0,60	0,79	0,99
8,7	0,13	0,25	0,50	0,75	1,0	1,3
8,6	0,16	0,32	0,63	0,95	1,3	1,6
8,5	0,20	0,40	0,80	1,2	1,6	2,0
8,4	0,25	0,50	1,0	1,5	2,0	2,5
8,3	0,32	0,63	1,3	1,9	2,5	3,2
8,2	0,40	0,79	1,6	2,4	3,2	4,0
8,1	0,50	0,99	2,0	3,0	4,0	5,0
8,0	0,62	1,2	2,5	3,7	5,0	6,2
7,9	0,78	1,6	3,1	4,7	6,2	7,8
7,8	0,97	1,9	3,9	5,8	7,8	9,7
7,7	1,2	2,4	4,8	7,3	9,7	12
7,6	1,5	3,0	6,0	9,0	12	15
7,5	1,9	3,7	7,4	11	15	19
7,4	2,3	4,6	9,2	14	18	23
7,3	2,8	5,6	11	17	22	28
7,2	3,4	6,8	14	21	27	34
7,1	4,1	8,3	17	25	33	41
7,0	5,0	9,9	20	30	40	50

Theoretische Obergrenze
Gleichgewichtskonzentration mit der Luft 0,99 mg/L

Praktische Obergrenze
Restkonzentration 3 mg/L

········· = obere Grenze des theoretisch möglichen Gasaustausches

– – = Restkonzentration 3 mg/L CO_2

= pH-Wert der Calcit-Sättigung ist erreicht

= möglicher Bereich für Gasaustauschverfahren

Bei dem beschriebenen sehr weichen Wasser läge der praktisch erreichbare pH-Wert dann sogar nur bei 7,2. Der pH_C könnte nicht erreicht werden. Auch in einem Wasser mit 1 mmol/L TIC könnte die Calcitsättigung durch Gasaustausch nicht erreicht werden (pH 8,3), da die praktische Grenze von 3 mg/L CO_2 bereits bei pH 7,6 erreicht wird.

Allgemein wird daher die **Obergrenze** der physikalischen Entsäuerung mit **pH 7,8** angegeben. Liegt der pH-Wert der Calcitsättigung höher, so ist er durch Gasaustausch allein nicht zu erreichen.

Dies bedeutet, dass Wässer mit TIC-Gehalten unter 2 mmol/L (sehr weiche Wässer) nicht mit einem Gasaustauschverfahren bis zur Calcit-Sättigung entsäuert werden können. Gegen eine Teilentsäuerung dieser Wässer durch Gasaustausch spricht die mit dem Kohlensäure-Entzug verbundene Verminderung der Pufferkapazität.

Bei härteren Wässern (höheren TIC-Werten) wird der pH-Wert der Calcitsättigung bereits unterhalb der praktischen Obergrenze erreicht (pH 7,7 bei TIC von 2 mmol/L), so dass hier Gasaustausch zur Entsäuerung eingesetzt werden kann.

Veränderungen im Wasser durch physikalische Entsäuerung

Durch die physikalische Entsäuerung treten folgende Veränderungen im Wasser auf:

- p-Wert nimmt zu / (- p-Wert nimmt ab !)
- m-Wert bleibt unverändert (Kap. 7.2.3.1)
- die Härte des Wassers bleibt unverändert (Voraussetzung: keine Kalkfällung)

Verfahrenstechnisches Prinzip der physikalischen Entsäuerung

Da alle Gase durch die Grenzfläche zwischen Wasser und Luft hindurchgehen müssen, muss man stets bestrebt sein, diese Grenzfläche so groß wie möglich zu machen.

Grenzflächenvergrößerung:

- feine Wasser-Tröpfchen in Luft
- feine Luft-Bläschen in Wasser
- dünne Wasserfilme auf Oberflächen
- Verrieselung an Wänden oder Füllkörpern

Voraussetzungen für Gasaustausch in der Praxis:

- möglichst große Grenzfläche Wasser/Luft
- kurze Verweilzeiten
- hohes Konzentrationsgefälle zwischen Wasser und Luft

Für alle physikalischen Verfahren gilt, dass ein steigender Wirkungsgrad einen steigenden Energiebedarf verursacht.

Verfahrenstechnisch unterscheidet man grundsätzlich zwischen Gleichstromverfahren, Querstromverfahren und Gegenstromverfahren, wobei in der Reihenfolge die Effektivität zunimmt.

Das ideale **Gleichstromverfahren** entspricht dem Flaschenmodell. Man bringt das Wasser einmal mit einem bestimmten Volumen Luft in Kontakt und sorgt dafür, dass die Grenzfläche möglichst groß wird (schütteln). Verfahrenstechnisch gibt es keine idealen reinen Gleichstromverfahren.

Beim **Kreuzstromverfahren** wird der Vorgang des Gasaustausches durch die Querströmung im gleichen Wasserkörper mehrfach wiederholt und die Luft jeweils erneuert. Die Konzentration im Wasser verringert sich in Fließrichtung des Wassers. Der Luftbedarf steigt gegenüber dem Gleichstromverfahren stark an.

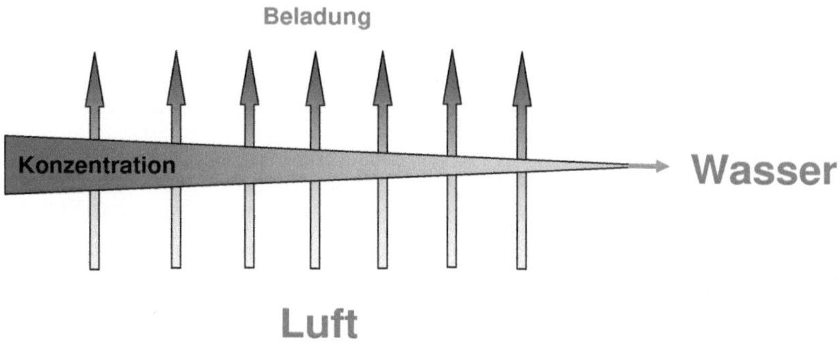

Abbildung 9.1-5: Schema Kreuzstromverfahren

Bei **Gegenstromanlagen** wird die Luft entgegen dem Wasserstrom geführt. Die sauberste Luft kommt mit gering belastetem Wasser in Kontakt. Die danach schon etwas belastete Luft kommt mit höher belastetem Wasser in Kontakt, so dass immer ein ausreichendes Konzentrationsgefälle vorhanden ist.

Gegenstromanlagen verringern den Luftbedarf (Energiebedarf) gegenüber Kreuzstromanlagen, sind jedoch aufwändiger zu erstellen.

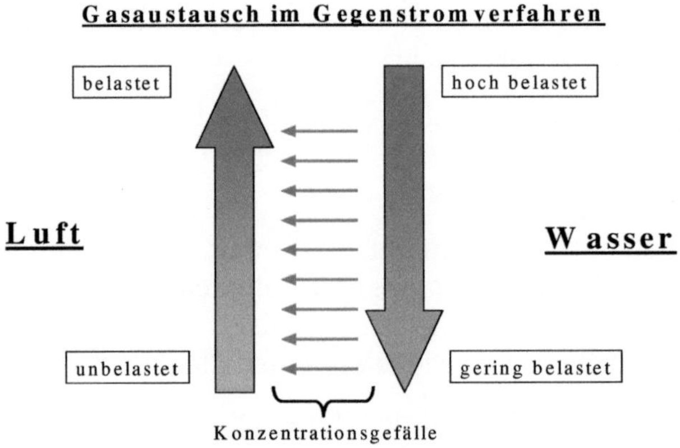

Abbildung 9.1-6: Schema Gegenstromverfahren

Verfahrenstechnik

Verdüsung

Ein häufig angewendetes Verfahren ist die Verdüsung des Wassers.

Ziel: möglichst kleine Tröpfchen = große Oberfläche

In einem Reaktionsraum wird das Wasser unter einem Druck von 0,5 bis 2 bar zu feinen Tröpfchen von weniger als 1 mm Durchmesser versprüht und damit großflächig in Kontakt mit der Luft gebracht.

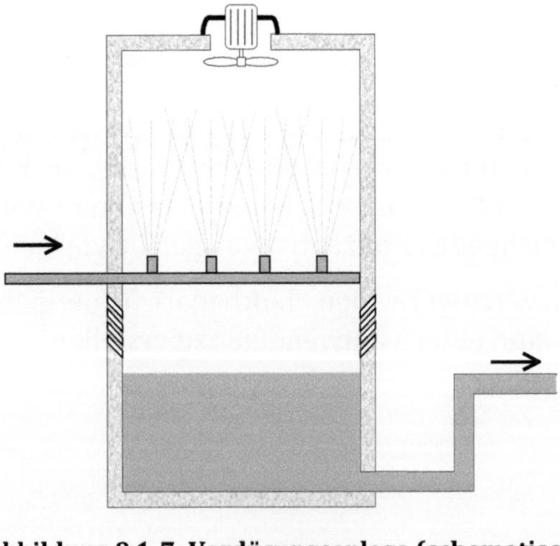

Abbildung 9.1-7: Verdüsungsanlage (schematisch)

Durch eine geeignete Anordnung der Düsen wird angestrebt, dass das versprühte Wasser möglichst lange in der Luft verbleibt. Die wassergesättigte Atmosphäre im Reaktionsraum ist sehr korrosiv, so dass nur widerstandsfähige Materialien eingesetzt werden können.

Kaskaden

Technisch besonders einfach ist der Gasaustausch über Kaskaden, wobei das Wasser im einfachsten Fall nur eine Treppe hinunterfällt und dabei von Stufe zu Stufe einen Luftaustausch erfährt.

Bei ausreichender Stufenzahl (z.B. etwa 10) wird bezüglich CO_2-Ausgasung ein mindestens ebenso guter Effekt wie bei der Verdüsung erzielt.

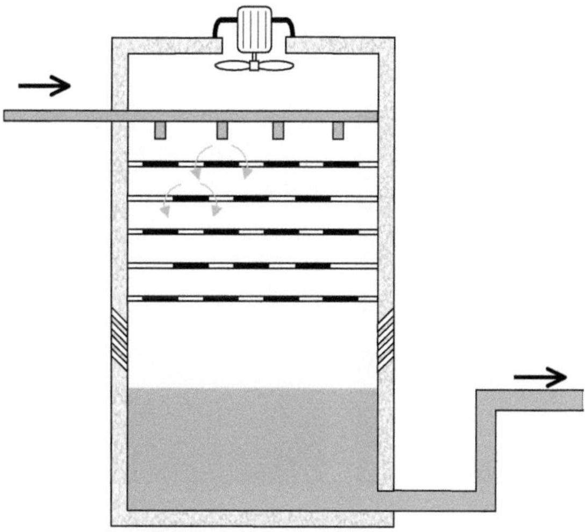

Abbildung 9.1-8: Kaskadenbelüftung (schematisch)

Abbildung 9.1-9: Foto einer Kaskade

Blasenbelüftung

Bei der Blasenbelüftung werden kleine Luftblasen in das Wasser eingetragen. Dabei kann man einen beliebig hohen Luftüberschuss anwenden und sich somit auch bezüglich der CO_2-Ausgasung dem Luftsättigungsgleichgewicht (0,99 mg/L) bei hohem Energieeinsatz nähern.

Rieselfilmbelüftung

Das Ziel ist das Erreichen einer großen Oberfläche durch Herstellung von dünnen Flüssigkeitsfilmen.

Die Technische Ausführung erfolgt als so genannte Wellbahnkolonnen aus sehr dünnen gewellten Kunststoffbahnen, die in Abständen von einigen cm in entsprechenden Schächten aufgehängt sind.

Abbildung 9.1-10: Wellbahnkolonnen

Druckbelüftung – Vermeidung von CO_2-Austrag

Bei Gasaustausch zur **Sauerstoff-Anreicherung** wird immer auch CO_2 ausgetragen, wenn es über der Sättigungskonzentration mit der Luft liegt.

Dies kann unerwünscht sein, wenn sich das Wasser bereits im Kalk-Kohlensäure-Gleichgewicht befindet und es dann zur Ausfällung von Kalk kommen kann.

In diesem Fall kann dann eine Druckbelüftung gewählt werden, wo der Partialdruck des CO_2 so hoch ist, dass es nicht zur Ausgasung kommen kann.

Vorteil Gasaustauschverfahren: Keine Aufhärtung

Nachteil Gasaustauschverfahren: Nur bis pH 7,8 anwendbar

9.1.4 Chemische Entsäuerung

Man unterscheidet: - Dosierverfahren (Chemikaliendosierung)
- Filterverfahren (Einsatz von Entsäuerungsfiltern)

9.1.4.1 Dosierverfahren

Charakteristisch für alle Dosierverfahren:

- gute Anpassung an Rohwasserfördermengen
- relativ geringer spezifischer Flächen- und Raumbedarf

Sinnvoll können diese Verfahren jedoch nur mit einer entsprechenden Mess- und Regeltechnik eingesetzt werden.

Es müssen gemessen werden:

1. Fördermenge an Rohwasser
2. pH-Wert vor Entsäuerung
3. pH-Wert nach Entsäuerung
4. ΔpH-Wert

Diese Anlagen werden häufig über den ΔpH-Wert gesteuert.

Chemikalien zur Dosierung:	Natronlauge	$NaOH$
	Natriumcarbonat = Soda	Na_2CO_3
	Kalkhydrat	$Ca(OH)_2$

<u>Entsäuerung mit Natronlauge</u>

Bei der Dosierung von Natronlauge (in der Regel 50%-ig) ist sofortige gute Durchmischung erforderlich, da es sonst zu starker lokaler pH-Wert-Erhöhung und Kalkausfällung kommen kann ⟶ eventuell noch einmal verdünnen!

Technische Einrichtungen:

- Vorratsbehälter
- Dosierpumpe
- Dosierstelle (evtl. mit statischem Mischer)

Vorteil: Keine Aufhärtung !

Nachteil: Eine Erhöhung der Natriumkonzentration wird aus Gesundheitsaspekten ungern gesehen.
Grenzwert deutsche TVO 2001: Na 200 mg/L

Entsäuerung mit Soda (Na_2CO_3)

Technische Einrichtungen:

- Lagerraum (Sackware)
- Lösebehälter
- Dosierbehälter
- Dosierpumpe
- Dosierstelle (evtl. mit statischem Mischer)

Vorteil: Keine Aufhärtung !
Erhöhung der Pufferungsintensität (CO_3^{2-})

Nachteil: Eine Erhöhung der Natriumkonzentration wird aus Gesundheitsaspekten ungern gesehen.
Grenzwert deutsche TVO 2001: Na 200 mg/L

Entsäuerung mit Kalkhydrat ($Ca(OH)_2$)

Zur Entsäuerung kann ungelöschter Kalk (CaO) oder gelöschter Kalk ($Ca(OH)_2$) (Kalkhydrat) eingesetzt werden (Formen von Kalk siehe 4.7). Ungelöschter Kalk muss dann direkt vor Ort gelöscht werden. Der Vorteil von ungelöschtem Kalk sind die in der Regel günstigeren Bezugskosten, dem aber ein apparativer Mehraufwand und erhöhte Sicherheitsanforderungen gegenüberstehen.

Da der verwendete Kalk in der Regel ein Naturprodukt und damit verunreinigt ist, ist bei der Anwendung zur Trinkwasseraufbereitung eine Reinigung bzw. Klärung notwendig.
Aus dem Kalkhydrat wird zunächst eine Kalkmilch hergestellt, die je nach Anforderung direkt dosiert werden kann oder über einen Kalksättiger (Abbildung 9.1-11) in ein geklärtes und gesättigtes Kalkwasser überführt wird.

Kalkmilch ist eine Suspension (trüb), Kalkwasser ist eine echte Lösung (klar).

Wenn Kalkhydrat bei der Trinkwasseraufbereitung vor einer Filterstufe dosiert wird, kann es als Kalkmilch dosiert werden, da die Verunreinigungen abfiltriert werden. Bei der Dosierung ins Trinkwasser muss klares Kalkwasser verwendet werden.

Technische Einrichtungen:

- Vorratssilo
- Dosierschnecken
- Kalkmilch-Ansetzbehälter
- Kalksättiger (⇒ Kalkwasser)
- Kalkwasserpumpen
- Dosierstelle

In Abbildung 9.1-11 ist ein Kalksättiger zur Herstellung von Kalkwasser schematisch dargestellt. Die Verbreiterung des Querschnittes führt zur Verlangsamung der Aufstiegsgeschwindigkeit, so dass Verunreinigungen sedimentieren können. Der gebildete Schlamm hat einen sehr hohen pH-Wert, dies muss bei der Entsorgung/Nutzung berücksichtigt werden.

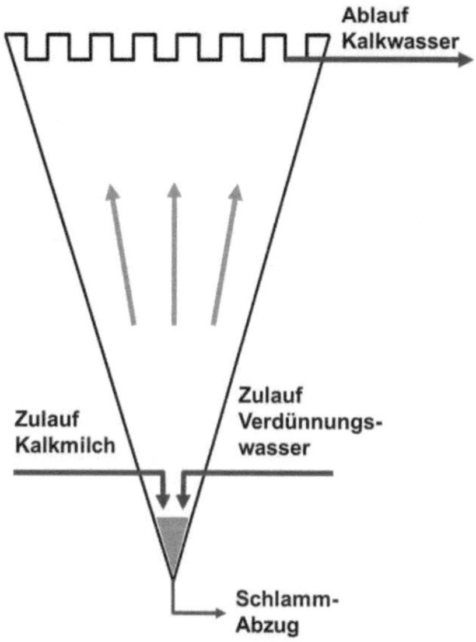

Abbildung 9.1-11: Schematische Darstellung eines Kalksättigers

Das Kalkwasser ist frei von Carbonaten, da diese bei dem Klärungsprozess des aufsteigenden Kalkwasser durch den hohen pH-Wert komplett ausgefällt werden und sedimentieren. Wenn das Kalkwasser an der Oberfläche mit dem CO_2 der Luft in Kontakt kommt, fällt erneut Calcit aus, das auf der Oberfläche eine Schicht bildet (Abbildung 9.1-12).

Abbildung 9.1-12: Oberfläche eines Kalksättigers mit Calcit-Fällung

Vorteil: Aufhärtung bei weichen Wässern sinnvoll

Nachteil: Erhöhung der Härte bei hartem Wasser

9.1.4.2 Filterverfahren

Charakteristisch für die Entsäuerungs-Filterverfahren ist, dass bauliche Einrichtungen verwendet werden, die vom Aufbau her einem Filter zur Trübstoffentfernung entsprechen.

Bei dem eingesetzten Filtermaterial handelt es sich dann um chemisch aktive Massen, die mit dem Wasser bzw. den Wasserinhaltsstoffen reagieren. Das Filtermaterial wird dabei laufend verbraucht und muss jeweils nachgefüllt werden. Nach Verbrauch von ca. 10 % der Sollmenge sollte jeweils neu aufgefüllt werden.

Entsäuerungsfilter haben natürlich auch eine Filterwirkung. Es sollte daher beachtet werden, dass die Trübstoff-, Eisen- und Mangankonzentrationen nicht zu hoch sind. Es besteht sonst die Gefahr, dass das Filtermaterial durch zu starke Ablagerungen inaktiviert wird.

Gebräuchliche Filtermaterialien zur Entsäuerung:

Kalkstein	$CaCO_3$
halbgebrannter Dolomit	$CaCO_3$ / MgO

Kalkstein $CaCO_3$

Kalkstein ist ein Naturprodukt und ist unter verschiedenen Handelsbezeichnungen im Handel.

Die Entsäuerung mit Kalkstein ist ein **reiner Lösevorgang**.

Abnahme der Reaktionsgeschwindigkeit

- mit zunehmendem Kohlensäuregehalt
- mit zunehmender Härte

Der Einsatz dieses Filtermaterials sollte daher auf Wässer mit geringen Härtegraden beschränkt werden. Auch die mit dieser Entsäuerung verbundene Anhebung der Härte ist für weiche Wässer sinnvoll. Die weitere Aufhärtung und die Abnahme der Reaktionsgeschwindigkeit spricht gegen eine Anwendung des Verfahrens für härtere Wässer.

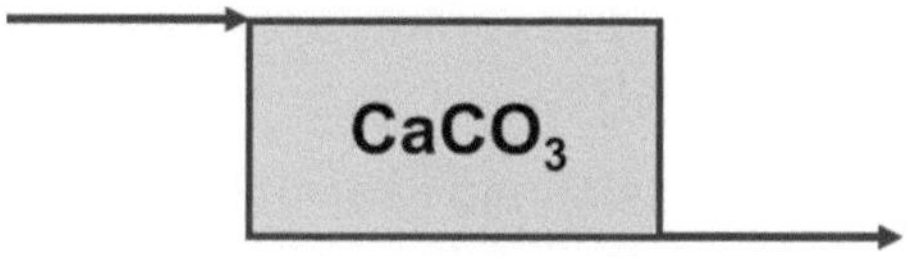

Abbildung 9.1-13: Schema Entsäuerungsfiltration mit Calcit

Die Regelung erfolgt über die Filtergeschwindigkeit (Kontaktzeit). Bei zu geringer Filtergeschwindigkeit ergeben sich keine Nachteile – das Löslichkeitsprodukt kann nicht überschritten werden und es kann kein Kalk ausfallen. Ist die Aufenthaltszeit im Filter zu kurz und wird dadurch das Kalk-Kohlensäure-Gleichgewicht nicht erreicht, so ist eventuell eine Nachentsäuerung erforderlich. Sinnvollerweise setzt man dann ein einfaches Dosierverfahren ein, z.B. NaOH.

Vorteil:	Aufhärtung bei weichen Wässern sinnvoll Kalk kann nicht ausfallen
Nachteil:	Erhöhung der Härte bei hartem Wasser Abnahme der Reaktionsgeschwindigkeit mit zunehmender Härte Nur für weiche Wässer geeignet

Halbgebrannter Dolomit

Dolomit	$CaCO_3 / MgCO_3$
halbgebrannt:	$CaCO_3 / MgCO_3 \rightarrow CaCO_3 / MgO + CO_2 \nearrow$
Reaktion mit Wasser:	$MgO + H_2O \rightarrow Mg^{2+} + 2\,OH^-$

Halbgebrannter Dolomit ist reaktiver als Kalkstein, da gleichzeitig mit der Kalklösung auch eine pH-Anhebung durch das gebildete Hydroxid erfolgt.

Abbildung 9.1-14: Schema Entsäuerungsfiltration mit halbgebranntem Dolomit

Es ist von der Filtergeschwindigkeit und damit von der Kontaktzeit des Wassers abhängig, welcher pH-Wert erreicht wird. Ist die Kontaktzeit zu lang (Filtergeschwindigkeit zu gering), so wird der pH-Wert des Kalk-Kohlensäure-

Gleichgewichtes überschritten und es kommt zur Ausfällung von Kalk ⟶ Gefahr der Verbackung des Filtermaterials.

Bei Standzeiten des Filters stellt sich ein sehr hoher pH-Wert im Filterbett ein. Der Inbetriebnahme muss dann eine Spülung vorausgehen, oder das erste Filtrat muss verworfen werden. Auch nach der Auffüllung von Neumaterial kann es durch leicht lösliche Komponenten zu höheren pH-Werten kommen.

Der pH-Wert des Wassers wird über die Filtergeschwindigkeit v_f gesteuert. Bei Durchsatzschwankungen müssen Filter außer Betrieb bzw. zusätzlich in Betrieb genommen werden.

Vorteil: Aufhärtung bei weichen Wässern sinnvoll

Nachteil: Erhöhung der Härte bei hartem Wasser
Filtergeschwindigkeit v_f muss sehr genau eingehalten werden
Kalk kann ausfallen

9.1.5 Beispiele für Verfahrensvarianten

Allgemeine Kriterien zur Auswahl des Entsäuerungsverfahrens

- Harte Wässer sollten nicht weiter aufgehärtet werden
- sehr weiche Wässer sollten möglichst aufgehärtet werden → Erhöhung der Pufferkapazität

➢ Sehr weiches Wasser mit ca. 2 °dH

➔ Filtration über Kalkstein
- evtl. Nachentsäuerung mit NaOH
- evtl. **zusätzliche** Aufhärtung mit CO_2-Dosierung vor der Filterstufe

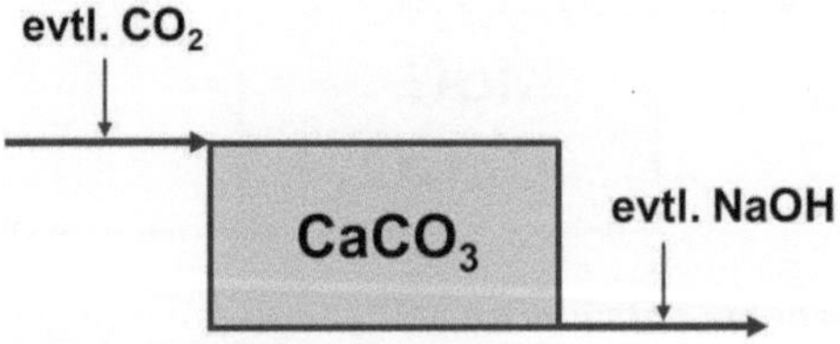

Abbildung 9.1-15: Schema: Entsäuerungsfilter mit Vor- und Nachaufbereitung

- Sehr weiches Wasser - zweistufige Aufbereitung mit autokatalytischer Entmanganung

  ➔ Entsäuerung mit Kalkhydrat

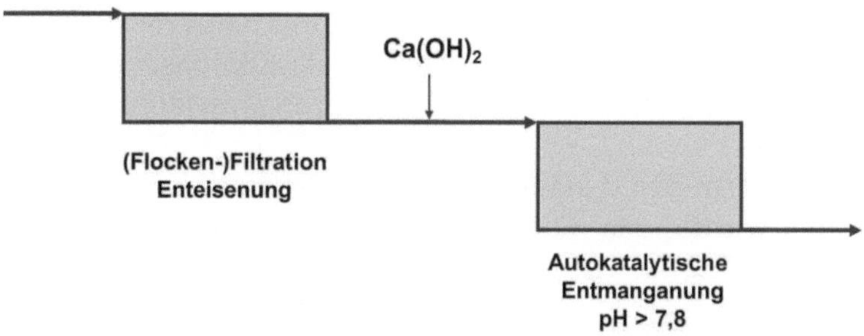

Abbildung 9.1-16: Schema: Entsäuerung mit Kalkhydrat

➔ keine Entsäuerung über Gasaustausch möglich ! pH > 7,8 !
(typische Aufbereitung für weiche Talsperrenwässer)

- Wasser mit Gesamthärte ca. 8 °dH

  ➔ Entsäuerung durch Dosierung von NaOH

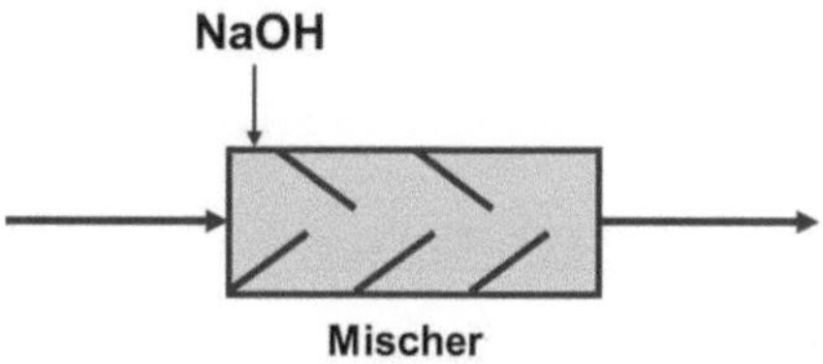

Abbildung 9.1-17: Schema: Entsäuerung mit Natronlauge

- Hartes Wasser mit z.B. 24 °dH

  ➔ Entsäuerung durch CO_2-Entzug durch Gasaustausch

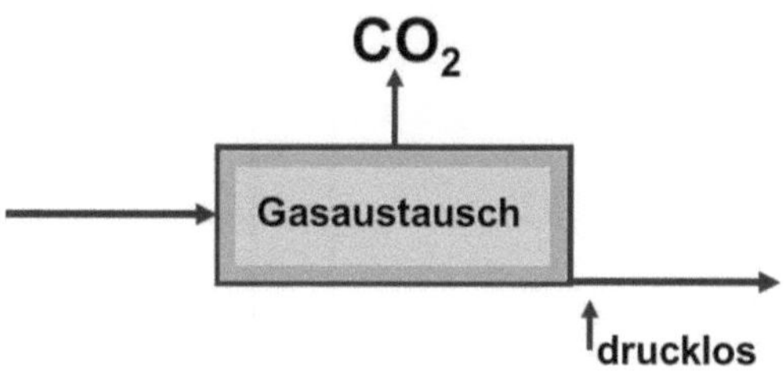

Abbildung 9.1-18: Schema: Entsäuerung durch Gasaustausch

9.1.6 Chemische Reaktionen bei den Entsäuerungsverfahren

Ausgehend von dem in Kapitel 4.7.2 beschriebenen Reaktionsschema kann man die chemischen Reaktionen bei den unterschiedlichen Entsäuerungsverfahren deutlich machen. Darüber hinaus ist ein Verständnis dafür möglich, dass der pH-Wert des nach der Aufbereitung erreichten Kalk-Kohlensäure-Gleichgewichts bei ein und demselben Wasser je nach Entsäuerungsverfahren unterschiedlich ist.
Da im Leitungssystem der Wasseraufbereitungsanlagen in der Regel kein Kalk vorhanden ist, wurde das $CaCO_3$ im Reaktionsschema nur schemenhaft angedeutet (Abbildung 9.1-19).

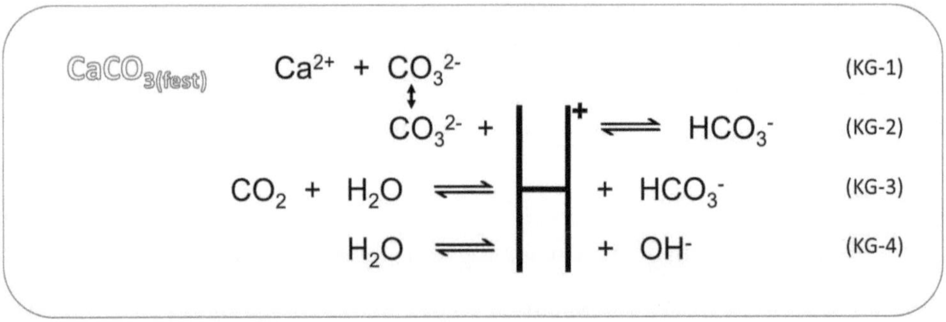

Abbildung 9.1-19: Kohlensäure-Schema (ohne Calcit)

- **<u>Physikalische Entsäuerung: CO_2-Entzug</u>**

Die physikalische Entsäuerung wird durch Entzug von CO_2 bewirkt. Durch den Verlust von CO_2 verschiebt sich KG-3 nach links, es wird H^+ verbraucht, der pH-Wert steigt. Die Reaktionen KG-2 und KG-4 gleichen den H^+-Verlust zum Teil wieder aus. Durch KG-2 wird die Carbonat-Konzentration erhöht.

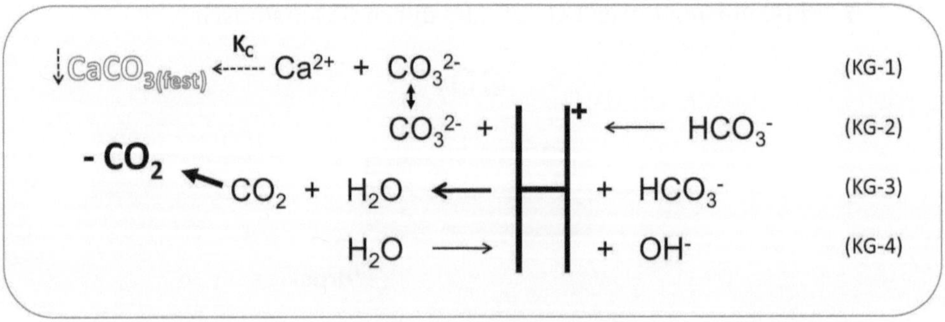

Abbildung 9.1-20: Physikalische Entsäuerung mit CO_2-Entzug

Wenn so viel Carbonat gebildet wird, dass das Löslichkeitsprodukt für $CaCO_3$ erreicht wird, ist das Ziel der Entsäuerung erreicht. Die dann im Wasser vorhandene Aktivität $a(H^+)$ entspricht dem pH_A.

Wird weiterhin CO_2 entfernt, so kommt es zu einer Überschreitung der Calcitsättigung, das Wasser wird kalkabscheidend und Kalk kann ausfallen.

- Kalk kann ausfallen bei zu starkem CO_2-Entzug
- Die Wasserhärte bleibt unverändert

➢ Chemische Entsäuerung / Dosierverfahren / Natronlauge:

$$NaOH \rightleftharpoons Na + OH^-$$

Die für die Entsäuerung wirksame Komponente sind die Hydroxid-Ionen. Die zugegebenen Hydroxid-Ionen verschieben KG-4 nach links, dabei wird H^+ verbraucht, der pH-Wert steigt. KG-2 und KG-3 gleichen den H^+-Verlust zum Teil wieder aus.

Durch KG-2 wird die Carbonat-Konzentration erhöht bis zur Erreichung der Calcit-Sättigung. Wird weiterhin Natronlauge dosiert, so wird durch die weiter ansteigende Carbonatkonzentration das Löslichkeitsprodukt überschritten und Kalk kann ausfallen.

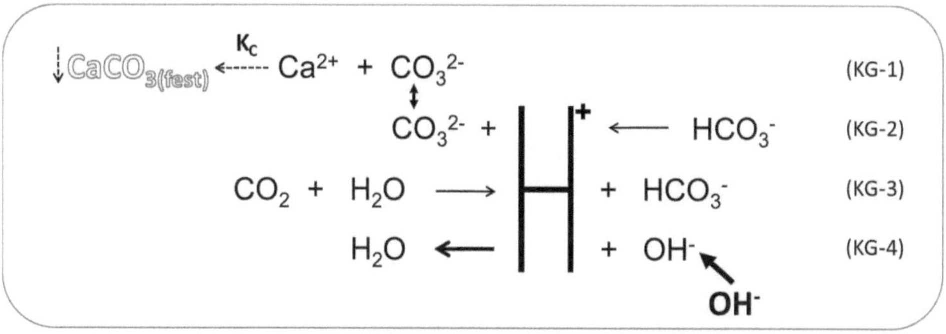

Abbildung 9.1-21: Entsäuerung mit Natronlage (NaOH)

- Kalk kann ausfallen bei Überdosierung von NaOH
- Die Wasserhärte bleibt unverändert
- Die Konzentration an Na im Wasser steigt an

➢ Dosierverfahren / Kalkhydrat

$$Ca(OH)_2 = Ca^{2+} + 2\ OH^-$$

Die für die Entsäuerung wirksamen Komponenten sind die Hydroxid-Ionen und auch das Ca^{2+}-Ion. Die zugegebenen Hydroxid-Ionen verschieben KG-4 (wie bei NaOH) nach links (Abbildung 9.1-22), dabei wird H^+ verbraucht, der pH-Wert steigt. KG-2 und KG-3 gleichen den H^+-Verlust zum Teil wieder aus. Das Calcium-Ion erhöht die Calcium-Konzentration in KG-1.
Durch KG-2 wird die Carbonat-Konzentration erhöht bis zur Erreichung der Calcit-Sättigung. Wird weiterhin Kalkhydrat dosiert, so wird durch die weiter ansteigende Carbonatkonzentration und die ebenfalls zunehmende Ca-Konzentration das Löslichkeitsprodukt überschritten und es kann Kalk ausfallen.

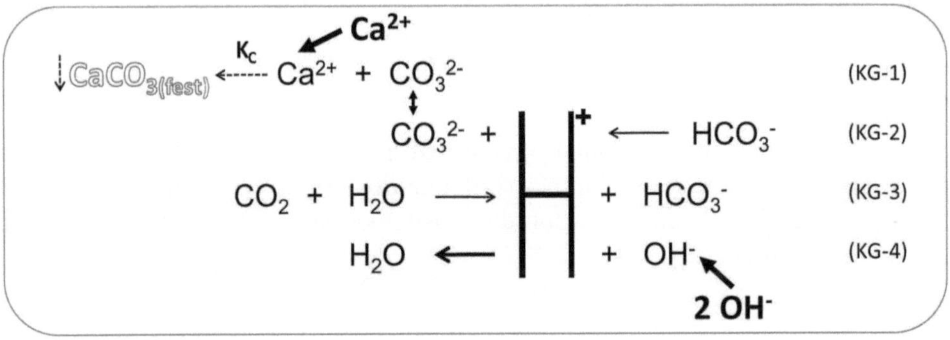

Abbildung 9.1-22: Entsäuerung mit Kalkhydrat ($Ca(OH)_2$)

- Kalk kann ausfallen bei Überdosierung von $Ca(OH)_2$
- Die Wasserhärte steigt an

➢ Dosierverfahren / Natriumcarbonat (Soda)

$$Na_2CO_3 \rightleftharpoons 2\ Na^+ + CO_3^{2-}$$

Die für die Entsäuerung wirksame Komponente sind die Carbonat-Ionen.

Durch die Dosierung von Carbonat erhöht sich die Konzentration in KG-1 (Abbildung 9.1-23), aber auch in KG-2, so dass es dort zu einer Verschiebung der Reaktion nach rechts und damit zu einem Verbrauch an H^+ kommt (pH-Erhöhung). KG-3 und KG-4 gleichen den H^+-Verlust zum Teil wieder aus.

Wenn nach dem Erreichen des Löslichkeitsprodukts von $CaCO_3$ weiter Natriumcarbonat dosiert wird, wird die Löslichkeit überschritten und es kann Kalk ausfallen.

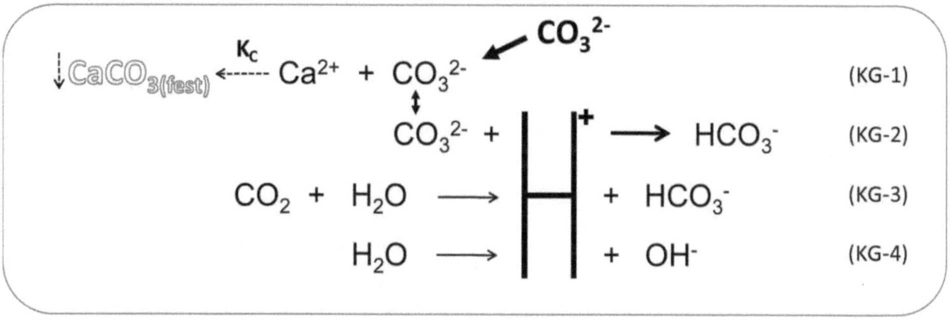

Abbildung 9.1-23: Entsäuerung mit Soda (Na_2CO_3)

- Kalk kann ausfallen bei Überdosierung von Na_2CO_3
- Die Wasserhärte bleibt unverändert
- Die Natrium-Konzentration steigt an

➢ **<u>Filterverfahren</u>**

Kalkstein (Calcit) = $CaCO_3$

Die für die Entsäuerung wirksame Komponente ist das feste $CaCO_3$ als Filtermaterial, das sich im Wasser lösen kann.

Durch die Lösung von Kalk wird Carbonat gebildet und damit über KG-2 H^+ verbraucht und der pH-Wert damit erhöht. Die Reaktion läuft ab, bis die Kalksättigung (Löslichkeitsprodukt) erreicht ist. Da sich darüber hinaus kein Kalk mehr lösen kann, kann es auch nicht zu einer Übersättigung und einer daraus folgenden Kalkfällung kommen.

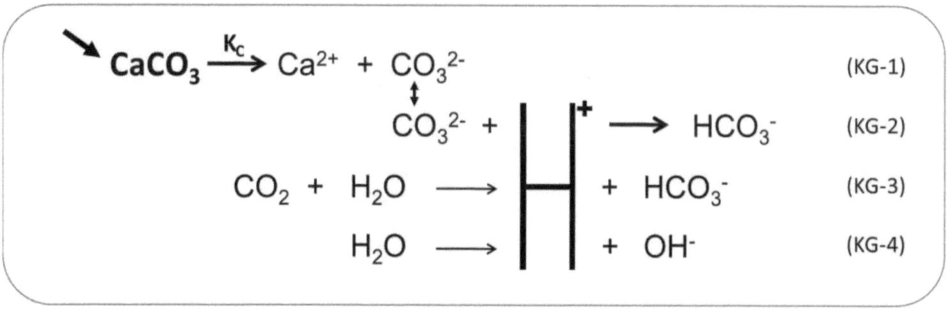

Abbildung 9.1-24: Entsäuerung mit $CaCO_3$

- Das Löslichkeitsprodukt kann <u>nicht</u> überschritten werden !
- Die Wasserhärte steigt an

Kalkstein (Calcit) und zusätzliche Aufhärtung durch Dosierung von CO_2

Bei besonders weichen Wässern kann es sinnvoll sein, eine zusätzliche Aufhärtung durch Dosierung von CO_2 vor der Filterstufe zu bewirken.

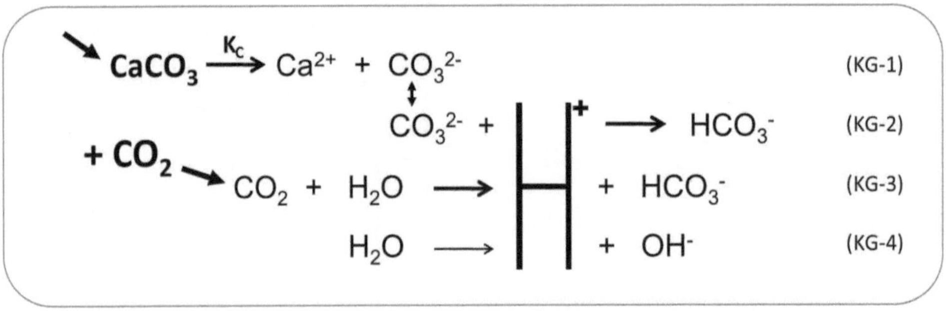

Abbildung 9.1-25: Entsäuerung mit $CaCO_3$ und zusätzliche Aufhärtung durch Dosierung von CO_2

Durch die CO_2-Dosierung kommt es zu einer Verschiebung der Reaktionen KG-3, KG-4 und KG-2. Durch KG-2 wird Carbonat verbraucht, so dass sich in KG-1 mehr $CaCO_3$ lösen muss, um die Löslichkeitsgrenze zu erreichen. Es erhöht sich damit die Ca^{2+}-Konzentration, die Härte steigt stärker an als ohne die CO_2-Dosierung.

- Das Löslichkeitsprodukt kann nicht überschritten werden !
- Die Wasserhärte steigt stärker an

Halbgebrannter Dolomit (MgO / $CaCO_3$)

Der halbgebrannte Dolomit wird als Filtermaterial eingesetzt. Das Calciumcarbonat kann sich im Wasser lösen, wie oben beschrieben.

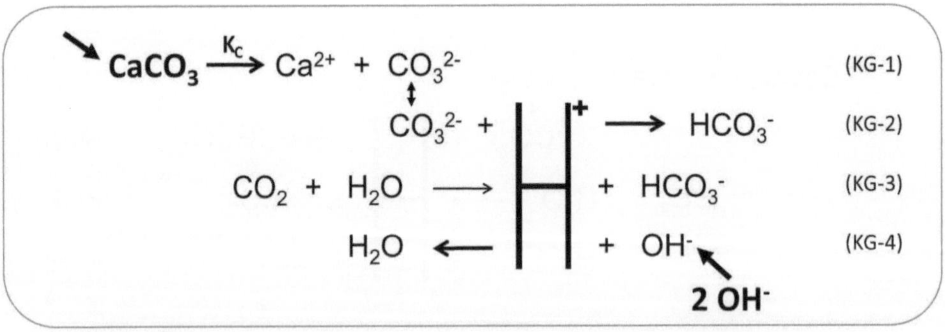

Abbildung 9.1-26: Entsäuerung mit halbgebranntem Dolomit ($MgO/CaCO_3$)

Das Magnesiumoxid reagiert mit dem Wasser und bildet Magnesiumhydroxid. Das OH^--Ion ist neben dem $CaCO_3$ die zweite wirksame Komponente für die Entsäuerung (analog zu NaOH).

$$MgO + H_2O \rightleftharpoons Mg(OH)_2 \rightleftharpoons Mg^{2+} + 2\,OH^-$$

- Kalk kann ausfallen bei zu geringer Filtergeschwindigkeit
- Die Wasserhärte steigt an

9.1.7 End-pH-Werte unterschiedlicher Entsäuerungsverfahren

Wendet man bei einem Wasser verschiedene Entsäuerungsverfahren an, so wird der pH-Wert nach der Aufbereitung jeweils unterschiedlich sein. Das bedeutet, der End-pH-Wert nach der Entsäuerung hängt vom Entsäuerungsverfahren ab.

Man kann die unterschiedlichen pH-Werte mit den dargestellten Reaktionsabläufen verständlich machen.

Ziel der Entsäuerung ist es, die Löslichkeitsgrenze für $CaCO_3$ und damit das Kalk-Kohlensäure-Gleichgewicht zu erreichen.

Dazu werden entweder Hydroxid-Ionen, Carbonat-Ionen oder Calcium-Ionen zugegeben, Calcit gelöst oder Kohlendioxid entfernt.

Bei der Entsäuerung mit Natronlauge wird der pH-Wert durch die Zugabe von Hydroxid-Ionen (KG-4) so lange erhöht, bis sich ausreichend Carbonat gebildet hat und die Löslichkeitsgrenze für Calcit erreicht wird (Abbildung 9.1-21)

Entsäuert man das gleiche Wasser mit Kalkhydrat (Abbildung 9.1-22), so erhöht man den pH-Wert ebenfalls durch die Zugabe der Hydroxid-Ionen. Da aber gleichzeitig auch die Ca^{2+}-Konzentration erhöht wird (KG-1), wird weniger Carbonat benötigt, um die Löslichkeitsgrenze zu erreichen. Das heißt, der pH-Wert muss nicht so stark angehoben werden wie bei NaOH, der End-pH-Wert wird tiefer liegen.

Den niedrigsten End-pH-Wert erreicht man bei der Entsäuerung über Kalkfilter (Abbildung 9.1-24), da sich hier direkt Calcit löst und Ca^{2+}- und CO_3^{2-}-Ionen gebildet werden und der pH-Wert nur durch die Sekundärreaktion (KG-2) erhöht wird.

Beispielhaft berechnete Werte für die pH-Werte bei unterschiedlichen Entsäuerungsverfahren sind in Tabelle 9.1-5 angegeben.

Tabelle 9.1-5: End-pH-Werte bei verschieden Entsäuerungsverfahren

Entsäuerungsmittel	pH-Wert der Calcitsättigung	
	sehr weiches Wasser 2 °dH	mittelhartes Wasser 16 °dH
$CaCO_3$	8,83	7,17
$Ca(OH)_2$	9,03	7,23
NaOH	9,16	7,29
- CO_2	--*	7,37

*Anmerkung: Bei 2°dH ist eine Entsäuerung durch Gasaustausch nicht möglich (Kapitel 9.1.3).

9.2 Entcarbonisierung / Enthärtung

9.2.1 Abgrenzung von Begriffen

Ziel einer Entcarbonisierung ist es, die Kohlensäure (Kohlensäureformen) aus dem Wasser zu entfernen bzw. deren Gehalt zu vermindern. Da es dabei häufig gleichzeitig zu einer Enthärtung kommt, beziehungsweise, da einige Enthärtungsverfahren mit einer Entcarbonisierung verbunden sind, werden beide Begriffe häufig gleichwertig verwendet.

Die verwendeten Begriffe kann man gegeneinander abgrenzen, wenn man primär das **Ziel** der Aufbereitung bezeichnet (Tabelle 9.2-1):

Entcarbonisierung: Entfernung von Kohlensäure (CO_2, HCO_3^-, CO_3^{2-})

Enthärtung: Entfernung von Härtebildnern (Ca^{2+} und Mg^{2+})

Bei den Fällungsverfahren und bei der Umkehrosmose laufen Enthärtung und Entcarbonisierung gleichzeitig ab.

Bei der Verwendung von Ionenaustauschern lassen sich beide Einzelverfahren gezielt getrennt durchführen, je nachdem ob ein Anionen- oder ein Kationenaustauscher eingesetzt wird. Beim Einsatz von Mischbettaustauschern (Vollentsalzung) kommt es gleichzeitig zur Entcarbonisierung und Enthärtung.

Tabelle 9.2-1: Abgrenzung zwischen Entcarbonisierung und Enthärtung

<table>
<tr><th><u>Entcarbonisierung</u>

Entfernung von Kohlensäure CO_2 / HCO_3^- / CO_3^{2-}</th><th><u>Entcarbonisierung = Enthärtung</u>

Entfernung von Härtebildnern und von Kohlensäure</th><th><u>Enthärtung</u>

Entfernung von Härtebildnern Ca^{2+} / Mg^{2+}</th></tr>
<tr><td>Ionenaustauscher
(Anionenaustauscher)</td><td>Ionenaustauscher
(Mischbettaustauscher)</td><td>Ionenaustauscher
(Kationenaustauscher)</td></tr>
<tr><td></td><td>Umkehrosmose</td><td>Nanofiltration</td></tr>
<tr><td></td><td>Fällung von $CaCO_3$</td><td rowspan="3"></td></tr>
<tr><td colspan="2">CO_2-Entzug durch Gasaustausch</td></tr>
<tr><td>ohne Kalkfällung (Entsäuerung)</td><td>mit Kalkfällung</td></tr>
</table>

Beim CO_2-Entzug durch Gasaustausch führt man eine reine Entcarbonisierung durch (physikalische Entcarbonisierung = Entsäuerung), solange man die Calcitsättigung nicht überschreitet. In der Regel wird dieses Verfahren zur Entsäuerung von Wasser eingesetzt. Überschreitet man die Calcitsättigung und es fällt Kalk aus, könnte man dieses Verfahren als physikalische Enthärtung bezeichnen. Senkt man den pH-Wert des Wassers vor dem Gasaustausch durch Dosierung von Säure, so kann mehr CO_2 aus dem Wasser ausgetragen werden (Säureentcarbonisierung).

Bei den Membranverfahren werden bei der Umkehrosmose wieder beide Prozesse durchgeführt, bei der Nanofiltration jedoch eine reine Enthärtung.

Je nachdem, ob man die Kohlensäure so weit wie verfahrenstechnisch möglich aus dem Wasser entfernt, oder gezielt nur um eine Teilmenge vermindert, unterscheidet man die Verfahrensvarianten **Vollentcarbonisierung** (Vollenthärtung) und **Teilentcarbonisierung** (Teilenthärtung).

- Vollentcarbonisierung: die Entcarbonisierung erfolgt vollständig (d.h. soweit, wie verfahrenstechnisch möglich)
- Teilentcarbonisierung: die Entcarbonisierung erfolgt nur zu einem Anteil

Die Vollentcarbonisierung erreicht bei den Fällungsverfahren ihre verfahrenstechnische Grenze, wenn kein Calcium mehr im Wasser vorhanden ist, um als Carbonat auszufallen, jedoch noch Restkonzentrationen von Kohlensäure im Wasser vorhanden sind.

$$c(Ca^{2+}) < c(CO_3^{2-})$$

Die Vollenthärtung läuft bei den Fällungsverfahren nicht vollständig ab, wenn kein Carbonat mehr im Wasser vorhanden ist, um auszufallen, jedoch noch Restkonzentrationen an Calcium vorliegen. Zudem wird Mg^{2+} nicht als Carbonat gefällt, bei hohen pH-Werten allenfalls als $Mg(OH)_2$, und bleibt zum Teil als Härte im Wasser erhalten.

$$c(Ca^{2+}) > c(CO_3^{2-})$$

Zur Aufbereitung kann man den gesamten Wasserstrom verwenden, jedoch nur eine Teilentcarbonisierung durchführen (**Vollstrom-Teilentcarbonisierung**). Dieser Aufbereitungsweg ist bei der Trinkwasseraufbereitung angezeigt, wenn man die Entcarbonisierung in Kombination mit anderen Aufbereitungsschritten durchführt und für das andere Aufbereitungsziel der gesamte Volumenstrom behandelt werden muss, z. B. Flockung, Enteisenung, Entmanganung.

Führt man als Aufbereitungsschritt allein eine Entcarbonisierung durch, so kann es bei der Aufbereitung von Trinkwasser sinnvoll sein, nur einen Teilstrom des aufzubereitenden Wassers zu verwenden und diesen vollständig zu entcarbonisieren (**Teilstrom-Vollentcarbonisierung**). Anschließend wird der vollentcarbonisierte Teilstrom wieder mit dem unbehandelten Hauptstrom vermischt, wodurch insgesamt dann eine Teilentcarbonisierung des Wassers erreicht wird. Durch diesen Verfahrensweg können baulich kleinere Anlagen verwendet werden.

Bei der Nachaufbereitung von Trinkwasser im Privat-Haus wird bei der Enthärtung immer eine Teilstrom-Vollenthärtung durchgeführt und anschließend über Mischung mit dem unbehandelten Wasser der richtige Härtegrad eingestellt.

Für andere Aufbereitungsziele kann es sinnvoll sein, den gesamten Wasserstrom vollständig zu entcarbonisieren (**Vollstrom-Vollentcarbonisierung**) (Kesselspeisewasser, vollentsalztes Wasser, Vorbehandlung vor Membranverfahren).

Bei Prozesswässern in offenen Kühlkreisläufen kommt es zu einer Aufkonzentration der Wasserinhaltsstoffe. Damit es nicht zur Kalkfällung im Kühlsystem kommt, müssen diese Wässer voraufbereitet werden (Entcarbonisierung) oder stabilisiert werden.

9.2.2 Fällungsverfahren

Bei den Fällungsverfahren überschreitet man die Calcit-Löslichkeit durch Anhebung des pH-Wertes und trennt das ausgefällte Calcit ab.

Der pH-Wert wir in der Regel auf 9-10 angehoben. Die pH-Wert-Anhebung des Wassers wird durch die Dosierung von Chemikalien erreicht, bei der Trinkwasseraufbereitung fast immer mittels Zugabe von Calciumhydroxid ($Ca(OH)_2$) in Form von Kalkwasser oder Kalkmilch oder seltener mit Natronlauge (NaOH). Durch Gasaustausch kann dieser pH-Bereich nicht erreicht werden, jedoch könnte eine Teilanhebung des pH-Wertes durch Gasaustausch als Voraufbereitung vor der eigentlichen Enthärtung zur Einsparung von Chemikalien sinnvoll sein.

Bei den Fällungsverfahren muss beachtet werden, dass es in diesem pH-Bereich zu Konkurrenzfällungen kommen kann. So können je nach Bedingungen z.B. Magnesiumhydroxid, Eisenhydroxid und Eisencarbonat ebenfalls ausfallen.

Die Ausfällung von Eisen führt zu einer braunen Färbung des Fällungsproduktes, die häufig wegen der Verwertung des gefällten Materials unerwünscht ist.

In der Regel wird bei der Trinkwasseraufbereitung der pH-Wert nicht höher als 9–10 eingestellt, um eine Fällung von Magnesiumhydroxid zu vermeiden, da sich Magnesiumhydroxid negativ auf die Pelletbildung (s.u.) und die Schlammqualität auswirkt.

Schnellentcarbonisierung

Bei der Schnellentcarbonisierung durchströmt das mit Calciumhydroxid versetzte Wasser im Aufstrom eine Wirbelschicht aus Kontaktstoffen (Quarzsand). Als Reaktionsbehälter (Reaktor) dient ein vertikal angeordneter oben erweiterter zylindrischer oder konischer Behälter. Das Calciumcarbonat fällt hier in Form von kleinen Kugeln an, den sogenannten Pellets.

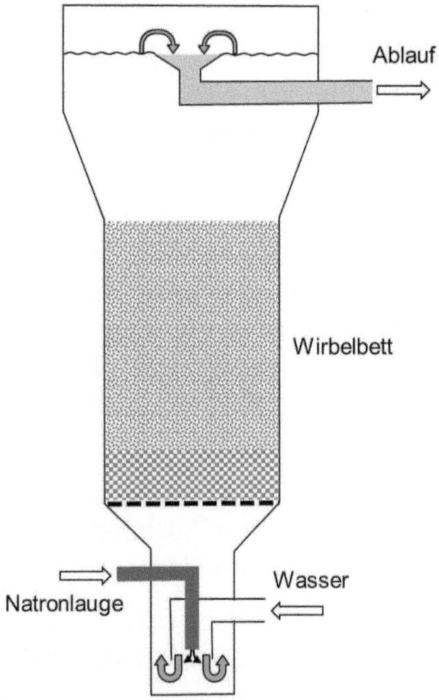

Abbildung 9.2-1: Schnellentcarbonisierer, schematisch

Abbildung 9.2-2: Pellets aus einer Schnellentcarbonisierungs-Anlage

Langsamentcarbonisierung

Bei der Langsamentcarbonisierung läuft der eigentliche Fällungsprozess in Reaktionsbecken in Kontakt mit bereits gefälltem Material ab (Schlammkontaktverfahren). Das Produkt ist ein Calciumcarbonat-Schlamm.

In der Vergangenheit wurden lange Aufenthaltszeiten des aufzubereitenden Wassers benötigt, um ausreichende Reaktionszeiten zu gewährleisten. Außerdem waren große Absetzbecken erforderlich, da Calciumcarbonat feinkristallin ausfällt und lange Sedimentationszeiten benötigt. Doch durch die Entwicklung und Optimierung von immer leistungsfähigeren Flockungs- und Sedimentationsstufen können heute Gesamtaufenthaltszeiten von unter 20 Min. erreicht werden.

Abbildung 9.2-3: Langsamentcarbonisierung

9.2.3 Ionenaustauschverfahren

Bei der Verwendung von Ionenaustauschern muss man unterscheiden, ob das Aufbereitungsziel eine Entcarbonisierung oder eine Enthärtung ist.

Enthärtung durch Ionenaustausch

Zur Enthärtung verwendet man Kationenaustauscher, die die härtebildenden Kationen Calcium und Magnesium gegen andere Kationen austauschen. Die Art der ausgetauschten Ionen hängt vom Regeneriermittel für die Austauscher ab. Wurden die Kationenaustauscher mit Kochsalzlösung regeneriert, so werden beim Ionentausch Natrium-Ionen in das Wasser abgegeben, wurde mit Salzsäure regeneriert, werden H^+-Ionen abgegeben.

Die zur Nachaufbereitung bei der Enthärtung im Haus verwendeten Ionenaustauscher sind immer in der Na-Form und werden mit NaCl regeneriert.

Entcarbonisierung durch Ionenaustausch

Zur reinen Entcarbonisierung eines Wassers verwendet man stark basische Anionenaustauscher.

9.2.4 Membranverfahren

Bei der Umkehrosmose kommt es zu einer Vollentsalzung des Wassers. Es handelt sich also um eine Vollenthärtung und um eine Teilentcarbonisierung des Wassers, da gasförmig gelöstes CO_2 nicht entfernt wird.

Bei der Nanofiltration werden selektiv Ca^{2+}- und Mg^{2+}-Ionen durch die Membran zurückgehalten, es handelt sich also um eine reine Enthärtung des Wassers.

9.2.5 Auswirkungen der Verfahren

Bei allen Verfahren ist eine **Nachbehandlung** des Wassers notwendig !

Bei den **Fällungsverfahren**:

Filtration von Schwebeteilchen, evtl. Flockung.

Da das Wasser in der Regel überalkalisiert wurde muss der pH-Wert durch Säurezugabe oder Zumischung von Rohwasser stabilisiert werden.

Bei den **Ionenaustauschverfahren** und bei den **Membranverfahren:**

Da das enthärtete Wasser mit CO_2 übersättigt ist, das entfernt werden muss

➔ physikalische Entsäuerung.

10 Muster-Berechnungen

Bei den Muster-Berechnungen wurden die Berechnungen **meist** für die aktuelle (2022) CO_2-Konzentration in der Atmosphäre von **420 ppmv** durchgeführt. Teilweise wurden jedoch auch andere Konzentrationen zugrunde gelegt – bitte beachten und an die eigenen Berechnungen anpassen!

10.1 Kohlenstoff-Gehalt der Atmosphäre

Beispielhafte näherungsweise Berechnung des Kohlenstoff-Gehaltes der Atmosphäre auf der Basis des Messwertes für CO_2 in ppmv. (zu Kap. 2.4)

Berechnung über das Gedankenmodell "homogene Atmosphäre" [26].

Es wird hierzu angenommen, dass die Atmosphäre über Meereshöhe sich homogen aufschichtet und nicht verdünnt und auf Meereshöhe einen Normaldruck von 1,01325 bar (101325 Pa) erzeugt. Die Dichte der Luft auf Meereshöhe von 1,293 kg/m³ bei 0°C wird als konstant über die Höhe der Luftsäule angenommen.

Berechnet für **420 ppmv CO_2** in der Atmosphäre.

Berechnung der Höhe der Luftsäule

Formel für den Schweredruck:

$$p = \rho \cdot g \cdot h \quad \longrightarrow \quad h = \frac{p}{\rho \cdot g}$$

$p = 101325$ Pa(=N/m²)
$\rho = 1{,}293$ kg/m³
$g = 9{,}81$ N/kg

Atmosphärenhöhe $h = \frac{101325}{1{,}293 \cdot 9{,}81} \; \frac{N \cdot m^3 \cdot kg}{m^2 \cdot kg \cdot N} = 7945\ m = 7{,}945$ km

Berechnung des Luftvolumens V_{Luft}

V_{Luft} = Erdoberfläche A_{Erde} · Atmosphärenhöhe h

$A_{Erde} = 510 \cdot 10^6\ km^2$ [81]

$V_{Luft} = 510 \cdot 10^6\ km^2 \cdot 7{,}945\ km = 4{,}05 \cdot 10^9\ km^3 = 4{,}05 \cdot 10^{18}\ m^3$

Berechnung Volumen CO_2-Gas

Konzentration ppmv = parts per Million = Faktor 10^6

(420 ppmv CO_2 (April 2022))

V_{CO2} = Konzentration ppmv · $V_{Luft}/10^6 = 1{,}70 \cdot 10^{15}\ m^3$

Berechnung der CO_2-Stoffmenge n in mol bei 0 °C

$V_{mol}(CO_2)$ = 22,41 L/mol = $22{,}41\cdot10^{-3}$ m³/mol

$n(CO_2) = V_{CO2}/V_{mol} = 1{,}70\cdot10^{15}\ m^3/22{,}41\cdot10^{-3}\ m^3/mol = 7{,}59\cdot10^{16}$ mol CO_2

Berechnung CO_2-Masse m in Gigatonnen

$M(CO_2)$=44,0098 g/mol = 0,0440098 kg/mol

$m(CO_2) = n(CO_2)\cdot M(CO_2) = 3{,}31\cdot10^{15}$ kg = $3{,}31\cdot10^{12}$ t = 3.342 Gt CO_2

Berechnung Masse m an Kohlenstoff **C** in Gt

M(C)=12,011 g/mol = 0,012011 kg/mol

$m(C) = n(CO_2)\cdot M(C) = 9{,}12\cdot10^{14}$ kg = $9{,}12\cdot10^{11}$ t = **912 Gt C**

10.2 CO_2-Konzentration in der Luft

(Berechnungen zu Kapitel 3.1)

a) Molvolumen eines Gases [L/mol] bei 10 °C ?

Daten: n = Molzahl = 1; R = 8,3144 J/(mol·K); T = absolute Temperatur in K; t = Temperatur in °C; p = 1 atm = 101.325 Pa (J/m³)

Lösung:

Allgemeine Gasgleichung: $p\cdot V = n\cdot R\cdot T \quad\rightarrow\quad V = \frac{n\cdot R\cdot T}{p}$

oder nach Gay-Lussac:

$$V_{mol} = V_0 + V_0\cdot\frac{t}{273{,}15} \quad\rightarrow\quad V_{mol} = 22{,}414\cdot\frac{273{,}15+t}{273{,}15}$$

Tabelle: Molvolumen eines Gases in Abhängigkeit von der Temperatur (bei 101.325 Pa)

Temp. t in °C	0	5	10	15	20	25
V_{mol} in L/mol	22,414	22,824	23,234	23,645	24,055	24,465

b) Stoffmengenkonzentration c_g und Massenkonzentration β_g von CO_2 in der Luft bei 10 °C (Index g für gasförmig)

Daten: CO_2-Anteil in Luft = 0,0420 Vol.-% $M(CO_2)$ = 44,009 g/mol

Konzentration in Luft:

$$c_g = \frac{1}{V_{mol}\ [L/mol]} \cdot \frac{Vol.\text{-}\%}{100} \quad [mol/L]$$

$$\beta_g = c_g \cdot M(CO_2) \quad [g/L] \quad \text{bzw.} \quad [10^3\ mg/L]$$

Berechnung für 10 °C:

$$c_g = \frac{1}{23{,}234\ L/mol} \cdot \frac{0{,}0420}{100} \quad [mol/L]$$

$$\boxed{c_g = 1{,}8077 \cdot 10^{-5}\ mol/L}$$

$$\beta_g = 1{,}8077 \cdot 10^{-5}\ mol/L \cdot 44{,}009\ mg/(10^{-3}\ mol)$$

$$\boxed{\beta_g = 0{,}7956\ mg/L}$$

10.3 Löslichkeit von CO_2 in Wasser

(Berechnungen zu Kapitel 4.1)

CO_2 löst sich gasförmig im Wasser nach den Gesetzmäßigkeiten des HENRY'schen Gesetzes.

$$c_W = K_H \cdot p \qquad \text{(Gl. 10.3-1)}$$

$$p = \frac{Vol.\text{-}\%}{100} \cdot p_{ges} \qquad \text{(Gl. 10.3-2)}$$

c_W	Konzentration des Gases im Wasser [mol/m³]
K_H	HENRY-Konstante [mol/(m³·bar)]
p	Partialdruck [bar]
p_{ges}	Gesamtdruck [bar]

Anmerkung: Die Henry-Konstante wird in der Literatur immer noch mit der Einheit bar angegeben (1 bar = 10^5 Pa ; 1 mbar = 1 hPa)

Lösung von CO_2 bei 10 °C und normalem Atmosphärendruck beim Kontakt Wasser/Luft im Wasser (Sättigungskonzentration):

Daten: CO_2-Anteil in Luft = **0,0420 Vol.-%** $M(CO_2)$ = 44,009 g/mol

Tabelle: Werte für die HENRY-Konstante (Berechnung siehe Kap. 7.1.1)

Temp. °C		0	5	10	15	20	25
K_H mol/(m³·bar)	Süßwasser	76,895	63,418	53,077	45,026	38,674	33,600
	Salzwasser	62,303	52,006	43,969	37,626	32,571	28,503

Gesucht: c_w und β_w (Berechnung mit dem HENRY'schen Gesetz)

$$p = \frac{0{,}0420}{100} \cdot 1{,}01325\text{ bar} = 0{,}000\,42557\text{ bar}$$

$c_w = 53{,}077\text{ mol/(m}^3\cdot\text{bar)} \cdot 0{,}000\,42557\text{ bar}$

$\mathbf{c_w = 2{,}2588 \cdot 10^{-2}\ mol/m^3}$

$\beta_w = 2{,}2588\cdot 10^{-2}\text{ mol/m}^3 \cdot 44{,}009\text{ g/mol} = 0{,}99407\text{ g/m}^3 = 0{,}99407\text{ mg/L}$

$\boldsymbol{\beta_w = 0{,}994}$ **mg/L**

Temperatur °C	CO_2 im Wasser in mg/L	
	"Süß"-wasser I = 0	Meerwasser 1,9 % Cl^-
0	1,44	1,17
5	1,19	0,974
10	**0,994**	0,824
15	0,843	0,705
20	0,724	0.610
25	0,629	0,534

! ! CO_2 in Wasser ↓ nimmt von 0 - 20 °C ↓ auf die Hälfte ab ! !

Luft

↓↑

$\mathbf{CO_2} + H_2O \rightleftharpoons H_2CO_3 \rightleftharpoons HCO_3^- + H^+ \rightleftharpoons CO_3^{2-} + 2\,H^+$

↑

0.994 mg/L

10.4 Lösung von CO_2 im Sickerwasser im Gleichgewicht mit der Bodenluft (10 °C).

(Berechnungen zu Kapitel 4.1)

Daten: Bodenluft meist 0,2 - 0,7 Vol.-% CO_2
tonreiche, schlecht gedrainte Böden bis über 5 % [43]
$K_H(10°) = 53{,}077\ mol/(m^3 \cdot bar)$

Berechnung für 0,2 % :

$$c_W = K_H \cdot p$$

$$p = \frac{0{,}2\ \%}{100} \cdot 1{,}01325\ bar = 0{,}0020265\ bar$$

$$c_W = 53{,}077\ mol/(m^3 \cdot bar) \cdot 0{,}0020265\ bar = 0{,}10756\ mol/m^3$$

$$\beta_W = 0{,}10756\ mol/m^3 \cdot 44{,}009\ g/mol = 4{,}7336\ g/m^3$$

Tabelle: CO_2-Gehalte im Wasser in Abhängigkeit des Partialdruckes von CO_2 in der Gasphase.

CO_2 (g) Vol.-%	Partialdruck bar	CO_2 im Wasser in mol/m^3	CO_2 im Wasser in mg/L
0,2	0,0020265	0,10756	4,734
0,7	0,0070928	0,37646	16,57
1	0,0101325	0,53780	23,67
2	0,0202650	1,0756	47,34
3	0,0303975	1,6134	71,00
5	0,0506625	2,6890	118,34

In der Kohlensäure-Analytik wird das im Wasser gasförmig gelöste CO_2 mit der Basekapazität $K_{B8,2}$ bestimmt. Der Messwert der Basekapazität entspräche also in etwa der 3. Spalte der Tabelle.

In Abhängigkeit von der im Wasser gelösten CO_2-Menge verändert sich der pH-Wert des Wassers (➔ Beispiel 10.5).

10.5 pH-Wert einer CO_2-Lösung

(Berechnungen zu Kapitel 4.1)

pH-Wert einer CO_2-Lösung (bei 10 °C) (420 ppmv)

Daten: K_1 (10 °C) $= 3{,}4259 \cdot 10^{-7}$ mol/L

$a(CO_2) = c_w = 2{,}2588 \cdot 10^{-5}$ mol/L (siehe oben Beispiel 10.3)

a) Regenwasser / aqua dest. - im Gleichgewicht mit der Luft

$$CO_2 + H_2O \leftrightarrows HCO_3^- + H^+$$

daraus folgt: $a(HCO_3^-) = a(H^+)$

Näherungen: - Eigendissoziation des Wassers wird vernachlässigt !
- stark verdünnte Lösung, I sehr klein → a(i) = c(i) !

einsetzen in : $\frac{a(H^+) \cdot a(HCO_3^-)}{a(CO_2)} = K_1$

$$\rightarrow \frac{a(H^+)^2}{a(CO_2)} = K_1 \quad \rightarrow \quad a(H^+)^2 = K_1 \cdot a(CO_2)$$

$a(H^+)^2 = 3{,}4259 \cdot 10^{-7}$ mol/L $\cdot$ $2{,}2588 \cdot 10^{-5}$ mol/L

$a(H^+)^2 = 7{,}7383 \cdot 10^{-12}$ $(mol/L)^2$

$a(H^+) = 2{,}7818 \cdot 10^{-6}$ mol/L

$-\log(a(H^+))$ = <u>pH = 5,556</u>

Tabelle 10.5-1: Berechnete pH-Werte für Regenwasser

Jahr	CO_2 Vol-% in Luft	pH-Wert des Wassers
ca.1750	0,0280	5,644
1960	0,0317	5,617
1970	0,0326	5,611
1980	0,0339	5,602
1990	0,0354	5,593
2000	0,0370	5,583
2010	0,0390	5,572
2020	0,0414	5,559

b) Bodenluft mit 0,7 Vol.-% CO_2

Daten: $a(CO_2) = c_w = 3{,}7645 \cdot 10^{-4}$ mol/L (siehe oben Beispiel 10.4)

$$a(H^+)^2 = 3{,}4259 \cdot 10^{-7}\ mol/L \cdot 3{,}7646 \cdot 10^{-4}\ mol/L$$

$$a(H^+)^2 = 1{,}2897 \cdot 10^{-10}\ (mol/L)^2$$

$$a(H^+) = 1{,}1357 \cdot 10^{-5}\ mol/L$$

$$-\log(H^+) = \underline{\underline{pH = 4{,}94}}$$

Der pH-Wert von 4,94 ist nur theoretisch, da Grundwässer im allgemeinen pH-Werte über 6 aufweisen. Im Bodenbereich kommt es zu ausgleichenden Reaktionen (z.B. Ionenaustauschvorgänge, Lösung von Kalk).

Tabelle 10.5-2: Theoretische pH-Werte im Gleichgewicht mit der Bodenluft

CO_2 Vol.-%	pH-Wert im Wasser
0,0420	5,56
0,2	5,22
0,7	4,94
1	4,87
2	4,72
3	4,63
5	4,52

Zum Vergleich ist der Wert für atmosphärische Luft (0,0420 Vol.-%) mit angegeben.

10.6 Ergänzende Betrachtung zum Kalk-Kohlensäure-System

(Zu Kapitel 4.7)

Man kann durch Umrechnung der Massenwirkungsgleichungen zeigen, dass bei gleicher CO_2-Konzentration sich die HCO_3^--Konzentration umgekehrt proportional zur H^+-Konzentration verhält, während die CO_3^{2-}-Konzentration umgekehrt proportional vom Quadrat der H^+-Konzentration abhängt.
Dies führt zu unterschiedlichen Steigungen der Graphen in Abbildung 6.1-3.

$$\frac{a(H^+) \cdot a(HCO_3^-)}{a(CO_2)} = K_1 \qquad (1)$$

$$\Downarrow$$

$$a(HCO_3^-) = \frac{a(CO_2) \cdot K_1}{a(H^+)} \qquad (3)$$

$$\frac{a(CO_3^{2-}) \cdot a(H^+)}{a(HCO_3^-)} = K_2 \qquad (2)$$

$$\Downarrow$$

$$a(CO_3^{2-}) = \frac{a(HCO_3^-) \cdot K_2}{a(H^+)} \qquad (4)$$

$$\Downarrow$$

(3) in (4)

$$a(CO_3^{2-}) = \frac{a(CO_2) \cdot K_1 \cdot K_2}{[a(H^+)]^2} \qquad (5)$$

10.7 Berechnung der Kohlensäure-Anteile

(Berechnungen zu Kapitel 4.5.3)

(Die Nummerierung der Reaktionsgleichungen bezieht sich nur auf dieses Beispiel)

Die **Kohlensäuresumme** c(C) ist in einem **geschlossenen** System, also ohne Austausch mit der Atmosphäre (keine Fällung oder Lösung !), **konstant** und unabhängig von Temperatur und Ionenstärke.

$$c(C) = c(CO_2) + c(HCO_3^-) + c(CO_3^{2-}) \qquad \textbf{(1)}$$

In welchen Anteilen aber die unterschiedlichen Kohlensäureformen vorliegen, hängt ab von

- pH-Wert
- Temperatur
- Ionenstärke

Für eine vorgegebene Temperatur (hier: 10 °C) und Ionenstärke (hier: I=0) lassen sich die Anteile $x(CO_2)$, $x(HCO_3^-)$ und $x(CO_3^{2-})$ der Kohlensäureformen über die Massenwirkungsgleichungen in Abhängigkeit vom pH-Wert aus der Stoffmengenbilanz berechnen.

Anteile der Kohlensäureformen an der Kohlensäuresumme c(C)

$$c(CO_2) = x(CO_2) \cdot c(C) \quad \textbf{(2)} \quad \rightarrow \quad x(CO_2) = \frac{c(CO_2)}{c(C)} \quad \textbf{(3)}$$

$$c(HCO_3^-) = x(HCO_3^-) \cdot c(C) \quad \textbf{(4)} \quad \rightarrow \quad x(HCO_3^-) = \frac{c(HCO_3^-)}{c(C)} \quad \textbf{(5)}$$

$$c(CO_3^{2-}) = x(CO_3^{2-}) \cdot c(C) \quad \textbf{(6)} \quad \rightarrow \quad x(CO_3^{2-}) = \frac{c(CO_3^{2-})}{c(C)} \quad \textbf{(7)}$$

Basis der Berechnungen ist die Stoffmengenbilanz:

$$c(C) = c(CO_2) + c(HCO_3^-) + c(CO_3^{2-}) \qquad \textbf{(1)}$$

Vorgehen:

- $c(CO_2)$ ↓ Anteil $x(CO_2)$ **gesucht**
- $c(HCO_3^-)$, $c(CO_3^{2-})$ ↓ ersetzen durch CO_2 über die entsprechenden Massenwirkungsgleichungen

1. Gleichgewichtskonstante

$$\frac{a(H^+) \cdot c(HCO_3^-) \cdot f}{c(CO_2)} = K_1 \quad \textbf{(8)} \quad \rightarrow \quad c(HCO_3^-) = \frac{c(CO_2) \cdot K_1}{a(H^+) \cdot f} \quad \textbf{(9)}$$

2. Gleichgewichtskonstante

$$\frac{c(CO_3^{2-}) \cdot f^4 \cdot a(H^+)}{c(HCO_3^-) \cdot f} = K_2 \quad \textbf{(10)} \quad \rightarrow \quad c(CO_3^{2-}) = \frac{c(HCO_3^-) \cdot K_2}{a(H^+) \cdot f^3} \quad \textbf{(11)}$$

(9) in **(11)** $c(CO_3^{2-}) = \frac{\frac{c(CO_2)\cdot K_1}{a(H^+)\cdot f}\cdot K_2}{a(H^+)\cdot f^3}$ ➔ $c(CO_3^{2-}) = \frac{c(CO_2)\cdot K_1\cdot K_2}{a(H^+)^2\cdot f^4}$ **(12)**

Einsetzen in die Stoffmengenbilanzbilanz:

(9) und **(12)** in **(1)** : $c(C) = c(CO_2) + \frac{c(CO_2)\cdot K_1}{a(H^+)\cdot f} + \frac{c(CO_2)\cdot K_1\cdot K_2}{a(H^+)^2\cdot f^4}$ **(13)**

umformen: $c(C) = c(CO_2)\cdot\left[1 + \frac{K_1}{a(H^+)\cdot f} + \frac{K_1\cdot K_2}{a(H^+)^2\cdot f^4}\right]$ **(14)**

(3): $\frac{c(CO_2)}{c(C)} = \mathbf{x(CO_2)} = \frac{1}{1+\frac{K_1}{a(H^+)\cdot f}+\frac{K_1\cdot K_2}{a(H^+)^2\cdot f^4}}$ **(15)**

Entsprechend wird für die anderen Faktoren verfahren:

(2) in (9) $c(HCO_3^-) = \frac{x(CO_2)\cdot c(C)\cdot K_1}{a(H^+)\cdot f}$ ➔ $c(HCO_3^-) = \frac{x(CO_2)\cdot K_1}{a(H^+)\cdot f}\cdot c(C)$ **(16)**

(5): $\frac{c(HCO_3^-)}{c(C)} = \mathbf{x(HCO_3^-)} = \frac{x(CO_2)\cdot K_1}{a(H^+)\cdot f}$ **(17)**

(4) in (11) $c(CO_3^{2-}) = \frac{x(HCO_3^-)\cdot c(C)\cdot K_2}{a(H^+)}$ ➔ $c(CO_3^{2-}) = \frac{x(HCO_3^-)\cdot K_2}{a(H^+)}\cdot c(C)$ **(18)**

(7): $\frac{c(CO_3^{2-})}{c(C)} = x(CO_3^{2-}) = \frac{x(HCO_3^-)\cdot K_2}{a(H^+)\cdot f^3}$ **(19)**

bzw. mit **(17)** in **(19)**: $\mathbf{x(CO_3^{2-})} = \frac{x(CO_2)\cdot K_1\cdot K_2}{a(H^+)^2\cdot f^4}$ **(20)**

Die Faktoren $x(CO_2)$, $x(HCO_3^-)$ und $x(CO_3^{2-})$ sind bei vorgegebener Temperatur und Ionenstärke (hier I = 0) nur noch vom pH-Wert abhängig !

$K_1(10°C) = 3{,}426 \cdot 10^{-7}$ mol/L
$K_2(10°C) = 3{,}249 \cdot 10^{-11}$ mol/L

Tabelle 10.7-1: Relative Anteile der Kohlensäureformen in Abhängigkeit vom pH-Wert (10 °C) (I=0) (Weitere Werte im Tabellen-Anhang 12.3)

pH	$x(CO_2)$	$x(HCO_3^-)$	$x(CO_3^{2-})$
6,0	0,745	0,255	0,00000829
7,0	0,226	0,774	0,000251
8,0	0,0283	0,969	0,00315
9,0	0,00282	0,966	0,0314
10,0	0,000220	0,755	0,245

Grafische Darstellung siehe Kapitel 4.5.

10.7.1 Berechnung der Kohlensäure-Anteile mit Komplexbildung

(Die Nummerierung der Reaktionsgleichungen bezieht sich nur auf dieses Beispiel)

Es ist das Ziel, den Einfluss der Komplexbildung auf die Verteilung der Kohlensäureanteile darzustellen.
Berechnung für ein geschlossenes System analog zu Kap. 10.7 .

Basis ist die Kohlensäuresumme c(**tC**) mit Komplexen:

$$\mathbf{c(tC)} = c(CO_2) + c(\mathbf{t}HCO_3^-) + c(\mathbf{t}CO_3^{2-}) \qquad \textbf{(1)}$$

$$c(tC) = c(CO_2) + c(HCO_3^-)\cdot F_{C1} + c(CO_3^{2})\cdot F_{C2} \qquad \textbf{(2)}$$

$$F_{C1} = 1 + c(Ca^{2+}) \cdot f^4 \cdot K_3 + c(Mg^{2+}) \cdot f^4 \cdot K_{10} \qquad \textbf{(3)}$$

$$F_{C2} = 1 + c(Ca^{2+}) \cdot f^8 \cdot K_4 + c(Mg^{2+}) \cdot f^8 \cdot K_{11} \qquad \textbf{(4)}$$

Temperatur (10 °C) Ionenstärke (hier: I=0)

1. Gleichgewichtskonstante

$$\frac{a(H^+) \cdot c(HCO_3^-)\cdot f}{c(CO_2)} = K_1 \quad \rightarrow \quad c(HCO_3^-) = \frac{c(CO_2)\cdot K_1}{a(H^+)\cdot f} \qquad \textbf{(5)}$$

2. Gleichgewichtskonstante

$$\frac{c(CO_3^{2-})\cdot f^4 \cdot a(H^+)}{c(HCO_3^-)\cdot f} = K_2 \quad \rightarrow \quad c(CO_3^{2-}) = \frac{c(HCO_3^-) \cdot K_2}{a(H^+)\cdot f^3} \qquad \textbf{(6)}$$

(3) in **(4)** $$c(CO_3^{2-}) = \frac{\frac{c(CO_2)\cdot K_1}{a(H^+)\cdot f} \cdot K_2}{a(H^+)\cdot f^3} \quad \rightarrow \quad c(CO_3^{2-}) = \frac{c(CO_2)\cdot K_1 \cdot K_2}{a(H^+)^2\cdot f^4} \qquad \textbf{(7)}$$

Einsetzen in die Stoffmengenbilanzbilanz:

$$c(tC) = c(CO_2) + c(HCO_3^-)\cdot F_{C1} + c(CO_3^{2})\cdot F_{C2} \qquad \textbf{(2)}$$

(5)+(7) in **(2)** $$c(tC) = c(CO_2) + \frac{c(CO_2)\cdot K_1}{a(H^+)\cdot f} \cdot F_{C1} + \frac{c(CO_2)\cdot K_1 \cdot K_2}{a(H^+)^2\cdot f^4} \cdot F_{C2} \qquad \textbf{(8)}$$

$$c(tC) = c(CO_2) \cdot \left[1 + \frac{K_1}{a(H^+)\cdot f} \cdot F_{C1} + \frac{K_1 \cdot K_2}{a(H^+)^2\cdot f^4} \cdot F_{C2}\right] \qquad \textbf{(9)}$$

$$c(CO_2) = \frac{c(tC)}{\left[1+\frac{K_1}{a(H^+)\cdot f}\cdot F_{C1}+\frac{K_1\cdot K_2}{a(H^+)^2\cdot f^4}\cdot F_{C2}\right]} \qquad \textbf{(10)}$$

Anteile der Kohlensäureformen $x(CO_2)$, $x(HCO_3^-)$ und $x(CO_3^{2-})$ an der Kohlensäuresumme c(tC):

$$x(CO_2) = \frac{c(CO_2)}{c(tC)} = \frac{1}{\left[1+\frac{K_1}{a(H^+)\cdot f}\cdot F_{C1}+\frac{K_1\cdot K_2}{a(H^+)^2\cdot f^4}\cdot F_{C2}\right]} \quad \textbf{(11)}$$

Entsprechend wird für die anderen Faktoren verfahren:

$$\mathbf{x(HCO_3^-)} = \frac{c(HCO_3^-)}{c(tC)} = \frac{x(CO_2)\cdot K_1}{a(H^+)\cdot f} \quad \textbf{(12)}$$

$$\mathbf{x(HCO_3^-)} = \frac{K_1}{\left[1+\frac{K_1}{a(H^+)\cdot f}\cdot F_{C1}+\frac{K_1\cdot K_2}{a(H^+)^2\cdot f^4}\cdot F_{C2}\right]\cdot a(H^+)\cdot f} \quad \textbf{(13)}$$

$$\mathbf{x(HCO_3^-)} = \frac{K_1}{a(H^+)\cdot f+K_1\cdot F_{C1}+\frac{K_1\cdot K_2}{a(H^+)\cdot f^3}\cdot F_{C2}} \quad \textbf{(14)}$$

$$\mathbf{x(HCO_3^-)} = \frac{1}{\frac{a(H^+)\cdot f}{K_1}+\cdot F_{C1}+\frac{\cdot K_2}{a(H^+)\cdot f^3}\cdot F_{C2}} \quad \textbf{(15)}$$

$$\mathbf{x(CO_3^{2-})} = \frac{c(CO_3^{2-})}{c(tC)} = \frac{x(HCO_3^-)\cdot K_2}{a(H^+)\cdot f^3} = \frac{x(CO_2)\cdot K_1\cdot K_2}{a(H^+)^2\cdot f^4} \quad \textbf{(16)}$$

$$\mathbf{x(CO_3^{2-})} = \frac{K_1\cdot K_2}{\left[1+\frac{K_1}{a(H^+)\cdot f}\cdot F_{C1}+\frac{K_1\cdot K_2}{a(H^+)^2\cdot f^4}\cdot F_{C2}\right]\cdot a(H^+)^2\cdot f^4} \quad \textbf{(17)}$$

$$\mathbf{x(CO_3^{2-})} = \frac{K_1\cdot K_2}{a(H^+)^2\cdot f^4+a(H^+)\cdot K_1\cdot f^3\cdot F_{C1}+K_1\cdot K_2\cdot F_{C2}} \quad \textbf{(18)}$$

Die Faktoren $x(CO_2)$, $x(HCO_3^-)$ und $x(CO_3^{2-})$ sind bei vorgegebener Temperatur und Ionenstärke (hier I = 0) nur noch vom pH-Wert abhängig !

Tabelle: Relative Anteile der Kohlensäureformen in Abhängigkeit vom pH-Wert (10 °C) (I=9,7 mmol/L, 15°dH) unter Berücksichtigung der Komplexbildung

(**ohne / mit** Komplexen)

pH	$x(CO_2)$	$x(HCO_3^-)$	$x(CO_3^{2-})$
6,0	0,696 / 0,694	0,304 / 0,303	0,0000 / 0,0000
7,0	0,186 / 0,185	0,813 / 0,806	0,0005 / 0,0005
8,0	0,0222 / 0,0222	0,971 / 0,959	0,0065 / 0,0064
9,0	0,0021 / 0,0021	0,935 / 0,903	0,0628 / 0,0606
10,0	0,0001 / 0,0001	0,598 / 0,510	0,402 / 0,343
11,0	0,0000 / 0,0000	0,130 / 0,095	0,871 / 0,0,640

Grafische Darstellung siehe Kapitel 4.5.3.

10.8 Gedankenmodell zur Kohlensäure im Wasser: Offenes System

(Berechnungen zu Kapitel 6.1)

Offenes System - immer Gasaustausch mit Luft mit Gleichgewichtseinstellung

↓↑

$$CO_2 + H_2O \rightleftharpoons HCO_3^- + H^+ \rightleftharpoons CO_3^{2-} + 2\,H^+$$

$c_W = c(CO_2) =$ **konstant**

Die Anteile der Kohlensäureformen können berechnet werden (Berechnungsbeispiel 10.7) und sind damit bekannt. Daher kann c(C) mit $c(CO_2)$ aus den vorliegenden Daten berechnet werden.

$$c(CO_2) = x(CO_2)\cdot c(C) \quad \rightarrow \quad c(C) = \frac{c(CO_2)}{x(CO_2)}$$

Aus c(C) lassen sich dann wiederum über $x(HCO_3^-)$ und $x(CO_3^{2-})$ die Konzentrationen $c(HCO_3^-)$ und $c(CO_3^{2-})$ berechnen:

$$c(HCO_3^-) = x(HCO_3^-)\cdot c(C) \quad \text{und} \quad c(CO_3^{2-}) = x(CO_3^{2-})\cdot c(C)$$

a) Luft mit **0,0400 Vol.-%** CO_2 (10°C):
$c_W = c(CO_2) = \text{konstant} = 0{,}021512\cdot 10^{-2}$ mol/m³

Beispiel: Berechnung für pH 7,0 (10 °C) (Konzentrationen in mol/m³)

pH	$x(CO_2)$	$x(HCO_3^-)$	$x(CO_3^{2-})$
7,0	0,226	0,774	$0{,}251\cdot 10^{-3}$

$$c(C) = \frac{c(CO_2)}{x(CO_2)} = \frac{0{,}021512\cdot 10^{-2}}{0{,}226} = 0{,}0952$$

$$c(HCO_3^-) = x(HCO_3^-)\cdot c(C) = 0{,}774 \cdot 0{,}0952 = 0{,}07368$$

$$c(CO_3^{2-}) = x(CO_3^{2-})\cdot c(C) = 0{,}251\cdot 10^{-3}\cdot 0{,}0952 = 0{,}23895\cdot 10^{-4}$$

Tabelle 10.8-1: Ergebnisse Beispiel a), Konzentrationen in mol/m³

		CO_2	HCO_3^-	CO_3^{2-}	C
pH 5,6	Anteil	0,880	0,120	$0{,}155\cdot 10^{-5}$	1
	Konzentration	0,0215	0,00293	$0{,}380\cdot 10^{-7}$	0,0244
pH 7,0	Anteil	0,226	0,774	$0{,}251\cdot 10^{-3}$	1
	Konzentration	0,0215	0,0737	$0{,}239\cdot 10^{-4}$	0,0952
pH 8,0	Anteil	0,0283	0,969	0,00315	1
	Konzentration	0,0215	0,737	0,00239	0,761
pH 9,0	Anteil	0,00282	0,966	0,0314	1
	Konzentration	0,0215	7,37	0,239	7,63

b) Bodenluft mit 2,0 Vol.-% CO_2 (10 °C): $c_W = c(CO_2)$ = konstant = 1,076 mol/m³

Tabelle 10.8-2: Ergebnisse Beispiel b), Konzentrationen in mol/m³

		CO_2	HCO_3^-	CO_3^{2-}	C
pH 6,0	Anteil	0,745	0,255	$0{,}829 \cdot 10^{-5}$	1
	Konzentration	1,076	0,369	$0{,}120 \cdot 10^{-4}$	1,45
pH 7,0	Anteil	0,226	0,774	$0{,}251 \cdot 10^{-3}$	1
	Konzentration	1,076	3,69	0,00120	4,76
pH 8,0	Anteil	0,0283	0,969	0,00315	1
	Konzentration	1,076	36,9	0,120	38,1
		$\approx K_{B8,2}$!	$\approx K_{S4,3}$!		**TIC !**

Berechnung der Grenzlinie Ca^{2+} / $CaCO_3$

Berechnung der Ca^{2+}-Konzentration bei Erreichen des Löslichkeitsproduktes: Grenzkonzentration (K_C ($CaCO_3$,10 °C) = $3{,}927 \cdot 10^{-3}$ (mol/m³)²)

$$K_C = a(Ca^{2+}) \cdot a(CO_3^{2-}) \qquad a(Ca^{2+}) = \frac{K_C}{a(CO_3^{2-})}$$

Wasser a) pH 7 : $a(Ca^{2+}) = 3{,}927 \cdot 10^{-3} / 0{,}239 \cdot 10^{-4} = 1{,}64 \cdot 10^{2}$
pH 8 : $a(Ca^{2+}) = 3{,}927 \cdot 10^{-3} / 0{,}239 \cdot 10^{-2} = 1{,}64$
pH 9 : $a(Ca^{2+}) = 3{,}927 \cdot 10^{-3} / 0{,}239 = 1{,}64 \cdot 10^{-2}$

Wasser b) pH 6 : $a(Ca^{2+}) = 3{,}927 \cdot 10^{-3} / 0{,}120 \cdot 10^{-4} = 3{,}28 \cdot 10^{2}$
pH 7 : $a(Ca^{2+}) = 3{,}927 \cdot 10^{-3} / 0{,}120 \cdot 10^{-2} = 3{,}28$
pH 8 : $a(Ca^{2+}) = 3{,}927 \cdot 10^{-3} / 0{,}120 = 3{,}28 \cdot 10^{-2}$

Bereiche der Wasserhärte

Obere Grenze für Trinkwasser : 30 °dH (5,4 mmol/L)
Untere Grenze: Sehr weiches Wasser einer Talsperre 3°dH (0,5 mmol/L)
Umrechnungsfaktor mol/m³ → Härte = 5,6
bei Annahme: $a(Ca^{2+})$ = 80% der Härte → (30 °dH·0,8)/5,6 = 4,28 mol/m³ Ca^{2+}
(3 °dH·0,8)/5,6 = 0,429 mol/m³ Ca^{2+}

10.9 Berechnung der Kohlensäureformen aus dem TIC

(Berechnungen zu Kapitel 7.2.1)

Aus dem TIC können die Konzentrationen der Kohlensäureformen über die relativen Anteile der Kohlensäureformen (vom pH abhängig!) berechnet werden.

$$c(C) = TIC \quad \Rightarrow \quad \begin{aligned} c(CO_2) &= x(CO_2) \cdot c(C) \\ c(HCO_3^-) &= x(HCO_3^-) \cdot c(C) \\ c(CO_3^{2-}) &= x(CO_3^{2-}) \cdot c(C) \end{aligned}$$

Daten:	$M(C)$	= 12,011	g/mol	$M(HCO_3^-)$	= 61,017	g/mol
	$M(CO_2)$	= 44,010	g/mol	$M(CO_3^{2-})$	= 60,009	g/mol

Beispiel: TIC = 3,6 mmol/L bei pH = 7,0

a) Molare Konzentration an anorganischem Kohlenstoff (Kohlensäuresumme):

$$c(C) = TIC = 3{,}6 \text{ mmol/L}$$

b) Massen-Konzentration an anorganischem Kohlenstoff:

$$\beta(C) = c(C) \cdot M(C) = 3{,}6 \text{ mmol/L} \cdot 12{,}011 \text{ mg/mmol} = 43{,}2 \text{ mg/L} \quad C$$

c) Konzentrationen der jeweiligen Kohlensäureformen:

Die Anteile können Tabelle 12.3-1 entnommen werden:

Anteile bei pH 7,0	$x(CO_2) = 0{,}226$ $x(HCO_3^-) = 0{,}774$ $x(CO_3^{2-}) = 0{,}251 \cdot 10^{-3}$

$c(CO_2)$	$= x(CO_2) \cdot c(C)$	$= 0{,}226$	$\cdot 3{,}6$ mmol/L	$= 0{,}814$	mmol/L
$c(HCO_3^-)$	$= x(HCO_3^-) \cdot c(C)$	$= 0{,}774$	$\cdot 3{,}6$ mmol/L	$= 2{,}78$	mmol/L
$c(CO_3^{2-})$	$= x(CO_3^{2-}) \cdot c(C)$	$= 0{,}251 \cdot 10^{-3}$	$\cdot 3{,}6$ mmol/L	$= 0{,}904 \cdot 10^{-3}$	mmol/L

$\beta(CO_2)$	$= c(CO_2) \cdot M(CO_2)$	$= 0{,}814$ mmol/L	$\cdot 44{,}010$ mg/mmol	$= 35{,}8$	mg/L
$\beta(HCO_3^-)$	$= c(HCO_3^-) \cdot M(HCO_3^-)$	$= 2{,}78$ mmol/L	$\cdot 61{,}017$ mg/mmol	$= 170{,}0$	mg/L
$\beta(CO_3^{2-})$	$= c(CO_3^{2-}) \cdot M(CO_3^{2-})$	$= 0{,}904 \cdot 10^{-3}$ mmol/L	$\cdot 60{,}009$ mg/mmol	$= 0{,}05$	mg/L

10.10 Säurekapazität reinsten Wassers

(Berechnungen zu Kapitel 7.2.2.1)

Liegt als Wasserprobe reinstes Wasser vor (I = 0), so muss durch die Titration nur das Dissoziationsgleichgewicht des Wassers verschoben werden:

$$H_2O \rightleftharpoons H^+ + OH^-$$

Der bei allen Titrationen auftretende Verdünnungseffekt kann bei richtiger Wahl der Molaritäten des Titriermittels durch Zugabe nur kleiner Volumina vernachlässigt werden.

Beispiel Säurekapazität : Zugabe von H^+ :

In einem Wasser mit pH 7 wird die Säurekapazität 4,3 bestimmt. Hierdurch wird der pH-Wert durch Säurezugabe von 7,0 auf 4,3 verändert. Die Konzentration der H^+-Ionen (25 °C: $K_W=10^{-14}$ $(mol/L)^2$) wird damit von 10^{-7} mol/L auf $10^{-4,3}$ mol/L erhöht:

pH	= 7,0	pH	= 4,3
$a(H^+)$	= 10^{-7} mol/L	$a(H^+)$	= $10^{-4,3}$ mol/L
$a(OH^-)$	= 10^{-7} mol/L	$a(OH^-)$	= $10^{-9,7}$ mol/L

Am Ende liegen vor : $a(H^+) = 10^{-4,3}$ und $a(OH^-) = 10^{-9,7}$ mol/L

Ein Teil der zugegebenen H^+-Ionen wird verbraucht durch die Neutralisation von OH—Ionen. Der andere Teil erhöht die H^+-Konzentration im Wasser bis zum gewünschten pH-Wert.

Neutralisation OH^- -Ionen	$10^{-7} - 10^{-9,7} = H_{Verbrauch}$	=	$9{,}98 \cdot 10^{-8}$ mol/L
Erniedrigung pH-Wert	$10^{-4,3} - 10^{-7} = H_{Veränderung}$	=	$5001{,}87 \cdot 10^{-8}$ mol/L **+**
	$H_{Titrationsverbrauch}$		$5011{,}85 \cdot 10^{-8}$ mol/L

Insgesamt werden also $5{,}01185 \cdot 10^{-5}$ mol/L H^+-Ionen verbraucht.

Der Verbrauch für die Neutralisation ($9{,}98 \cdot 10^{-8}$ mol/L) kann wegen des geringen Wertes vernachlässigt werden.

Der H^+-Verbrauch für die Verschiebung des Dissoziationsgleichgewichtes des Wassers beträgt also rund $0{,}05 \cdot 10^{-3}$ mol/L bei Größenordnungen normaler Säurekapazitäten in Trinkwässern von $1 \cdot 10^{-3}$ - $5 \cdot 10^{-3}$ mol/L.

10.11 Sättigungsindex

(Berechnung zu Kapitel 8.5. Diese Variante ist mit Taschenrechner berechenbar.)

Die Berechnung des Sättigungsindexes erfolgt auf der Basis von Analysendaten unter Berücksichtigung der Ionenstärke.

$$SI = \lg\left(\frac{c(Ca^{2+}) \cdot c(HCO_3^-) \cdot K_2}{K_C \cdot a(H^+)} \cdot f^5\right)$$

Da mit der pH-Elektrode direkt die Aktivität der H^+-Ionen erfasst wird, kann $a(H^+)$ direkt aus dem pH-Wert abgeleitet werden und muss bei der Berechnung des Aktivitätskoeffizienten nicht berücksichtigt werden!

Benötigte Werte:

- Temperatur T in K (zur Berechnung der Konstanten)
- pH
- $c(Ca^{2+})$ in **mol/L**
- $K_{S4,3}$ in **mol/L**
- el. Leitfähigkeit κ_{25} in **mS/m**
- t_e
- t_b
- t_{pH}

Beispiel - Analyse		
t_e	°C	10,0
t_b	°C	10,0
pH		7,10
t_{pH}	°C	18
LF (κ_{25})	mS/m	65
$K_{S4,3}$	mmol/L	2,8
Ca^{2+}	mmol/L	2,5

K_2 (10°C) in mol/L		$3{,}249 \cdot 10^{-11}$
K_C (10°C)	$(mol/L)^2$	$3{,}927 \cdot 10^{-9}$

angenähert gilt: $c(HCO_3^-) \approx K_{S4,3}$

Temperaturkorrektur des pH-Wertes:

Weicht die Temperatur (t_{pH}) bei der Messung des pH-Wertes von der Bewertungstemperatur (t_b) ab, so muss der bei dieser Temperatur gemessene pH-Wert (pH) auf die Bewertungstemperatur (pH_{tb}) umgerechnet werden.

$pH_{tb} = pH + 0{,}011 \cdot (t_{pH} - t_b)$

$pH_{tb} = 7{,}10 + 0{,}011 \cdot (18 - 10) = 7{,}19$

Berechnung der Ionenstärke I näherungsweise aus der Leitfähigkeit:

$I = \frac{\kappa_{25}}{6200}$ [mol/L] (κ_{25} in mS/m)]

➔ I = 65/6200 = 0,01048 mol/L

Berechnung des Aktivitätskoeffizienten f:

$$\lg(f) = -0{,}5 \cdot \frac{\sqrt{I}}{1 + 1{,}4 \cdot \sqrt{I}}$$

➔ $$\lg(f) = -0{,}5 \cdot \frac{\sqrt{0{,}01048}}{1 + 1{,}4 \cdot \sqrt{0{,}01048}} = -0{,}0448$$

$f = 10^{\lg(f)}$ ➔ $f = 10^{-0{,}0448} = 0{,}902$

Berechnung der Wasserstoffionen-Aktivität

$a(H^+) = 10^{-pH}$ ➔ $a(H^+) = 10^{-7{,}19} = 6{,}49 \cdot 10^{-8}$

Einsetzen in die Gleichung

$$SI = \lg\left(\frac{c(Ca^{2+}) \cdot c(HCO_3^-) \cdot K_2}{K_C \cdot a(H^+)} \cdot f^5\right)$$ Einheiten in **<u>mol/L</u>**

$$SI = \lg \frac{2{,}5 \cdot 10^{-3} \cdot 2{,}8 \cdot 10^{-3} \cdot 3{,}249 \cdot 10^{-11}}{3{,}927 \cdot 10^{-9} \cdot 6{,}49 \cdot 10^{-8}} \cdot 0{,}902^5$$

SI = lg (0,5332)

<u>SI = - 0,273</u>

SI < 0 : Das Wasser ist kalklösend

11 Chemische Grundlagen in Kurzfassung

11.1 Grundbegriffe und Gehaltsangaben

Stoffmenge n

Die Stoffmenge n ist eine Basisgröße (SI-Einheit)
Die Einheit der Stoffmenge ist das Mol [mol]
1 Mol ist die Stoffmenge n, die aus N_A Teilchen besteht
(Anzahl der Atome in einem Mol Kohlenstoff ^{12}C: $N_A = 6{,}022 \cdot 10^{23}\ mol^{-1}$
(Avogadro-Konstante bzw. LOSCHMIDT-Zahl))

Molare Masse M(i) (Molekulargewicht) des Stoffes (i)

Verknüpfung von Stoffmenge n und der zugehörigen Masse m

$$M(i) = \frac{m(i)}{n(i)} \quad \frac{g}{mol} \quad \text{oder auch} \quad \frac{mg}{mmol} \quad \text{(für Umrechnungen)}$$

Gehaltsangaben in Mischphasen

c(i) = Stoffmengenkonzentration des Stoffes i in mol/L oder mmol/L
a(i) = Aktivität des Stoffes i in mol/L
β(i) = Massenkonzentration des Stoffes i in µg/L oder mg/L oder g/L
x(i) = Stoffmengenanteil (Molenbruch)

Formelmäßige Zusammenhänge

Stoffmengenkonzentration

$$c(i) = \frac{n(i)}{V} \quad \frac{mol}{L} \quad \text{oder auch} \quad \frac{10^3\ mmol}{L}$$

Aktivität

$$a(i) = c(i) \cdot f(i) \qquad mol/L \quad \text{oder} \quad mmol/L$$

f(i) = Aktivitätskoeffizient

Massenkonzentration

$$\beta(i) = c(i) \cdot M(i) \qquad \frac{g}{L} \quad \text{oder auch :} \quad \frac{10^3\ mg}{L} \qquad \frac{10^6\ \mu g}{L}$$

Stoffmengenanteil

$$x(i) = \frac{n(i)}{n} \quad \frac{mol}{mol}$$

n = Gesamtstoffmenge der Mischphase

11.2 Ionenstärke und Aktivität

(Grundlagen zu Kapitel 7.5)

Liegt eine chemische Verbindung im Wasser in Form von Ionen vor - und dies ist bei fast allen anorganischen Verbindungen der Fall - , so entspricht ihre Stoffmengenkonzentration nicht ihrer bei chemischen Reaktionen ***wirksamen*** Konzentration. Die Ionen beeinflussen sich gegenseitig durch ihre Ladungen, so dass die an den Gleichgewichtsreaktionen teilnehmende Teilchenzahl und damit die *wirksame* Konzentration kleiner ist als die Stoffmengenkonzentration c(i).

Je mehr Ionen in einem Wasser enthalten sind, desto größer ist die gegenseitige Beeinflussung der Ionen untereinander. Zwei- oder dreiwertige Ionen haben auf Grund ihrer Ladungsdichte einen größeren Einfluss auf die anderen Ionen als einwertige.

Ein Maß für den Gehalt eines Wassers an Ionen ist die Ionenstärke I.

Ionenstärke

Die Gleichungen zur Berechnung der Ionenstärke sind in Kapitel 7.5 dargestellt.

$$I = 0{,}5 \cdot \sum_{j=1}^{j}[c(i) \cdot (z(i)^2)] \qquad [mol/L]$$

c(i) = Konzentration des Ions (i) [mol/L]
z(i) = Ladungszahl
j = Anzahl der Ionen

Beispielhafte Berechnung der Ionenstärke mit Konzentrationen für eine $0{,}2 \cdot 10^{-3}$ molare $CaCl_2$ - Lösung :

$c(Ca^{2+}) = 0{,}2 \cdot 10^{-3}$ mol/l $\qquad c(Cl^-) = 0{,}4 \cdot 10^{-3}$ mol/L

$z(Ca^{2+}) = 2 \qquad z(Cl^-) = 1$

$$I = 0{,}5 \cdot [(0{,}2 \cdot 10^{-3} \cdot 2^2) + (0{,}4 \cdot 10^{-3} \cdot 1^2)]$$

$$I = 0{,}6 \cdot 10^{-3} \text{ mol/L}$$

Aktivität und Aktivitätskoeffizient

Bei der Analytik von Stoffen im Wasser bestimmt man immer den Gesamtgehalt des Stoffes → die Stoffmengenkonzentration. Für die Beurteilung von

Gleichgewichts-Reaktionen ist hingegen nur die aktive Menge des Stoffes von Bedeutung.

Die *wirksame* Konzentration wird als Aktivität a(i) des Stoffes i bezeichnet.

$$a(i) < c(i)$$

Aktivität und Konzentration eines speziellen Ions (i) sind folgendermaßen verknüpft:

$$a(i) = c(i) \cdot f(i) \qquad f(i) = \text{Aktivitätskoeffizient}$$

Der Aktivitätskoeffizient f(i) kann Werte zwischen $0 < f \leq 1$ annehmen.

Nur in ideal verdünnten Lösungen kann er 1 betragen, in konzentrierten Lösungen ist der Aktivitätskoeffizient kleiner als 1. So kann als Näherung nur in stark verdünnten Lösungen die Aktivität eines Stoffes ungefähr gleich der Konzentration gesetzt werden:

Näherung nur in stark verdünnten Lösungen:

$$a(i) \approx c(i)$$

In konzentrierten Lösungen kann der Aktivitätskoeffizient sehr viel kleiner als 1 sein, das heißt, die Aktivität der Ionen stark eingeschränkt sein.

Der Aktivitätskoeffizient f(i) ist abhängig von der Intensität der gegenseitigen Beeinflussung der Ionen untereinander, die durch die Ionenstärke I ausgedrückt wird.

Für die Abhängigkeit des Aktivitätskoeffizienten eines spezifischen Ions (i) von der Ionenstärke I gelten die Gesetzmäßigkeiten nach DEBEYE-HÜCKEL:

$$\lg(f(i)) = -A \cdot (z(i))^2 \cdot \frac{\sqrt{I}}{1 + B \cdot a(i) \cdot \sqrt{I}} \qquad \text{I in mol/L !}$$

A und B sind für das Lösungsmittel charakteristische, temperaturabhängige Konstanten (siehe auch Kapitel 7.5).

11.3 Das Massenwirkungsgesetz

Am Beispiel der Dissoziationsreaktion einer Säure AH :

$$AH \underset{v_2}{\overset{v_1}{\rightleftharpoons}} A^- + H^+$$

(A^-= Säureanion bzw. "Säurerest")
(H^+ vereinfacht = H_3O^+)
(Reaktionsgeschwindigkeiten v_1 und v_2)

Es handelt sich bei dieser Reaktion um eine chemische Gleichgewichtsreaktion. Im (dynamischen !) **Gleichgewicht** sind die Reaktionsgeschwindigkeiten der Hin-Reaktion (v_1) und der Rückreaktion (v_2) gleich groß und ihre Wirkung hebt sich gegenseitig auf. Die molaren Konzentrationen der Reaktionsteilnehmer bleiben unverändert.
Die Reaktionsgeschwindigkeit ist jeweils direkt abhängig von den Aktivitäten der Reaktionspartner:

$$v_1 = k_1 \cdot a(AH)$$
$$v_2 = k_2 \cdot a(A^-) \cdot a(H^+)$$

wobei k_1 und k_2 als Geschwindigkeitskonstanten der Reaktion bezeichnet werden. Bei $v_1 = v_2$, also im Gleichgewicht, gilt:

$$v_1 = v_2 = k_1 \cdot a(AH) = k_2 \cdot a(A^-) \cdot a(H^+)$$

Bildet man aus den beiden Geschwindigkeitskonstanten eine neue Konstante K, so folgt:

$$\frac{k_1}{k_2} = K = \frac{a(A^-) \cdot a(H^+)}{a(AH)}$$

oder mit Worten: Das mathematische Produkt der **Aktivitäten** der Reaktionsprodukte dividiert durch das Produkt der **Aktivitäten** der Ausgangssubstanzen ist konstant (Massenwirkungsgesetz).

$$\frac{a(A^-) \cdot a(H^+)}{a(AH)} = K$$

K = Massenwirkungskonstante
oder Gleichgewichtskonstante
oder Dissoziationskonstante der Säure

Das Massenwirkungsgesetz in dieser Form ist unabhängig von der Ionenstärke des Wassers, da es direkt aus den Aktivitäten der Stoffe abgeleitet wird. Die Massenwirkungskonstante K ist abhängig vom Druck und von der Temperatur.

Berücksichtigung der Ionenstärke

Analog lässt sich eine Massenwirkungskonstante K* für die Stoffmengenkonzentrationen der Stoffe definieren:

$$\frac{c(A^-) \cdot c(H^+)}{c(AH)} = K^*$$

Diese Massenwirkungskonstante K* ist zusätzlich zu Druck und Temperatur von der Ionenstärke I abhängig. Es gilt:

$$K = K^* \cdot f_K$$

<u>Ableitung des Zusammenhanges:</u>

Die Reaktionsgeschwindigkeiten v_1 und v_2 sind abhängig von den Aktivitäten a(i) der beteiligten Substanzen (i). Nur im hypothetischen Fall einer extrem verdünnten Lösung mit einer Ionenstärke, die gegen Null geht, kann angenommen werden:

$$a(i) \approx c(i) \qquad \text{(I angenähert = 0)}$$

Eine zunehmende Ionenstärke führt bei unveränderter Konzentration eines Stoffes (i) zu einer Abnahme der Aktivität dieses Stoffes. Dies wir durch den Aktivitätskoeffizienten f berücksichtigt.

$$a(i) = c(i) \cdot f(i)$$

Den Zusammenhang zwischen den Konstanten K und K* erhält man, indem man für die Aktivitäten der Stoffe das Produkt aus Konzentration und Aktivitätskoeffizient einfügt.

$$\frac{a(A^-) \cdot a(H^+)}{a(AH)} = \frac{c(A^-) \cdot f(A^-) \cdot c(H^+) \cdot f(H^+)}{c(AH) \cdot f(AH)} = K$$

$$\frac{c(A^-) \cdot f(A^-) \cdot c(H^+) \cdot f(H^+)}{c(AH) \cdot f(AH)} = \frac{c(A^-) \cdot c(H^+)}{c(AH)} \cdot \frac{f(A^-) \cdot f(H^+)}{f(AH)} = K^* \frac{f(A^-) \cdot f(H^+)}{f(AH)} = K$$

➔ $K = K^* \cdot f_K \qquad \text{mit } f_K = \frac{f(A^-) \cdot f(H^+)}{f(AH)}$

Ist in einer Reaktionsgleichung H_2O vorhanden, so wird die Aktivität $a(H_2O)=c(H_2O)$ (f=1 !)als konstant angesehen und üblicherweise in die Massenwirkungskonstante eingerechnet.

Beispiel: Dissoziationskonstante K_1 der Kohlensäure(Kap. 4.5)

$$CO_2 + H_2O \rightleftharpoons HCO_3^- + H^+$$

$$\frac{a(H^+) \cdot a(HCO_3^-)}{a(CO_2) \cdot a(H_2O)} = K$$

$$\frac{a(H^+) \cdot a(HCO_3^-)}{a(CO_2)} = K \cdot a(H_2O) = K_1$$

11.4 pH-Wert

Wegen der grundsätzlichen Bedeutung des pH-Wertes im Kohlensäuresystem werden die Grundlagen des pH-Wertes etwas ausführlicher dargestellt.

Autoprotolyse des Wassers (Ionenprodukt)

Wasser dissoziiert (Protolyse) zu einem geringen Anteil in H^+- und OH^--Ionen, die in wässriger Lösung nicht frei sondern ein- oder mehrfach hydratisiert vorliegen $(i)_{(aq)}$.

$$H_2O \rightleftharpoons H^+_{(aq)} + OH^-_{(aq)}$$

z.B. $H^+_{(aq)}$: H_3O^+, $H_5O_2^+$, $H_7O_3^+$, ...

Das heißt, die Reaktionsgleichung müsste eigentlich lauten:

$$H_2O + H_2O \rightleftharpoons H_3O^+ + OH^-$$

Aus Gründen der Vereinfachung schreibt man jedoch:

$$H_2O \rightleftharpoons H^+ + OH^-$$

Das Massenwirkungsgesetz lautet dann für diese Reaktion:

$$\frac{a(H^+) \cdot a(OH^-)}{a(H_2O)} = K$$

Da durch den geringen Umfang der Dissoziation (sehr kleiner Wert für die Konstante K) die Aktivität des Wassers als konstant angesehen werden kann, wird sie in die Konstante mit einbezogen.

$$c(H_2O) = 55{,}41 \text{ mol/L}$$

$$c(H^+) = 10^{-7} \text{ mol/L}$$

$$\Rightarrow \quad a(H_2O) \approx \text{konstant}$$

$$a(H^+) \cdot a(OH^-) = K \cdot a(H_2O) = K_w$$

Die Gleichung lautet dann **(Ionenprodukt des Wassers)**:

$$a(H^+) \cdot a(OH^-) = K_w \qquad [(mol/L)^2]$$

Man bezeichnet das Produkt aus $a(H^+)$ und $a(OH^-)$ als das Ionenprodukt des Wassers. Der Wert für das Ionenprodukt ist von der Temperatur abhängig (Kap. 7.1).

Bei **<u>25 °C</u>** gilt : $K_w = 10^{-14}\ (mol/L)^2$

In **reinem Wasser** liegen durch die Dissoziation immer 50% H^+-Ionen und 50% OH^--Ionen vor.

$$H_2O \rightleftharpoons H^+ + OH^-$$
$$\mathbf{50\%} \quad \mathbf{50\%}$$

$$\rightarrow \quad a(H^+) = a(OH^-) \quad \rightarrow \quad [a(H^+)]^2 = K_w$$

$$a(H^+) = \sqrt{K_w}$$

$$a(OH^-) = \sqrt{K_w}$$

$$\sqrt{K_w} = \sqrt{10^{-14}} = 10^{-7} \quad (25\ °C)$$

Es liegen dann also 10^{-7} mol/L H^+-Ionen
und 10^{-7} mol/L OH^--Ionen im Wasser vor (**25 °C** !).

Ein solches Wasser mit gleichen Konzentrationen an H^+- und OH^--Ionen wird als ***neutral*** bezeichnet.

Liegen mehr H^+-Ionen als OH^--Ionen vor, so wird es als ***sauer***, liegen mehr OH^--Ionen vor, so wird es als ***alkalisch (basisch)*** bezeichnet.

pH-Wert: Definition pH/pOH

Um die oben beschriebenen Wassereigenschaften zu charakterisieren und einfachere Werte zu erhalten, hat man den pH-Wert folgendermaßen definiert :

$$pH = -\lg a(H^+)$$

! Der pH-Wert ist der negativ dekadische Logarithmus
der Wasserstoff-Ionen-**Aktivität** $a(H^+)$!

$a(H^+)$ in **mol/L !!**

Bei der pH-Messung erfasst man immer nur den aktiven Anteil !

Der Operator p ist eine Rechenvorschrift, die bedeutet: man bilde den negativen dekadischen Logarithmus. Der Operator p wird in der Chemie häufiger verwendet.

$$p(i) \equiv -\lg(i)$$

also : **(bei 25 °C !)** $a(H^+) = 10^{-7}$ mol/l → pH = 7 = neutral
$a(H^+) > 10^{-7}$ mol/l → pH < 7 = sauer
$a(H^+) < 10^{-7}$ mol/l → pH > 7 = basisch bzw. alkalisch

Um Rechnungen zu vereinfachen, hat man analog zum pH unter Verwendung des gleichen Operators definiert :

$$pK_w = -\lg K_w$$

und $$pOH = -\lg a(OH^-)$$

Damit ergibt sich : $pK_w = pH + pOH$

$14 = 7 + 7$ (bei 25 °C !)

Temperaturabhängigkeit des pH-Wertes

Ein gemessener pH-Wert gilt nur für die Temperatur, bei der die Messung durchgeführt wurde! Mit einer Änderung der Temperatur verändert sich auch das Ionenprodukt des Wassers und damit $a(H^+)$.

Das bedeutet : Angabe eines pH-Messwertes immer mit Temperaturangabe!

Auch der **Neutralpunkt** ist von der Temperatur abhängig. Er ist so definiert,

dass $a(H^+) = a(OH^-)$ bzw. $pH = pOH$

und damit $pH = pK_w/2$

Tabelle 11.4-1: Temperaturabhängigkeit des pH-Wertes

Temp. °C	pKw	pH neutral
0	14,944	7,47
5	14,734	7,37
10	14,535	7,27
15	14,346	7,17
20	14,166	7,08
25	13,996	7,00

Nur bei 25 °C hat neutrales Wasser einen pH-Wert von 7,0 !

! Mit steigender Temperatur fällt der pH-Wert !

Anmerkung:

Der Begriff 'neutral' ist nur auf den Zustand pH = pOH bezogen und beinhaltet keinerlei Aussage über das Verhalten dieses Wassers gegenüber Werkstoffen!

Ein neutrales Trinkwasser (pH = 7) ist in der Regel kalklösend!

pH-Indikatoren

Auf pH-Indikatoren wird an dieser Stelle nur eingegangen, weil sie historisch die Basis waren für die Bestimmung der Säure- und Basekapazität und Namensgeber für m-Wert (Methylorange) und p-Wert (Phenolphthalein).

pH-Indikatoren sind organische Farbstoffe, die durch Aufnahme oder Abgabe von Protonen (H^+-Ionen) ihre Farbe ändern (schwache Säuren oder Basen). Für pH-Indikatoren wird ein Umschlagpunkt für die Farbänderung angegeben.

Indikator	Umschlagsbereich (pH)	Farbänderung
Methylorange	3,1 – 4,4	rot - gelborange
Phenolphthalein	8,2 – 9,8	farblos - rot

Messung des pH-Wertes

Die Messung des pH-Wertes erfolgt mit pH-Elektroden. Es sei hier darauf hingewiesen, dass für sehr weiches Wasser oder Regenwasser spezielle Weichwasser-Elektroden verwendet werden müssen.

Obwohl die pH-Messung primär einfach wirkt, werden hier durchaus häufig grundlegende Fehler gemacht und fehlerhafte Werte bestimmt. Da der pH-Wert aber eine Basis-Größe im Kohlensäure-System ist, muss hier besondere Sorgfalt angewandt werden.

Kalibrierung :

Die pH-Elektrode ist vor Gebrauch zu kalibrieren.

Die pH-Werte der Kalibrier-Puffer sind temperaturabhängig und gelten nur für die angegebene Temperatur, meist 25 °C !

In den Bedienungsanleitungen für die unterschiedlichen pH-Messgeräte wird auf spezielle Kalibrier-Vorschriften eingegangen.

Prinzipielles Vorgehen

Probenentnahme in Stichworten

- möglichst wenig Luftkontakt - vor allem bei weichen Wässern
- möglichst unmittelbar messen (Temperatur ! , eventuell im Durchfluss)
- sonst kühl transportieren (Ausgasungen !)

Durchführung der Messung

pH-Elektrode (und Temperaturfühler) spülen
am besten mit Probenwasser, dann ist kein Abtupfen notwendig
sonst mit deion. Wasser spülen und leicht abtupfen
pH-Elektrode (und Temperaturfühler) in die Messlösung eintauchen
und stabile pH-Anzeige abwarten

Angabe der Messergebnisse:

Für Absolutmessungen mindestens eine Stelle nach dem Komma, die Messtemperatur ist ebenfalls anzugeben.
Für Relativmessungen ist auch die Angabe von zwei Dezimalstellen sinnvoll.

Beispiel: pH-Wert 7,46 t_{pH} = 12,3 °C

11.5 Säuren

Es ist das Kennzeichen von Säuren, dass sie in wässriger Lösung dissoziieren und H^+-Ionen an das Wasser abgeben (Definition nach Brönsted):

$$AH \rightleftharpoons A^- + H^+$$

(A^-= Säureanion bzw. "Säurerest")
(H^+ vereinfacht = H_3O^+)

Die aus dieser Reaktion abgeleitete Massenwirkungsgleichung lautet:

$$\frac{a(A^-) \cdot a(H^+)}{a(AH)} = K$$

K = Massenwirkungskonstante
oder Gleichgewichtskonstante
oder Dissoziationskonstante der Säure

In Analogie zur Definition des pH-Wertes definiert man den negativ dekadischen Logarithmus der Massenwirkungskonstante K als pK-Wert. Als Kennzeichnung, dass es sich hier um Dissoziationskonstanten von Säuren handelt, fügt man den Index S (bei Basen B) hinzu:

$$pK = -\lg(K) \longrightarrow pK_S = -\lg(K_S)$$

Die Säurekonstante K_S / Basekonstante K_B darf nicht mit der Abkürzung $K_{S4,3}$ für die Säurekapazität / Basekapazität $K_{B8,2}$ (siehe 7.2.2) verwechselt werden!

Als Stärke einer Säure bezeichnet man das Ausmaß der Dissoziation. Annähernd vollständig dissoziierte Säuren haben hohe Säurekonstanten K > 1 und werden als "stark" bezeichnet:

starke Säuren	$K > 1$	$pK < 0$
mittelstarke Säuren	$1 > K > 10^{-4}$	$0 < pK < 4$
schwache Säuren	$K < 10^{-4}$	$4 < pK$

Starke Mineralsäuren liegen in wässrigen Lösungen im Allgemeinen vollständig dissoziiert vor.

<u>Die Kohlensäure als schwache Säure (vereinfachtes Kohlensäure-System) :</u>

Temperatur in °C	K_1 in mol/L	K_2 in mol/L
10	$3{,}426 \cdot 10^{-7}$	$3{,}249 \cdot 10^{-11}$
25	$4{,}406 \cdot 10^{-7}$	$4{,}688 \cdot 10^{-11}$

Aus den Dissoziationskonstanten ergeben sich die folgenden pKs-Werte :

Name der Säure	Reaktion	pK_S-Wert 10 °C	pK_S-Wert 25 °C
Kohlensäure	$CO_2 + H_2O \rightleftharpoons H^+ + HCO_3^-$	6,47	6,36
Hydrogencarbonation	$HCO_3^- \rightleftharpoons H^+ + CO_3^{2-}$	10,49	10,33

Wenn der pK_S-Wert dem pH-Wert des Wassers entspricht, ist die Säure zu 50% dissoziiert.

Tabelle 11.5-1: Einteilung von Säuren nach der Säurestärke

Einteilung	Name der Säure	Reaktion	pK_S-Wert
starke Säuren	Salzsäure	$HCl \leftrightharpoons H^+ + Cl^-$	-6
	Schwefelsäure	$H_2SO_4 \leftrightharpoons H^+ + HSO_4^-$	-3
	Salpetersäure	$HNO_3 \leftrightharpoons H^+ + NO_3^-$	-1,34
schwache Säuren	Essigsäure	$CH_3COOH \leftrightharpoons H^+ + CH_3COO^-$	4,75
	Kohlensäure	$CO_2 + H_2O \leftrightharpoons H^+ + HCO_3^-$	6,36
	Hydrogencarbonation	$HCO_3^- \leftrightharpoons H^+ + CO_3^{2-}$	10,33
	Phosphorsäure	$H_3PO_4 \leftrightharpoons H^+ + H_2PO_4^-$	2,12
	Dihydrogenphosphat	$H_2PO_4^- \leftrightharpoons H^+ + HPO_4^{2-}$	7,21
	Hydrogenphosphat	$HPO_4^{2-} \leftrightharpoons H^+ + PO_4^{3-}$	12,67
	Ammonium-Ion	$NH_4^+ \leftrightharpoons H^+ + NH_3$	9,25
	Kieselsäure	$H_4SiO_4 \leftrightharpoons H^+ + H_3SiO_4^-$	9,6

11.6 Pufferung

Als Pufferung bezeichnet man das Vermögen einer wässrigen Lösung, die Zugabe auch größerer Mengen von starker Säure oder Base mit nur geringer Änderung des pH-Wertes zu beantworten.

Der größte Teil der zugegebenen H^+-Ionen (OH^--Ionen) wird durch Reaktion mit den puffernden Substanzen verbraucht und bewirkt keine pH-Änderung. Gibt man entsprechende Mengen an Säure (oder Base) zu reinem Wasser, so ändert sich der pH-Wert direkt in voller Höhe entsprechend der zugefügten Stoffmenge.

Eine in der Chemie **synthetisch** hergestellte Pufferlösung besteht aus einer schwachen Säure AH (Base) und dem Salz der schwachen Säure (Base) mit dem entsprechenden Anion A^- (Kation B^+), z. B. ein Phosphatpuffer

$$H_2PO_4^- \text{ - } HPO_4^{2-}$$

$$H_3PO_4 \underset{\nwarrow H^+}{\overset{OH^- \searrow}{\rightleftharpoons}} H_2PO_4^- + H^+ \qquad pK = 2{,}12 \quad (25\,°C)$$

$$H_2PO_4^- \underset{\nwarrow H^+}{\overset{OH^- \searrow}{\rightleftharpoons}} HPO_4^{2-} + H^+ \qquad pK = 7{,}21 \quad (25\,°C)$$

Eine Zugabe von H^+ führt zur Bildung der undissoziierten Säure.
Die Zugabe von OH^- führt zum Verbrauch von H^+ über die Neutralisationsreaktion ($OH^- + H^+ \rightarrow H_2O$) und damit zur Dissoziation der Säure.

Tabelle 11.6-1: Natürliche Puffersubstanzen

Puffer - Paar	pKs-Wert		Quelle
CO_2 - HCO_3^-	6,36	(25 °C)	[44]
$H_2PO_4^-$ - HPO_4^{2-}	7,21	(25 °C)	[82]
H_3BO_3 (Meerwasser)	8,85	(10 °C)	[44]
NH_4^+ - NH_3	9,3	(25 °C)	[82]
H_4SiO_4 - $H_3SiO_4^-$	9,6	(25 °C)	[82]
HCO_3^- - CO_3^{2-}	10,33	(25 °C)	[44]

In **natürlichen Wässern** werden Puffereigenschaften durch schwache Säuren oder schwache Basen bewirkt, die zu einem Teil dissoziiert vorliegen (pK_S-Werte im Bereich 4 – 11). In der Regel wirkt in natürlichen Wässern überwiegend die

Kohlensäure puffernd. Hohe Huminsäuregehalte können zusätzlich puffernd wirken. In phosphatierten Trinkwässern muss die zusätzliche Pufferungswirkung des Phosphates berücksichtigt werden. Meerwasser enthält $4{,}1 \cdot 10^{-4}$ mol/L Borsäure und Borate, die jedoch kaum Auswirkung auf die überwiegend durch Kohlensäure bewirkte Pufferungsintensität haben [44].

Die Pufferungsintensität ist am größten, wenn pH-Wert = pK_S-Wert, da dann $a(A^-) = a(AH)$.

Es gilt: $$pH = pK_S + \lg \frac{a(A^-)}{a(AH)}$$ (sogenannte Puffergleichung) (HENDERSON-HASSELBALCH)

Ableitung der Gleichung:

Nach der Definition ist:

$pK_S = -\lg K_S$ (siehe Säurestärke) und $pH = -\lg a(H^+)$

Umformung der Massenwirkungsgleichung :

$$K_S = \frac{a(A^-) \cdot a(H^+)}{a(AH)}$$

$$\lg K_S = \lg \frac{a(A^-)}{a(AH)} + \lg a(H^+)$$

$$-\lg a(H^+) = -\lg K_S + \lg \frac{a(A^-)}{a(AH)}$$

$$pH = pK_S + \lg \frac{a(A^-)}{a(AH)}$$

$$\Rightarrow \quad pH = pK_S \text{ wenn } \lg \frac{a(A^-)}{a(AH)} = 0 \quad \Rightarrow \quad a(A^-) = a(AH)$$

Wenn also die dissoziierten (A^-) und die undissoziierten Anteile (AH) der schwachen Säure gleich groß sind, ist die Pufferwirkung am größten. Dies ist der Fall, wenn der pH-Wert dem pK-Wert der Säure entspricht :

$$pH = pK_S$$

11.7 Das Löslichkeitsprodukt

Salze liegen aufgrund der Ionenbindung auch im Kristallgitter als Ionen vor. Der Lösungsvorgang von Salzen im Wasser stellt daher einen rein physikalischen Vorgang dar.

Die Löslichkeit der Salze wird entscheidend bestimmt durch die Größe ihrer Gitterenergie und Hydratationsenergie ihrer Ionen. Die meisten Salze haben eine hohe Löslichkeit in Wasser, die gewöhnlich mit steigender Temperatur zunimmt. Es gibt jedoch Ausnahmen, z. B. Calcit: die Löslichkeit nimmt mit steigender Temperatur ab.

Manche Salze lösen sich jedoch nur in geringen Konzentrationen im Wasser (schwer löslich).

Reaktionsgleichung: $\downarrow AB_{(fest)} \rightleftharpoons A^- + B^+$

Für diese Gleichung gilt das Massenwirkungsgesetz.

$$\frac{a(A^-) \cdot a(B^+)}{a(AB)_{(fest)}} = K$$

Im Reaktionsgleichgewicht laufen Hin- und Rückreaktion - Lösung und Ausfällung - mit gleicher Geschwindigkeit ab, es liegt eine gesättigte Lösung vor.

$$\downarrow AB_{(fest)} \underset{v_2}{\overset{v_1}{\rightleftharpoons}} A^- + B^+$$

$$v_1 = v_2 \quad \longrightarrow \quad \text{gesättigte Lösung}$$

Da die Menge des Feststoffes AB keinen Einfluss auf die sich im Lösungsgleichgewicht einstellenden Gleichgewichtskonzentrationen hat, wird die Aktivität des Bodenkörpers a(AB) = 1 gesetzt und die zugehörige Konstante als Löslichkeitsprodukt L bezeichnet:

$$a(A^-) \cdot a(B^+) = L \qquad [mol/L]^2$$

Das Produkt der Ionenaktivitäten muss den Wert des Löslichkeitsproduktes erreichen, damit die maximale Löslichkeit von AB erreicht ist. Wird sie überschritten, so fällt diese Verbindung aus der Lösung aus.

$a(A^-) \cdot a(B^+) < L$ = löslich

$a(A^-) \cdot a(B^+) = L$ = Löslichkeitsgrenze

$a(A^-) \cdot a(B^+) > L$ = Löslichkeit überschritten, → Stoff fällt aus

In der Kohlensäurechemie ist für das Löslichkeitsprodukt von Calcit das Formelzeichen K_C üblich:

$$K_C = L(\text{Calcit}) = a(Ca^{2+}) \cdot a(CO_3^{2-}) \qquad (mol/L)^2$$

12 Tabellen

12.1 Werte für die Henry-Konstante

Berechnung siehe Kap. 7.1.1

Tabelle 12.1-1: Werte für die Henry-Konstante

	Süßwasser I = 0	**Salzwasser** S=35,0‰ Cl=19,37‰
Temperatur °C	K_H mol/(m³·bar)	K_H mol/(m³·bar)
0	76,895	62,303
1	73,897	60,029
2	71,060	57,868
3	68,374	55,815
4	65,830	53,863
5	63,418	52,006
6	61,131	50,239
7	58,960	48,556
8	56,898	46,953
9	54,940	45,425
10	53,077	43,969
11	51,306	42,580
12	49,620	41,254
13	48,014	39,989
14	46,484	38,781
15	45,026	37,626
16	43,635	36,523
17	42,308	35,468
18	41,041	34,460
19	39,830	33,494
20	38,674	32,571
21	37,568	31,686
22	36,510	30,839
23	35,498	30,027
24	34,529	29,249
25	33,600	28,503

12.2 Basis-Konstanten in Abhängigkeit von der Temperatur

Berechnungsgrundlage siehe Kap. 7.1

Tabelle 12.2-1: Basis-Konstanten in Abhängigkeit von der Temperatur

Temperatur	K_1	K_2	K_W	$L = K_C$
°C	mol/L	mol/L	mol/L	$(mol/L)^2$
0	$2{,}677 \cdot 10^{-7}$	$2{,}352 \cdot 10^{-11}$	$1{,}140 \cdot 10^{-15}$	$4{,}244 \cdot 10^{-9}$
1	$2{,}753 \cdot 10^{-7}$	$2{,}437 \cdot 10^{-11}$	$1{,}258 \cdot 10^{-15}$	$4{,}218 \cdot 10^{-9}$
2	$2{,}828 \cdot 10^{-7}$	$2{,}523 \cdot 10^{-11}$	$1{,}387 \cdot 10^{-15}$	$4{,}190 \cdot 10^{-9}$
3	$2{,}904 \cdot 10^{-7}$	$2{,}610 \cdot 10^{-11}$	$1{,}528 \cdot 10^{-15}$	$4{,}161 \cdot 10^{-9}$
4	$2{,}979 \cdot 10^{-7}$	$2{,}699 \cdot 10^{-11}$	$1{,}681 \cdot 10^{-15}$	$4{,}131 \cdot 10^{-9}$
5	$3{,}055 \cdot 10^{-7}$	$2{,}788 \cdot 10^{-11}$	$1{,}847 \cdot 10^{-15}$	$4{,}100 \cdot 10^{-9}$
6	$3{,}130 \cdot 10^{-7}$	$2{,}879 \cdot 10^{-11}$	$2{,}029 \cdot 10^{-15}$	$4{,}067 \cdot 10^{-9}$
7	$3{,}205 \cdot 10^{-7}$	$2{,}970 \cdot 10^{-11}$	$2{,}225 \cdot 10^{-15}$	$4{,}034 \cdot 10^{-9}$
8	$3{,}279 \cdot 10^{-7}$	$3{,}062 \cdot 10^{-11}$	$2{,}439 \cdot 10^{-15}$	$3{,}999 \cdot 10^{-9}$
9	$3{,}353 \cdot 10^{-7}$	$3{,}155 \cdot 10^{-11}$	$2{,}670 \cdot 10^{-15}$	$3{,}964 \cdot 10^{-9}$
10	$3{,}426 \cdot 10^{-7}$	$3{,}249 \cdot 10^{-11}$	$2{,}920 \cdot 10^{-15}$	$3{,}927 \cdot 10^{-9}$
11	$3{,}499 \cdot 10^{-7}$	$3{,}343 \cdot 10^{-11}$	$3{,}192 \cdot 10^{-15}$	$3{,}890 \cdot 10^{-9}$
12	$3{,}571 \cdot 10^{-7}$	$3{,}438 \cdot 10^{-11}$	$3{,}485 \cdot 10^{-15}$	$3{,}852 \cdot 10^{-9}$
13	$3{,}642 \cdot 10^{-7}$	$3{,}534 \cdot 10^{-11}$	$3{,}801 \cdot 10^{-15}$	$3{,}813 \cdot 10^{-9}$
14	$3{,}712 \cdot 10^{-7}$	$3{,}630 \cdot 10^{-11}$	$4{,}142 \cdot 10^{-15}$	$3{,}774 \cdot 10^{-9}$
15	$3{,}781 \cdot 10^{-7}$	$3{,}726 \cdot 10^{-11}$	$4{,}511 \cdot 10^{-15}$	$3{,}733 \cdot 10^{-9}$
16	$3{,}849 \cdot 10^{-7}$	$3{,}822 \cdot 10^{-11}$	$4{,}907 \cdot 10^{-15}$	$3{,}693 \cdot 10^{-9}$
17	$3{,}916 \cdot 10^{-7}$	$3{,}919 \cdot 10^{-11}$	$5{,}335 \cdot 10^{-15}$	$3{,}651 \cdot 10^{-9}$
18	$3{,}982 \cdot 10^{-7}$	$4{,}015 \cdot 10^{-11}$	$5{,}794 \cdot 10^{-15}$	$3{,}609 \cdot 10^{-9}$
19	$4{,}047 \cdot 10^{-9}$	$4{,}112 \cdot 10^{-11}$	$6{,}288 \cdot 10^{-15}$	$3{,}567 \cdot 10^{-9}$
20	$4{,}110 \cdot 10^{-7}$	$4{,}209 \cdot 10^{-11}$	$6{,}817 \cdot 10^{-15}$	$3{,}524 \cdot 10^{-9}$
21	$4{,}172 \cdot 10^{-7}$	$4{,}305 \cdot 10^{-11}$	$7{,}386 \cdot 10^{-15}$	$3{,}480 \cdot 10^{-9}$
22	$4{,}233 \cdot 10^{-7}$	$4{,}402 \cdot 10^{-11}$	$7{,}995 \cdot 10^{-15}$	$3{,}437 \cdot 10^{-9}$
23	$4{,}292 \cdot 10^{-7}$	$4{,}498 \cdot 10^{-11}$	$8{,}648 \cdot 10^{-15}$	$3{,}393 \cdot 10^{-9}$
24	$4{,}350 \cdot 10^{-7}$	$4{,}593 \cdot 10^{-11}$	$9{,}346 \cdot 10^{-15}$	$3{,}348 \cdot 10^{-9}$
25	$4{,}406 \cdot 10^{-7}$	$4{,}688 \cdot 10^{-11}$	$1{,}010 \cdot 10^{-14}$	$3{,}304 \cdot 10^{-9}$

12.3 Anteile der Kohlensäureformen in Abhängigkeit vom pH-Wert

Tabelle 12.3-1: Anteile der Kohlensäureformen in Abhängigkeit vom pH-Wert (I=0)

	10 °C		
pH	x(CO_2)	x(HCO_3^-)	x(CO_3^{2-})
5,0	0,967	0,0331	$0{,}108\cdot10^{-6}$
5,2	0,948	0,0515	$0{,}265\cdot10^{-6}$
5,4	0,921	0,0792	$0{,}647\cdot10^{-6}$
5,6	0,880	0,120	$0{,}155\cdot10^{-5}$
5,8	0,822	0,178	$0{,}364\cdot10^{-5}$
6,0	0,745	0,255	$0{,}829\cdot10^{-5}$
6,2	0,648	0,352	$0{,}181\cdot10^{-4}$
6,4	0,537	0,463	$0{,}378\cdot10^{-4}$
6,6	0,423	0,577	$0{,}746\cdot10^{-4}$
6,8	0,316	0,684	$0{,}140\cdot10^{-3}$
7,0	0,226	0,774	$0{,}251\cdot10^{-3}$
7,2	0,155	0,844	$0{,}435\cdot10^{-3}$
7,4	0,104	0,895	$0{,}731\cdot10^{-3}$
7,6	$0{,}682\cdot10^{-1}$	0,931	$0{,}120\cdot10^{-2}$
7,8	$0{,}441\cdot10^{-1}$	0,954	$0{,}196\cdot10^{-2}$
8,0	$0{,}283\cdot10^{-1}$	0,969	$0{,}315\cdot10^{-2}$
8,2	$0{,}180\cdot10^{-1}$	0,977	$0{,}503\cdot10^{-2}$
8,4	$0{,}114\cdot10^{-1}$	0,981	$0{,}800\cdot10^{-2}$
8,6	$0{,}719\cdot10^{-2}$	0,980	$0{,}127\cdot10^{-1}$
8,8	$0{,}451\cdot10^{-2}$	0,975	$0{,}200\cdot10^{-1}$
9,0	$0{,}282\cdot10^{-2}$	0,966	$0{,}314\cdot10^{-1}$

	25 °C		
pH	x(CO_2)	x(HCO_3^-)	x(CO_3^{2-})
5,0	0,958	0,0422	$0{,}198\cdot10^{-6}$
5,2	0,935	0,0653	$0{,}485\cdot10^{-6}$
5,4	0,900	0,0996	$0{,}117\cdot10^{-5}$
5,6	0,851	0,149	$0{,}278\cdot10^{-5}$
5,8	0,782	0,218	$0{,}643\cdot10^{-5}$
6,0	0,694	0,306	$0{,}143\cdot10^{-4}$
6,2	0,589	0,411	$0{,}305\cdot10^{-4}$
6,4	0,475	0,525	$0{,}619\cdot10^{-4}$
6,6	0,363	0,637	$0{,}119\cdot10^{-3}$
6,8	0,265	0,735	$0{,}217\cdot10^{-3}$
7,0	0,185	0,815	$0{,}382\cdot10^{-3}$
7,2	0,125	0,874	$0{,}650\cdot10^{-3}$
7,4	$0{,}828\cdot10^{-3}$	0,916	$0{,}108\cdot10^{-2}$
7,6	$0{,}538\cdot10^{-1}$	0,944	$0{,}176\cdot10^{-2}$
7,8	$0{,}346\cdot10^{-1}$	0,963	$0{,}285\cdot10^{-2}$
8,0	$0{,}221\cdot10^{-1}$	0,973	$0{,}456\cdot10^{-2}$
8,2	$0{,}140\cdot10^{-1}$	0,979	$0{,}727\cdot10^{-2}$
8,4	$0{,}885\cdot10^{-2}$	0,980	$0{,}115\cdot10^{-1}$
8,6	$0{,}557\cdot10^{-2}$	0,976	$0{,}182\cdot10^{-1}$
8,8	$0{,}348\cdot10^{-2}$	0,968	$0{,}286\cdot10^{-1}$
9,0	$0{,}216\cdot10^{-2}$	0,953	$0{,}447\cdot10^{-1}$

12.4 Konstanten der Komplexbildung des Calciums

$Ca^{2+} + HCO_3^-$	$\rightleftharpoons$	$CaHCO_3^+$	K_3
$Ca^{2+} + CO_3^{2-}$	$\rightleftharpoons$	$CaCO_3^0$	K_4
$Ca^{2+} + OH^-$	$\rightleftharpoons$	$Ca(OH)^+$	K_5
$Ca^{2+} + H_2PO_4^-$	$\rightleftharpoons$	$CaH_2PO_4^+$	K_6
$Ca^{2+} + HPO_4^{2-}$	$\rightleftharpoons$	$CaHPO_4$	K_7
$Ca^{2+} + PO_4^{3-}$	$\rightleftharpoons$	$CaPO_4^-$	K_8
$Ca^{2+} + SO_4^{2-}$	$\rightleftharpoons$	$CaSO_4^0$	K_9

°C	K_3	K_4	K_5	K_6	K_7	K_8	K_9
0	9,852E+00	1,077E+03	1,386E+01	4,365E+00	1,855E+02	1,895E+06	1,672E+02
1	9,978E+00	1,086E+03	1,413E+01	4,593E+00	1,931E+02	1,930E+06	1,681E+02
2	1,011E+01	1,097E+03	1,440E+01	4,825E+00	2,007E+02	1,966E+06	1,691E+02
3	1,023E+01	1,108E+03	1,467E+01	5,060E+00	2,085E+02	2,002E+06	1,701E+02
4	1,036E+01	1,119E+03	1,495E+01	5,300E+00	2,163E+02	2,039E+06	1,712E+02
5	1,049E+01	1,132E+03	1,523E+01	5,542E+00	2,241E+02	2,076E+06	1,723E+02
6	1,062E+01	1,145E+03	1,552E+01	5,786E+00	2,320E+02	2,113E+06	1,734E+02
7	1,075E+01	1,160E+03	1,581E+01	6,033E+00	2,399E+02	2,151E+06	1,746E+02
8	1,088E+01	1,175E+03	1,610E+01	6,280E+00	2,478E+02	2,189E+06	1,758E+02
9	1,102E+01	1,191E+03	1,640E+01	6,529E+00	2,558E+02	2,227E+06	1,771E+02
10	1,115E+01	1,208E+03	1,671E+01	6,777E+00	2,637E+02	2,266E+06	1,784E+02
11	1,128E+01	1,225E+03	1,702E+01	7,026E+00	2,716E+02	2,305E+06	1,798E+02
12	1,142E+01	1,244E+03	1,733E+01	7,273E+00	2,795E+02	2,345E+06	1,812E+02
13	1,155E+01	1,264E+03	1,765E+01	7,519E+00	2,873E+02	2,385E+06	1,827E+02
14	1,169E+01	1,284E+03	1,797E+01	7,763E+00	2,951E+02	2,426E+06	1,842E+02
15	1,182E+01	1,306E+03	1,830E+01	8,004E+00	3,028E+02	2,466E+06	1,858E+02
16	1,196E+01	1,329E+03	1,864E+01	8,241E+00	3,104E+02	2,508E+06	1,874E+02
17	1,209E+01	1,352E+03	1,897E+01	8,475E+00	3,179E+02	2,549E+06	1,891E+02
18	1,223E+01	1,377E+03	1,932E+01	8,704E+00	3,253E+02	2,592E+06	1,908E+02
19	1,237E+01	1,403E+03	1,967E+01	8,929E+00	3,326E+02	2,634E+06	1,925E+02
20	1,251E+01	1,430E+03	2,002E+01	9,147E+00	3,398E+02	2,677E+06	1,943E+02
21	1,265E+01	1,459E+03	2,038E+01	9,360E+00	3,468E+02	2,720E+06	1,962E+02
22	1,279E+01	1,488E+03	2,075E+01	9,566E+00	3,537E+02	2,764E+06	1,981E+02
23	1,293E+01	1,519E+03	2,112E+01	9,765E+00	3,604E+02	2,808E+06	2,001E+02
24	1,307E+01	1,551E+03	2,150E+01	9,956E+00	3,669E+02	2,852E+06	2,021E+02
25	1,321E+01	1,585E+03	2,188E+01	1,014E+01	3,733E+02	2,897E+06	2,042E+02

12.5 Konstanten der Komplexbildung des Magnesiums

$Mg^{2+} + HCO_3^-$	⇌	$MgHCO_3^+$	K_{10}
$Mg^{2+} + CO_3^{2-}$	⇌	$MgCO_3^0$	K_{11}
$Mg^{2+} + OH^-$	⇌	$Mg(OH)^+$	K_{12}
$Mg^{2+} + H_2PO_4^-$	⇌	$MgH_2PO_4^+$	K_{13}
$Mg^{2+} + HPO_4^{2-}$	⇌	$MgHPO_4$	K_{14}
$Mg^{2+} + PO_4^{3-}$	⇌	$MgPO_4^-$	K_{15}
$Mg^{2+} + SO_4^{2-}$	⇌	$MgSO_4^0$	K_{16}

°C	K_{10}	K_{11}	K_{12}	K_{13}	K_{14}	K_{15}	K_{16}
0	8,948E+00	5,662E+02	1,344E+02	1,380E+01	3,551E+02	2,402E+06	9,472E+01
1	9,053E+00	5,766E+02	1,354E+02	1,454E+01	3,705E+02	2,452E+06	9,746E+01
2	9,158E+00	5,871E+02	1,364E+02	1,529E+01	3,861E+02	2,504E+06	1,003E+02
3	9,264E+00	5,978E+02	1,374E+02	1,605E+01	4,019E+02	2,556E+06	1,031E+02
4	9,370E+00	6,087E+02	1,385E+02	1,683E+01	4,179E+02	2,609E+06	1,060E+02
5	9,477E+00	6,198E+02	1,395E+02	1,762E+01	4,340E+02	2,662E+06	1,090E+02
6	9,584E+00	6,311E+02	1,406E+02	1,842E+01	4,504E+02	2,716E+06	1,121E+02
7	9,691E+00	6,425E+02	1,418E+02	1,923E+01	4,668E+02	2,771E+06	1,152E+02
8	9,799E+00	6,542E+02	1,429E+02	2,005E+01	4,833E+02	2,827E+06	1,184E+02
9	9,908E+00	6,661E+02	1,441E+02	2,087E+01	4,999E+02	2,883E+06	1,216E+02
10	1,002E+01	6,781E+02	1,452E+02	2,169E+01	5,166E+02	2,940E+06	1,249E+02
11	1,013E+01	6,904E+02	1,465E+02	2,252E+01	5,333E+02	2,998E+06	1,283E+02
12	1,024E+01	7,028E+02	1,477E+02	2,334E+01	5,500E+02	3,056E+06	1,318E+02
13	1,035E+01	7,155E+02	1,489E+02	2,417E+01	5,666E+02	3,115E+06	1,353E+02
14	1,046E+01	7,284E+02	1,502E+02	2,499E+01	5,832E+02	3,175E+06	1,389E+02
15	1,057E+01	7,415E+02	1,515E+02	2,580E+01	5,998E+02	3,236E+06	1,425E+02
16	1,068E+01	7,548E+02	1,529E+02	2,660E+01	6,162E+02	3,297E+06	1,462E+02
17	1,079E+01	7,684E+02	1,542E+02	2,740E+01	6,325E+02	3,359E+06	1,501E+02
18	1,090E+01	7,821E+02	1,556E+02	2,818E+01	6,486E+02	3,422E+06	1,539E+02
19	1,101E+01	7,961E+02	1,570E+02	2,895E+01	6,646E+02	3,485E+06	1,579E+02
20	1,113E+01	8,104E+02	1,584E+02	2,971E+01	6,803E+02	3,549E+06	1,619E+02
21	1,124E+01	8,248E+02	1,599E+02	3,044E+01	6,958E+02	3,614E+06	1,660E+02
22	1,135E+01	8,395E+02	1,614E+02	3,116E+01	7,111E+02	3,680E+06	1,702E+02
23	1,147E+01	8,545E+02	1,629E+02	3,186E+01	7,261E+02	3,746E+06	1,745E+02
24	1,158E+01	8,697E+02	1,644E+02	3,254E+01	7,407E+02	3,814E+06	1,788E+02
25	1,169E+01	8,851E+02	1,660E+02	3,319E+01	7,551E+02	3,882E+06	1,832E+02

13 Formelzeichen und Abkürzungen

Gehaltsangaben allgemein

n(i) = molare Menge des Stoffes i in mol

a(i) = Aktivität des Stoffes i in mol/L

c(i) = Stoffmengenkonzentration des Stoffes i in mol/L oder mmol/L

β(i) = Massenkonzentration des Stoffes i in µg/L oder mg/L oder g/L

M(i) = Molare Masse des Stoffes i in g/mol

x(i) = Stoffmengenanteil (Molenbruch)

c(ti) = Gesamtkonzentration eines Stoffes einschließlich Komplexen

Vol.-% = Volumenanteil eines Gases in %

ppmv = Volumenanteil parts per million

Indices:

$(\,)_{(aq)}$ = aquatisch

$(\,)_{(g)}$ = gasförmig

$(\,)_{(w)}$ = im Wasser gelöst

Vereinfachung: H^+ statt H_3O^+

Abkürzungen und Symbole:

D	Calcitlösekapazität / Calcitabscheidekapazität	
DIC	Dissolved Inorganic Carbon	= Gelöster anorganischer Kohlenstoff
DOC	Dissolved Organic Carbon	= Gelöster organischer Kohlenstoff
°dH	Grad deutscher Härte	
Δ	$= c(OH^-) - c(H^+)$	
ΔpH	$= pH - pH_C$	
f	Aktivitätskoeffizient für einwertige Ionen	
f_2	Aktivitätskoeffizient für zweiwertige Ionen	
f_3	Aktivitätskoeffizient für dreiwertige Ionen	
f_K	Aktivitätskoeffizient zur Konstante K	
F_{C1} F_{C2}	Komplexbildungsfaktoren	
F_{Ca}	Komplexbildungsfaktor Calcium	
F_{Mg}	Komplexbildungsfaktor Magnesium	
F_{SO4}	Komplexbildungsfaktor Sulfat	
F_{HPO4}	Komplexbildungsfaktor Hydrogenphosphat	
F_{H2PO4}	Komplexbildungsfaktor Dihydrogenphosphat	
F_{PO4}	Komplexbildungsfaktor Phosphat	
φ	Äquivalenzfaktor	
I	Ionenstärke (mol/L)	
K_C	$L(CaCO_3)$	

K_H	HENRY-Konstante
K_W	Ionenprodukt des Wassers
K_1	1. Dissoziationskonstante der Kohlensäure
K_2	2. Dissoziationskonstante der Kohlensäure
K_3-K_{16}	Gleichgewichtskonstanten im Kohlensäuresystem
$K_{S4,3}$	Säurekapazität bis pH 4,3 (mol/L)
$K_{B8,2}$	Basekapazität bis pH 8,2 (mol/L)
K*	Massenwirkungskonstante mit Stoffmengenkonzentrationen
κ_{25}	Elektrische Leitfähigkeit bei 25 °C (mS/m)
L	Löslichkeitsprodukt
LF	Elektrische Leitfähigkeit
m	m-Wert
p	p-Wert
p	Druck
p_{ges}	Gesamtdruck
pH	pH-Wert
pH_A	Sättigungs-pH-Wert nach Austausch von Kohlendioxid
pH_C	pH-Wert der Calcitsättigung
pH_L	Sättigungs-pH-Wert nach STROHECKER und LANGELIER
pH_t	pH eines Wassers bei Messtemperatur t
pH_{tb}	pH eines Wassers bei Bewertungstemperatur t_b
PI	Pufferungsintensität
SI	Sättigungsindex
Sz^2	Summe der Ladungsquadrate
T	Temperatur in K
t	Temperatur in °C
t_e	Entnahmetemperatur in °C
t_b	Bewertungstemperatur in °C
t_{pH}	Temperatur bei pH-Messung in °C
t_{tit}	Temperatur bei Titration
TIC	Total Inorganic Carbon = Gesamter anorganischer Kohlenstoff
TOC	Total Organic Carbon = Gesamter organischer Kohlenstoff
V_{mol}	Molvolumen eines Gases (L/mol)
Vol.-%	Volumenanteil eines Gases
$x(CO_2)$	Stoffmengenanteil für CO_2
$x(HCO_3^-)$	Stoffmengenanteil für HCO_3^-
$x(CO_3^{2-})$	Stoffmengenanteil für CO_3^{2-}
z(i)	Ladungszahl

14 Literaturverzeichnis

[1] Holleman, A.F. und Wiberg, E.: Lehrbuch der Anorganischen Chemie. W. de Gruyter Verlag, Berlin, 1976.

[2] „PubChem: https://pubchem.ncbi.nlm.nih.gov/compound/280#section=Health-Hazards (abgerufen 18.12.2020)".

[3] „GESTIS-Stoffdatenbank, Institut für Arbeitsschutz der Deutschen Gesetzlichen Unfallversicherung (IFA), https://gestis.dguv.de/data?name=001120 (abgerufen 04.09.2021)".

[4] „https://webgate.ec.europa.eu/foods_system/main/index.cfm?event=substance.view&identifier=94&sector=FAD&auth=SANCAS (abgerufen 15.09.2021)".

[5] „https://www.cumschmidt.de/sm_co2.htm (abgerufen 07.09.2021)".

[6] Plummer, L.N. und Busenberg, E.: The solubilities of calcite, aragonite and vaterite in CO2-H2O solutions between 0 and 90 °C and an evaluation of the aqueous model for the system CaCO3-CO2-H2O. Geochimica et Cosmochimica Acta 46, S. 1011-1040, 1982.

[7] „Technische Regeln für Gefahrstoffe (TRGS 900): BArBl Heft 1/2006 S. 41-55 , zuletzt geändert und ergänzt: GMBl 2020, S. 902 [Nr. 42] (v. 27.10.2020".

[8] „Verordnung zum Schutz vor Gefahrstoffen (Gefahrstoffverordnung – GefStoffV), vom 26. November 2010 (BGBl. I S 1643), zuletzt geändert 29. März 2017 (BGBl. I S 626)".

[9] „DIN EN 378-1: Kälteanlagen und Wärmepumpen, Ausgabe Juni 2008 mit Berichtigung Januar 2010".

[10] Allred, A. L. and Rochow, E.G.: J. Inorg. Nucl. Chem., 1958, 5, 264.

[11] „Strahlungsphysik im optischen Bereich und Lichttechnik; Benennung der Wellenlängenbereiche. Deutsches Institut für Normung (Hrsg.): DIN. 5031 Teil 7, Januar 1984".

[12] „Lehmann, Th.: IR-Script, FU Berlin WS 2010, PDF, https://www.bcp.fu-berlin.de/chemie/chemie/studium/ocpraktikum/spektroskopie/unterlagen.html (abgerufen 22.12.2020)".

[13] „Czeslik, C., Seemann, H., and Winter, R., Basiswissen Physikalische Chemie, Vieweg und Teubner, GWV Fachverlage GmbH, Wiesbaden, 2010".

[14] „J. Weidlein, U. Müller, K. Dehnicke, Schwingungsspektroskopie, 2. Auflage, Thieme Stuttgart, 1988".

[15] „https://webbook.nist.gov/cgi/cbook.cgi?ID=C124389&Type=IR-SPEC&Index=1 (abgerufen 18.03.2022)".

[16] F. Alt, Schilfgras statt Atom, Piper-Verlag, 1992.

[17] „https://unfccc.int/process-and-meetings/the-kyoto-protocol/what-is-the-kyoto-protocol/kyoto-protocol-targets-for-the-first-commitment-period (abgerufen 03.05.2021)".

[18] „Umweltbundesamt:https://www.umweltbundesamt.de/themen/klima-energie/klimaschutz-energiepolitik-in-deutschland/treibhausgas-emissionen/die-treibhausgase#Methan (abgerufen 18.12.2020)".

[19] Myhre,G: et al.: Climate Change 2013: The Physical Science Basis. Working Group I contribution to the IPCC Fifth Assessment Report. Hrsg.: Intergovernmental Panel on Climate Change. 30. September 2013, Chapter 8: Anthropogenic and Natural Radiative Forcin.

[20] https://www.epa.gov/ghgemissions/understanding-global-warming-potentials (21.01.2023).

[21] „https://www.umweltbundesamt.de/daten/klima/treibhausgas-emissionen-in-deutschland#entwicklung-der-f-gase-teil-fluorierte-kohlenwasserstoffe-schwefelhexafluorid-und-stickstofftrifluorid (abgerufen 28.07.2022)".

[22] „Umweltbundesamt: https://uba.co2-rechner.de/de_DE/ (abgerufen am 27.12.2020)".

[23] „Guido Reinhardt, Sven Gärtner, Tobias Wagner: Ökologische Fußabdrücke von Lebensmitteln und Gerichten in Deutschland. pdf, ifeu, Heidelberg, 2020. Link: https://www.google.de/url?sa=t&rct=j&q=&esrc=s&source=web&cd=&ved=2ahUKEwin4_zmupDzAhXj_rsIHUsWC2IQFno".

[24] „https://www.beuth.de/de/norm/din-en-iso-14067/289443505 (abgefragt 31.07.2022)".

[25] „Lee, C. A. et al.: A Framework for Understanding Whole-Earth Carbon Cycling. In: Orcutt. B. N. et al. ed.: Deep Carbon, Cambridge University Press, 2019".

[26] „Buchal, C. und Schönwiese, C-D.: Klima - Die Erde und ihre Atmosphäre im Wandel der Zeiten. MIC Agentur & Verlag; 3. Auflage 2016".

[27] „https://deepcarbon.net/".

[28] „Orcutt B, et al. eds. (2019) Deep Carbon: Past to Present. Cambridge, UK: Cambridge University Press doi: 10.1017/9781108677950".

[29] National Oceanic and Atmospheric Administration (NOAA) ftp://aftp.cmdl.noaa.gov/products/trends/co2/co2_annmean_mlo.txt.

[30] „https://de.statista.com/statistik/daten/studie/153731/umfrage/reserven-an-graphit-nach-laendern/ (abgerufen 25.09.2022)".

[31] National Oceanic and Atmospheric Administration (NOAA), ftp://aftp.cmdl.noaa.gov/products/trends/co2/co2_mm_mlo.txt.

[32] E. K. Berner, R. A. Berner: Global Environment Water, Air, and Geochemical Cycles. Princeton University Press, 2012.

[33] http://www.esrl.noaa.gov/gmd/ccgg/trends/.

[34] Rudge J. F. et al.: Broad bounds on Earth's accretion and core formation constrained by geochemical models. Nature Geoscience, Volume 3, 439–443 (2010).

[35] Lu, Lu, Zhou et al.: Evidence for direct molecular oxygen production in CO2 photodissociation. Science Vol. 346, Issue 6205, pp. 61-64 , 2014.

[36] Rahmsdorf, S. und Schellnhuber, H.J.: Der Klimawandel. Verlag C.H. Beck, München, 8. Auflage 2018.

[37] Sagan, C. und Mullen, G. : Earth and Mars: Evolution of Atmospheres and Surface Temperatures. Science 177, 1972, S. 52–56.

[38] Etheridge, Etheridge, D. M., L. P. Steele, R. L. Langenfelds, R. J. Francey, J.-M. Barnola, and V. I. Morgan, (1996), Natural and anthropogenic changes in atmospheric CO2 over the last 1000 years from air in Antarctic ice and firn, J. Geophys. Res., 101(D2), 4115–41.

[39] Petit, Petit; J.R. et al.: Climate and atmospheric history of the past 420,000 years from the Vostok ice core, Antarctica.Nature volume 399, pages 429–436 (1999).

[40] Bereiter, Bereiter, B. et al.: Revision of the EPICA Dome C CO2 record from 800 to 600 kyr before present. Geophysical Research Letters, 2015. doi: 10.1002 / 2014GL061957, https://www.ncdc.noaa.gov/paleo-search/study/17975 (01/2020).

[41] D. M. Etheridge, L. P. Steele, R. L. Langenfelds, R. J. Francey, J.-M. Barnola, V. I. Morgan: Natural and anthropogenic changes in atmospheric CO2 over the last 1000 years from air in Antarctic ice and firn. In: Journal of Geophysical Research. 101, Nr. D.

[42] Umweltbundesamt: http://www.umweltbundesamt.de/sites/default/files/medien/370/dokumente/jm_co2.pdf (21.11.2015).

[43] F. u. S. P. Scheffer, Lehrbuch der Bodenkunde. F. Enke Verlag, Stuttgart, 1976.

[44] Stumm, W. und Morgan, J.J.: Aquatic Chemistry. John Wiley & Sons, New York, 1981.

[45] Scheffer, F. und Schachtschabel, P.: Lehrbuch der Bodenkunde. F. Enke Verlag, Stuttgart, 1976.

[46] Grohmann, A.: Physik und Chemie des Wassers, in: Bretschneider, H. u. a. Hrsg., Taschenbuch der Wasserwirtschaft, S.47 - 88, Verlag Paul Parey, Hamburg u. Berlin, 1982.

[47] Deutsche Einheitsverfahren zur Wasser-, Abwasser und Schlammuntersuchung D 8 : Berechnung des gelösten Kohlendioxids, des Carbonat- und des Hydrogencarbonat-Ions. Beuth Verlag, Berlin, 1971.

[48] Deutsche Einheitsverfahren zur Wasser-, Abwasser und Schlammuntersuchung G 1 : Bestimmung der Summe des gelösten Kohlendioxids. Beuth Verlag, Berlin, 1971.

[49] Sontheimer, H., Spindler, P. und Rohmann, U.: Wasserchemie für Ingenieure. ZfGW-Verlag, Frankfurt, 1980.

[50] Rohmann, U.: Grundlagen des "Kalk - Kohlensäure - Gleichgewichts". Wasserchemie für Ingenieure, DVGW-Schriftenreihe Wasser Nr. 205, 6.1 - 6.26, Wirtschafts- und Verlagsgesellschaft, Bonn, 1989.

[51] Spindler, P.: Die Kalklösetendenz von Trinkwasser. Wasserchemie für Ingenieure, DVGW-Schriftenreihe Wasser Nr. 205, 7.1 - 7.56, Wirtschafts- und Verlagsgesellschaft, Bonn, 1989.

[52] DIN 38404 Teil 10: Calcitsättigung eines Wassers, Beuth Verlag, Berlin, 1995.

[53] Kern, D. M.: The Hydration of Carbon Dioxide. J. Chem. Education 37, 14 - 23, 1960.

[54] Stumm, W.: Calcium carbonate depositions at iron surfaces. J. AWWA 48,3,300-310, 1956.

[55] DIN 50930 Teil 1-5: Korrosion metallischer Werkstoffe im Innern von Rohrleitungen, Behältern und Apparaten bei Korrosionsbelastung durch Wässer, Beuth Verlag, Berlin, 1993.

[56] Rohmann, U. und Sontheimer, H.: Nitrat im Grundwasser. DVGW-Forschungsstelle am Engler-Bunte-Institut der Universität Karlsruhe 1985.

[57] Siegenthaler, W. et al.: Lehrbuch der inneren Medizin. Georg Thieme Verlag Stuttgart 1992.

[58] H.-J. Voigt, Hydrogeochemie. Einführung in die Beschaffenheitsentwicklung des Grundwassers. Deutscher Verlag für Grundstoffindustrie, Berlin, 1989.

[59] Schwoerbel, Jürgen: Einführung in die Limnologie. : Fischer, Stuttgart, New York, 1977.

[60] Schlegel, H. G.: Allgemeine Mikrobiologie. Georg Thieme Verlag, Stuttgart, 1992.

[61] „https://www.geysir-andernach.de/fachwissen/funktionsweise-geysir/ (abgerufen 11.01.2021)".

[62] DIN 2000: Zentrale Trinkwasserversorgung, Beuth Verlag, Berlin, 1973.

[63] Eberle, S.H.: Die wasserchemische Berechnung der Kohlensäuregleichgewichte unter Berücksichtigung der Komplexierung von Calcium und Magnesium sowie der Anwesenheit von Phosphat, Ammonium und Borsäure Kernforschungszentrum Karlsruhe, Karlsruhe 1986.

[64] J.M. Edmond, and J.M. Gieskes, Geochim. Cosmochim. Acta, 34, 1261 (1970).

[65] Sigg, L. und Stumm, W.:Aquatische Chemie. Teubner Verlag, Stuttgart, 1991.

[66] DIN 38404 Teil 10: Berechnung der Calcitsättigung eines Wassers. Beuth Verlag, Berlin, 2012.

[67] wateq4f: http://www.phreeplot.org/ppihtml/wateq4f.dat.html (27.09.2016).

[68] Eberle, H. und Donnert, D.:Die Berechnung des pH-Wertes der Calcitsättigung eines Trinkwassers unter Berücksichtigung der Komplexbildung. Z. Wasser-Abwasser-Forsch. 24, 258-268, VCH Weinheim, 1991.

[69] DIN 38409-7: Bestimmung der Säure- und Basekapazität. Beuth Verlag, Berlin, 2005.

[70] Maier, D. und Grohmann, A.: Bestimmung der Ionenstärke natürlicher Wässer aus deren elektrischer Leitfähigkeit. Z. Wasser Abwasser Forschung 10, S. 9-12, 1977.

[71] Gimbel, R.: Grundlagen der Chemie wäßriger Lösungen. DVGW Schriftenreihe W 205: Wasserchemie für Ingenieure, DVGW, Eschborn, 1989.

[72] Hölzel, G.: Messung, Regelung und Einstellung des pH-Wertes im Trinkwasser. Vulkan Verlag, Essen, 1993.

[73] Verordnung über Trinkwasser und über Wasser für Lebensmittelbetriebe (Trinkwasserverordnung - TrinkwV) in der Fassung der Bekanntmachung vom 5. Dezember 1990 (BGBl. 1 S. 2613, ber. 23. Januar 1991, BGBl. 1 S. 227) - BGBl. 111 2126-1-7.

[74] Hütter, L.A.: Wasser und Wasseruntersuchung. Diesterweg Verla, Frankfurt, 1984.

[75] Verordnung über die Qualität von Wasser für den menschlichen Gebrauch (Trinkwasserverordnung - TrinkwV 2001), 21. Mai 2001, (BGBl. I S. 959).

[76] Aurand, K. Hrsg.: Die Trinkwasserverordnung. Erich Schmidt Verlag Berlin 1991.

[77] Meyer, E.: Untersuchungen zum Vorkommen von Asbestfasern in Trinkwasser in der Bundesrepublik Deutschland - und gesundheitliche Bewertung der ergebnisse. GWF Wasser-Abwasser 123, 85-96, 1982.

[78] Verordnung über Trinkwasser und über Wasser für Lebensmittelbetriebe (Trinkwasserverordnung - TrinkwV), 22.05.1986, Bundesgesetzblatt 1986 I Nr. 22, S. 760.

[79] Liste der Aufbereitungsstoffe und Desinfektionsverfahren gemäß § 11 Trinkwasserverordnung 2001; Bundesgesundheitsbl - Gesundheitsforsch - Gesundheitsschutz 2002; 45:827–845.

[80] BÖHLER, E. in: Entsäuerung nach der Trinkwasserverordnung, Informationsveranstaltung DVGW, 6. u. 7. Dez. 1993, Peißen/Halle.

[81] „https://de.statista.com/statistik/daten/studie/1109076/umfrage/verteilung-von-land-und-wasser-auf-der-erdoberflaeche/ (abgerufen 07.10.2022)".

[82] Küster, W. und Thiel, A: Rechentafeln für die chemische Analytik. De Gruyter Verlag, Berlin, 2008.

[83] Hölzel, G.: Einführung in die Chemie für Ingenieure. C. Hauser Verlag, München, 1992.

[84] Spindler, P.: Die Kalklösetendenz von Trinkwasser. DVGW-Schriftenreihe Wasser Nr 205, DVGW, Eschborn, 1989.

[85] „UNFCCC United Nations Framework Convention on Climate Change: http://unfccc.int/process/transparency-and-reporting/greenhouse-gas-data/greenhouse-gas-data-unfccc/global-warming-potentials (18.12.2020)".

15 Stichwortverzeichnis

F

G

H

I

K

L

M

N

O

P

Q

R

S

T

U

V

W

Z

Δ